DIANWANG DIAODU JIHUA JIANXIU
SHINIAN GONGZUO SHOUJI

电网调度计划检修

10年工作手记

黄加一 著

中国电力出版社
CHINA ELECTRIC POWER PRESS

内容提要

本书从电网调度计划和检修的角度出发，将作者多年工作经验通过讲故事的形式，以轻松、简单、易懂、易学的方式讲述出来。有分析每项工作背后的理论支撑，也有在实际工作中解决难题的方法和技巧。深入浅出地讲解电网调度计划和检修专业工作的全流程和方法，是一本经验交流的书籍。

本书以新入职员工的角度，把电网调度计划和检修专业涉及的各项内容娓娓道来。全书共分为五部分，具体包括电网结构篇、电网机构篇、电网运行篇、电网风控篇、电网检修篇。

本书可供电网企业调度、运检专业人员阅读，也可供规划、基建等专业人员阅读，还可供大中专院校相关专业人员参考。

图书在版编目（CIP）数据

电网调度计划检修 10 年工作手记 / 黄加一著 . —北京：中国电力出版社，2019.10

ISBN 978-7-5198-3496-8

Ⅰ．①电…　Ⅱ．①黄…　Ⅲ．①电力系统调度－调度自动化系统－检修
Ⅳ．① TM734

中国版本图书馆 CIP 数据核字（2019）第 173118 号

出版发行：中国电力出版社
地　　址：北京市东城区北京站西街 19 号（邮政编码 100005）
网　　址：http://www.cepp.sgcc.com.cn
责任编辑：马淑范（010-63412397）
责任校对：黄　蓓　闫秀英
装帧设计：赵姗姗
责任印制：杨晓东

印　　刷：三河市航远印刷有限公司
版　　次：2019 年 10 月第一版
印　　次：2019 年 10 月北京第一次印刷
开　　本：710 毫米 ×1000 毫米　16 开本
印　　张：19
字　　数：350 千字
印　　数：0001—2000 册
定　　价：68.00 元

敬

国网重庆南岸供电公司
电力调度控制中心

前言

十年前，我研究生毕业，来到国网重庆南岸供电公司工作。刚来公司，我被分配到一座 220kV 变电站做一名实习变电值班员。那时候，重庆的 220kV 变电站实行有人值班模式。

记得刚去变电站报道的那天，我既兴奋，又紧张，变电站站长逐一给我介绍了各位值班员同事。当天没有检修工作安排，就安静地听着值班员同事绘声绘色地讲着各种发生在变电站惊心动魄的往事。比如，各类断路器、电容器组、断路器柜、主变压器爆炸的事件，以及在这些事件发生时，值班人员如何跟“死神”擦肩而过，化险为夷。猛然间，后背一阵凉，感觉变电站场所好危险，随时都可能为祖国贡献出自己宝贵的生命，也更加深刻地认识到“安全”两个字对于变电运维人员的重要性。

中午午饭后，我在变电站的主控室，趴着休息了一会儿。突然，外面开始刮大风，把窗户摇得轰轰作响，紧接着整个主控室都摇晃了起来。心想着，早上听到的那些恐怖爆炸故事不会就这样要发生了吧。主控室的外面就是两台运行的主变压器，难道是主变压器快要爆炸啦？紧接着，就听到站长在主控室楼下扯着嗓子喊，叫大家赶紧下楼。我慌慌张张地跑了下去，发现地面都在摇晃，才反应过来，是地震了。

这一天是 2008 年 5 月 12 日，我来变电站报道的第一天。地震还在持续，抬头一看，头顶是 220kV 母线排，站长赶紧疏导大家，远离开关场。印象特别深刻，除了站长戴着安全帽，其余值班人员都没有戴安全帽。第一天的实习，就给我上了一堂印象深刻的安全课。

之后的半年时间，我一直都在220kV变电站实习。虽然作为一名变电值班人员，只需要关注变电站本身。但是，对于变电站各个设备的基本原理和运维操作都需要了如指掌。一张典型操作票，每一个步骤和步骤的前后顺序，都有非常多的理论和经验的支撑。我感觉自己一定需要花费好多年的时间，才能掌握得好。

由于公司的安排，还没有在变电站认认真真地学习好，我就被调到了调度所工作。那个时候，调度所还不叫电力调度控制中心。我被安排在地调班组实习，成为了一名实习调度值班员，负责地区电网10kV以上设备的运行、维护、事故处置工作。从一个陌生的工作环境到了另一个陌生的工作环境，我始终都是诚惶诚恐的状态。没想到的是，转眼就是十年。

调度部门考虑的范围比变电站的范围就要大得多。以前，在变电站，只需要关注一个“点”。现在，在调度部门，需要关注的是一张“网”。以前，操作票都是细节到每个压板。现在，调度指令都是综合指令，一句话就包括了以前所有的操作步骤。

作为调度员，不需要接触电力设备。似乎不会直接受到生命安全的威胁。但是，调度员是下达调度指令的人，如果一旦调度指令有误，就可能导致其他人受到生命安全的威胁。突然间，感觉自己身上的压力更大了。在值班期间，只要听到电话响，就会在第一时间内惊醒，快速地进入到工作状态。即使在没有上班的时候，夜里听到电话响，也会条件反射式地惊醒。

在调度班工作期间，自己印象最深刻的一件事，是接到了电网事故应急预案修编的任务。按照重庆市调的要求，需要按照新模板，重新编制所有的电网事故应急预案。前前后后，我用时整整三个月。在修编的过程中，主动请教调度班长、调度员、方式专责、保护专责，让自己的分析思路更加完整和全面。当完成任务后，发现自己对于电网的理解更加深刻。

三年后，我由调度值班员岗位调换到了运行方式专责岗位，负责电网设备的新投和异动手续办理、电网无功管理、负荷预测等工作。这才发现，展现在调度员面前的这一张完整电网，需要在前期完成很多的准备工作。这些工作需要跟更多的单位部门进行沟通与联系。调度员主要是在跟电网设备打交道，方式专责需要由电网扩展到跟各类人打交道。

再三年，我由运行方式专责调换到了计划检修专责，由电网“搭建者”变为了电网的“检修者”。此时打交道的人就更多了，如何与各单位协调沟通，如何在保证电网安全的前提下，推动一项计划检修工作进行，都是自己急需提升的工作能力。

这十年的工作，我从变电站运行到调度运行，再由调度运行到运行方式，再到计划检修，每一个阶段都是后一个阶段的基础，虽然当时我并不知道自己的路将要如何走，但是每个阶段认真努力的学习，都是对后一个阶段的有力支撑。

在这十年过程中，有一件事情是让我不断反思和进步的源泉，那就是写工作日志。我通过书写工作日志的方式，对自己的知识和经验进行梳理和反思。从2009年开始，直到今天，我已经书写了近十年的工作日志。

2016年，我有了一个想法，想要将自己在工作中的心得体会和经验总结，分享给电力调度的同行们。于是，我开通自己的微信公众号，取名为“电力加一的修炼场”。这个平台只写跟电力调度工作相关的文章。我给自己设定了一个行动计划，坚持每周写一篇原创的工作文章。从2016年开始一直坚持了两年，累计在微信公众号上输出了近100篇文章。

慢慢的文章积累起来，就有了想要写一本书的想法。在微博上给中国电力出版社的编辑留言，表达了自己想要出版一本关于10年工作经验的书。于是，就有了这本书。

这本书是我在调度部门十年工作经验的累积，一共分为五个部分。分别是电网结构、电网机构、电网运行、电网安全和电网检修。这五个部分是相互关联，层层递进的关系，是作为一名调度人员新手，认知顺序的排列方式。下面举个新手学习开车的例子，来进行类比，方便理解。

首先，新手需要了解车辆的基本构造。作为一名调度人员，首先需要了解和掌握的就是电网的基本接线结构，包括电网各个元件，以及各个元件之间的相互关联。

然后，新手作为驾驶者，需要了解车辆有哪些操作流程和控制部件。作为一名调度人员，需要了解和掌握，涉及哪些单位和部门跟这一张电网有关联。从横向关系和纵向关系上，都涉及哪些单位部门。

接着，新手需要上路了，需要了解车辆如何运行。作为一名调度人员，需要掌握电网在正常运行和特殊运行下的方式安排，以及各种运行方式安排的合理性。

然后，新手需要知道开车上路的交通规则和安全条理。作为一名调度人员，最重要的应该是掌握电网安全稳定运行的相关要求，电网安全运行是第一位。

最后，车辆运行过程中，会需要不定期进行检修和维护。那么，电网设备在运行过程中，也需要进行检修停电，进行必要的维护和保养。

掌握好这五个部分，调度人员新手就可以对这张电网有更深入的掌控感。

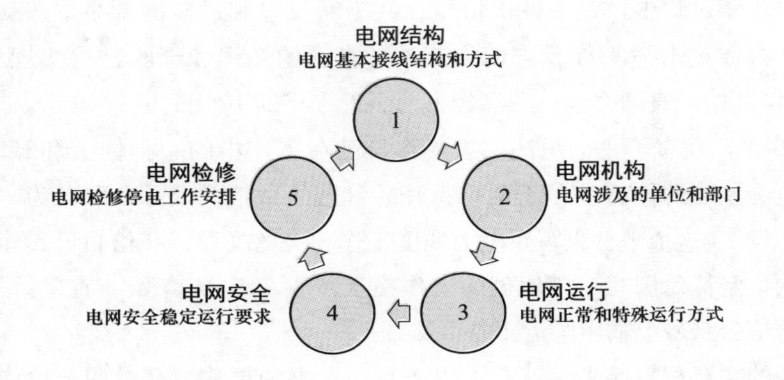

书籍的每个部分中，又包括了3～5个章节。每个章节按照“问题案例、原理作用、流程方法、疑问解答”的结构来布局安排。整本书都是站在一名调度新手的角度，来进行知识点的讲解和工作经验的分享。文中穿插了调度新手杜小小的故事，让这本书更加易读，有亲切感。

整本书是自己的这10年来的工作经验的总结和分享，受到本人知识的局限性，文中有很多不成熟的想法和感受，希望读者能够提出批评和指正，我相信这也是我继续学习的好机会。欢迎添加我的微信号：huangjiayi4959。

编　者

目录

CONTENTS

第二部分　电网机构篇

第三部分　电网运行篇

第四部分 电网风控篇

第五部分 电网检修篇

第一部分

电网结构篇

作为一名新入职的电网调度人员，首选需要了解和掌握的是电网。因此本书的第一部分讲解了电网结构，只有掌握了电网的基本结构，才能掌握好电网的运行、维护、检修、改造、规划等专业知识和技能。

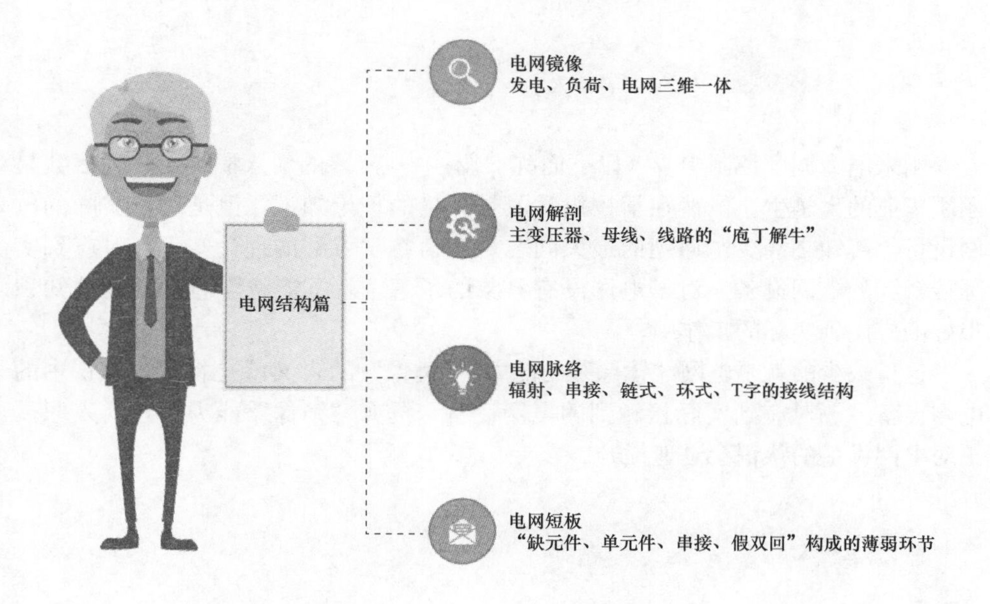

第一章

电网镜像：发电、负荷、电网三维一体

电网“镜像”能力是调控中心新进员工最基础的能力。如何将理论联系实际，本质上就是提升自我的“镜像”能力。电力系统中最重要的公式，发电量＝网损量＋负荷量，发电与负荷通过电网设备进行能量传递。本章介绍了发电设备的三种类型，负荷曲线的典型特性，以及电网设备的“点线”构造。

新进调度人员应该提升电网的“镜像”能力

◎ 电力系统的“镜像”能力

刚来电力调度控制中心（以下简称“调控中心”）的新入职员工，大多数是刚刚毕业的大学生。虽然在学校里学习了大量的理论知识，但是对于实际的电网设备了解知之甚少。遇到的最大问题是如何将学习到的理论知识，对应到实际接触到的电网设备。对于电网没有具象的了解，就不能将学习到的理论知识很好的应用到实际的工作中。

这里缺少的就是电网“镜像”的能力，“镜像”的含义就是将理论知识中的电网设备一一对应到实际接触到的电网设备。提升“镜像”能力后，新入职员工对电网设备的认识会迅速提升。

◎ 杜小小“入职后的小烦恼”

杜小小是一名应届毕业大学生，入职已经两个月了，最近刚刚被分配到公司的调控中心作一名实习调度员。杜小小在学校里成绩中等偏上，对于电力系统方面的知识都比较熟悉。但是来调控中心实习后，才发现自己仿佛走进了大观园，对所有的事物都是新奇的、陌生的。感觉之前在学校里学习到的知识都在大脑中盘旋着，但是就是有一种使不上劲的感觉。这是入职后的第一个小烦恼。

自从杜小小来到地调班组实习后，就被封为“QQ 杜”，因为杜小小会一个问题（Question）接着一个问题（Question）连连发问，不打破沙锅问到底，就誓不罢休。

杜小小拉着班长不放，开始了“QQ 杜”模式。

“班长，为什么我没有看到有发电厂呢，发电设备都在哪里藏着呢？”

“班长，我们电网负荷曲线好奇怪啊，为什么晚上的负荷这么高？”

“班长，这条线路的命名好奇怪啊，代表什么意思呢？”

“班长，我们电网好复杂啊，乱七八糟的，我都记不住啊！”

“……”

班长有点招架不住了，“小小，我跟你谈谈心吧。你从学校刚毕业，学习热情很高涨，这一点值得表扬和鼓励。但是现在你面临一个很大的难题，就是如何将书本中的知识成功转化为实际的工作技能，这需要你在平时要多多观察、记录、总结、反思。班长希望你能够在未来一个月时间里熟悉我们的电网设备，能做到吗？”

杜小小认真地点点头，拿出笔记本和笔，准备大干一场。

◎ 实践是检验真理的唯一标准

应届毕业的大学生，在刚入职时最大的挑战便是从学生状态调整至职场状态。学生时期最主要的特点是，学校会制定课程表，老师会布置作业。对于学生来说，一切都处于被动状态。入职后，职场最主要的特点，公司会交办工作任务，并要求职员在规定时间里完成任务，并按质按量提交。对于新入职员工，一切都需要积极主动。

新入职员工心态由被动接受转变为主动迎战之后，就需要进行第二个步骤，快速将学校学习的理论知识与实际工作场景紧密结合，也就是前面提到的“镜像”能力。

学生时期，学校教授的知识是前人通过实践和经验总结而来的道理和理论，学习的重点是在了解和掌握这些普适的知识点，特点就是适用范围比较广泛，但是针对性不强。入职后，新员工面对的是实实在在的电网设备，需要将之前学习到的知识，放置在实际电网设备中消化理解。有不适用的地方，需要及时总结经验，反思学习到的知识，判断是不是仍然有效。

在职场上，更多强调的是职员的实践应用能力。实践是起点，也是检验真理的唯一途径，更是终点。在不断实践的过程中，针对具体场景，重述知识和经验，才更加具有适用性，千万不可生搬硬套书本上的知识。

◎ 360°全维度理念

“镜像”能力不仅将理论与实践紧密联系起来，还可以展示对象的全部面貌。调控中心对于电网设备来说，很重要的一点便是掌握电网的全貌。360°全维度认识和了解电网的特性和规律，是调控中心新入职员工需要具备的基本素质。

电力系统有一个重要的公式，发电量＝网损量＋负荷量。将发电量传递至负荷端的传输媒介是电网设备。对于电网来说，认清发电、负荷、电网三者的区别与关联，可以提升调控中心职员对于电网全貌的认识。

发电设备是电源设备，必须通过电网设备的传送，将电能输送至负荷端。发电设备会在各个电压等级的电网设备上接入。负荷设备是消耗电能的设备，它将沿着负荷密度区域成比例分布在各个可能出现的地方。电网是传输电能和分配电能的设备，它是由各级电压等级电网所组成。

举个例子，一个水利工程，上游的水库需要将水灌溉到下游的农田，修建了大大小小的水利渠道。水库中的水，可以通过这些渠道流入农田中。这个上游的水库就相当于一个大的发电设备，下游的农田就相当于分散的负荷端。大大小小的水利渠道就相当于电网设备，在渠道中流动的水就相当于电能量。

农田需要多少水量，水库就需要提供多少水量，这是一个平衡的过程。在一个电力系统中，负荷有多少，发电量就需要匹配多少，而这个平衡的过程是每时每刻都需要保证平衡的，这就是电量守恒定律。

水库的水是通过水渠进行传送，因此水渠的容量很关键，水渠容量太小，即使水库中有再多的水，也不能顺利地灌溉到农田中。发电设备与电网的关系也是如此，电网设备有瓶颈，就会导致发电设备的电不能顺利地传递出来。

某些农田有水渠，某些农田没有水渠，即使水渠中的水量都是充沛的，农田也得不到水量。这就好比负荷端有需求，需要用电，但是没有电网设备，或者电网设备容量有限，就导致负荷端的需求电量得不到满足。

因此发电、负荷、电网三者有区别，但更多的是紧密地联系，它们是一个电力系统中最重要的基本要素和关键节点，需要新入职员工熟悉和掌握它们的特性和规律。下面我们就分别来详细说说发电、负荷、电网设备。

电力系统中发电、负荷、电网三者缺一不可

◎ 发电设备不一定是发电机组

“小小，想什么呢?”

“班长，发电机在哪里呢? 我怎么没有看到。”

“发电机? 你是在找电网的电源端吗?”

“是啊，找了好久，都没有找到。”

电网的电源端就相当于水利系统的“水库”，杜小小没有能够找到水库，是因为没有将大脑中的理论知识顺利的转化应用于实际场景中。杜小小所在的调控中心是地区调度机构，管辖的范围只是整个大电网中的一小块末端电网，也就相当于水利工程中，距离农田最近的一小节“水渠”系统。水的直接来源不是最上游的“水库”，而是能够看到的最上游“水渠”。因此杜小小想要在管辖电网的范围内找到电源端，也就是“水库”，可能会无功而返。能够找到的大多数应该是最上游的“水渠”，也就是上一级的变电站。在这里，上一级变电站就相当于电源端。

调控中心新入职员工要学的第一件事是提升对于发电设备的“镜像”能力，找到管辖电网所有的电源端，它们有以下几个来源。

（1）发电厂站。

（2）上级变电站。

（3）电网间联络线。

第一种是发电厂站。这是最直观的发电设备。在电网的各个电压等级均有可能出现发电站。比如，在杜小小所在的地区电网范围内，就有 110kV 电压等级的垃圾发电厂、35kV 电压等级的水电站，还有若干个 10kV 电压等级的小水电站。它们都是这个电网的电源端，类比于水利工程，它们就是连接在水渠系统上各个大小不一的“水库”。

第二种是上级变电站。在区域电网中，大多数电源端并不直接表现为发电设备，而是上级电网设备。比如，在杜小小所在的地区电网范围内，有 8 座 220kV 变电站为地区电网提供电能来源。这些 220kV 变电站的电能来源，有发电站直接供电的情况，也有更高电压等级的 500kV 变电站作为电源端的情况。

第三种是电网间联络线。第二种上级变电站实质上是从“纵向”的维度来划分电源点的类别，电网间联络线实质上是从“横向”的维度来划分电源点的类别。仍然以水利工程为例来做解释，某家农田的水渠里没有更多的水了，可

能原因是上级水库水量告急，但是邻居家的农田的水渠是另一个水利系统的设备，水量很充沛。在两家农户的水渠间，建立了一条应急备用通道，这条应急备用通道，就类比于电网中各个区域电网间的联络线路。当联络线作为电源线路时，本质上电网间联络线算是一种电源端。应急备用通道其实是相对的，可以作为自己电网的电源点，也可以作为对方电网的电源点。互惠互利，目的是为了在电源紧张时，可以灵活调整和安排电源和负荷的对应关系。

◎ 负荷曲线就像千变万化的万花筒

在水利系统中，建立水库的目的是为了灌溉农田。在电力系统中，发电机组无时无刻不在提供电能，是为了满足每时每刻的电力负荷需求。当电力负荷的个数比较少时，可能在某些时刻，负荷总量会为零，此时并不需要发电机组提供电能。但是随着电力负荷的个数逐渐增多，电力负荷的类别逐渐丰富，在 24 小时内，负荷总量可能就不会出现为零的情况，需要发电机组每时每刻的提供电能。

举个例子，早上 7：00 小区的住户们陆续起床，打开了房间的电灯。这个电灯就成为了一个负荷需求点，需要发电机组提供相应的电能。上午 9：00 商场陆续开张，商场的照明和电气设备全部都启动，直到晚上 22：00 关闭了所有设备。在这段时间内，这些照明设备和电气设备成为了负荷需求点，继续向发电机组索要电能。还有一家工厂，最近连夜赶工，职工三班倒，全天 24h 一直运转着生产设备的机器，这些机器就是持续负荷需求点。

所有的负荷需求点会在不同的时间段有不同的需求，当所有的负荷累加起来，就会在一段时间内呈现出一条曲线图，这条曲线图就叫作负荷曲线图。杜小小所在的地区电网日负荷曲线图如图 1-1 所示。

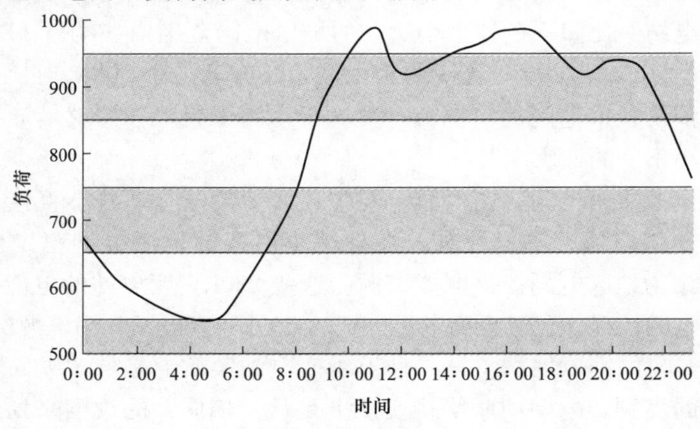

图 1-1　日负荷曲线图

这是某一天24h的负荷曲线图。从凌晨0点开始负荷曲线开始下降，直到凌晨5点降至最低点。然后从凌晨6点开始，迅速上升直到中午11：30左右。接着有一个小幅度的下降，然后又开始慢慢爬升。在晚上21：00之后负荷迅速下降。

你找不到两片相同的树叶，你也找不到两条相同的日负荷曲线。因为每时每刻负荷的需求量都是随机的。但是随机不代表找不到规律，在日负荷曲线中，可以发现周一至周五的法定工作日期间，日负荷曲线有相似的变化趋势。周六和周日两天休息日的日负荷曲线，会跟工作日负荷曲线呈现些许的差别。

另外一年四季的典型负荷曲线也有规律可循。杜小小所在的地区电网，由于春秋两季气候适宜，负荷水平均处于全年的中位数水平。夏季由于连晴高温天气出现几率很高，一般来说负荷水平是全年最高。冬季由于室外温度大多数保持在零度以上，负荷水平较春秋两季较高，但是没有超过夏季的负荷水平。

再从年度间隔来说，由于社会和经济的不断发展，也由于城镇中心化的不断深化，杜小小所在的地区电网年最大负荷逐年增长，增长的幅度为5%～20%。

上述分析电力负荷曲线的规律与时间的关系，再来看看负荷跟哪些要素有关联呢？下面按照短期负荷曲线、中期负荷曲线、长期负荷曲线分类的方式来逐一进行梳理。

短期负荷曲线影响要素有以下三点。

（1）天气情况。

（2）周末休假与小节假日。

（3）停电事件。

天气情况是影响短期负荷曲线最大的一个要素。比如突然下了一场雨，将沉闷的高温天气来了一次降温消暑，负荷曲线会立马下降一大截。

周末休假由于出行方式和工作方式在大概率下会呈现不一样，负荷曲线也会有相应的变化。比如周日的负荷曲线就会比平时工作日的负荷曲线要整体下降。小节假日是指除了国庆节和春节之外的法定节假日，有三天的连休，跟周末休假比较类似，会对负荷曲线有一定下降作用。

停电事件包括有电网本身计划安排的检修停电工作，也包括发生重大故障或缺陷，可能会对负荷短时间停止供电，造成负荷曲线在短时间内下降一大截。还有一些社会事件，例如“世界停电日”倡导大家在3月28日20：30-21：30自觉的关掉电源，虽然这个活动不是强制性的，但是也会对负荷曲线造成一定的影响。

中期负荷曲线影响要素有以下三点。

（1）当地气候。

（2）大节假日。

（3）大型用户站工作量。

当地气候会对季度的天气起到决定性作用。比如杜小小所在的城市属于中国“火炉”之一，夏季的降温负荷差不多有50%，冬季温度比较暖和，很少下雪，因此冬季的取暖负荷没有夏季的降温负荷高。春季和秋季气候适宜，基本上没有因为气候因素而增加的负荷。

大节假日是指国庆节和春节，这两个节假日有七天的连休。由于连休时间较长，会在整个月的基础上对负荷曲线造成影响。比如杜小小所在地区电网，在春节期间，前后三周时间都会受到春节的影响，负荷曲线呈现全年的最低值。

大型用户站一般指35kV及以上电压等级的专用负荷站。负荷水平一般在10～100MW之间不等。假设用户站在某段时期需要有大量的生产任务，其负荷变化会对整体的负荷曲线造成一定的影响。

长期负荷曲线影响要素有以下三点。

（1）电价制度。

（2）经济状况。

（3）社会政策。

电价制度会在长期维度上对负荷曲线产生影响。在实行了阶梯电价和分时电价制度后，会在根本上影响到居民和用户的用电习惯，从而在长期维度上造成负荷曲线的变化。例如分时电价制度，在凌晨时段会有比较便宜的电价，因此呈现在负荷曲线的凌晨时段，会在基数上升高，导致每日负荷的峰谷差（日最大负荷与日最小负荷的差值）减小，会更加有利于发电和电网设备的合理利用率。

经济状况会对区域电网的负荷造成长期的影响。比如杜小小所在的城市最近在大力发展电子信息技术基地，大量的电子信息公司入驻，用电需求急需增长。周边新建了好几座110kV变电站，总体负荷曲线上升了不少。

社会政策也是对负荷曲线的一个长期影响因素。比如杜小小所在的区政府正在进行一项政策，是将高耗能、高污染的企业从城区迁改至更远的区县，因此，大量的用电大户从本电网区域撤离，在负荷曲线整体基数上降低了不少。

◎ 电网由“点”和“线”组合编制成的一张网

电网是将发电机组的电能量传递给负荷终端的电力设备，就像是水利工程中，连接水库与农田之间的“水渠”。水渠其实是有水渠管道和水渠中的阀门所组合，电网其实也是由若干个“点”和“线”所组合而成。在电网中的“点”叫作变电站，“线”叫作电力线路。电网实质上就有若干个变电站和电力线路所组合而成。

“小小，我来考考你啊，我们辖区内有多少座变电站啊？”

“班长，我刚刚才数过。220kV 变电站有 8 座，110kV 变电站有 34 座，35kV 变电站有 10 座。”杜小小充满自信地说道。

“那这些变电站是如何连接在一起的呢？它们的进线电源线路叫什么名字？”

“……”杜小小好像没有关注过这个问题。

为了提升新入职人员的“镜像”能力，最为重要的便是熟悉和掌握整个电网的接线结构。主要从以下三个方面来熟悉掌握。

（1）“点”——变电站。

（2）“线”——电力线路。

（3）“编织方式”——接线结构。

第一步：“点”——变电站

变电站本质上是对电压等级进行变压的厂站，比如将 220kV 降压至 110kV，或者将 10kV 升压至 110kV，因此变电站按照变压属性可以划分为升压站和降压站。升压站一般位于发电厂站内，将电能输送给电网之前，提升电压等级，减少电能传输损耗。降压站一般位于负荷端范围内，降低电压等级，将电能分配至各个负荷终端。

变电站的个数是决定电网规模的重要因素。辖区内有多少座变电站，可以按照电压等级进行划分。可以统计 220kV 变电站、110kV 变电站、35kV 变电站分别是多少座。除了电压等级之外，变电站的标示就是变电站的名字。杜小小所在地区电网的变电站名字，一般都是按照变电站所在地方进行命名。比如一座 220kV 变电站坐落在一个叫作“星光大道”的马路上，那这一座变电站就被命名为“220kV 星光大道变电站”。原则上辖区内的变电站名称都应不重名，以免发生混淆的情况。

第二步：“线”——电力线路

电力线路是连接各个“点”的电力设备，将电能传递给各个“点”的通道。目前还没有实现无线传输，因此就会看到中国大好河山中，电力线路“跨过山，越过海”的画面。电力线路并不是变压设备，因此电力线路各端连接的电力设备，电压等级必须是相同的。比如 220kV 变电站的 110kV 母线上，电力线路的电压等级是 110kV。电力线路连接的对侧设备，有可能是另一座 220kV 变电站的 110kV 母线，也有可能是一座 110kV 变电站的 110kV 母线，唯一不变的就是电压等级。

电力线路的名称包括了两个要素，“电压等级”和“线路名称”，在辖区内也是具有唯一性，否则会发生混淆情况。比如杜小小所在地区电网中，涉及的电力线路有220kV、110kV、35kV、10kV。线路名称由“电源侧变电站名称中的一个字”和“负荷侧变电站名称中的一个字”所组成。例如，220kV星光大道变电站的110kV母线上的电力线路连接至110kV商业街变电站的110kV母线，这一条线路名称可以被命名为“110kV星街线”。其中110kV是电力线路的电压等级，“星”是电源侧变电站名称中的一个字，“街”是负荷侧变电站名称的一个字。

想要记住这些电力线路的名称，其实只需要掌握其中的规律，就可以达到事半功倍的效果。

第三步：“编织方式”——接线结构

熟悉了电网中的“点”和“线”，我们已经具备了基本的电网构成的要素。要在大脑中建立起电网的整体性，还需要最后一个步骤，熟悉“点”和“线”的“编织”方式，可以从“分区分层”两个角度来构建电网的结构。

“分区”是指从上级电源点来划分整个电网结构。比如，杜小小的区域电网中有8座220kV变电站，它们都是电网中的电源点，可以按照每个220kV变电站为中心点来划分整个电网结构。这样就可以将电网划分为8个片区。每个片区所涉及的电力设备数量减少了很多。对于新入职员工可以逐个片区来一一熟悉和掌握电网结构。

“分层”是指从电压等级来划分整个电网结构。比如，可以将整个电网划分为220kV电网部分，110kV电网部分，35kV电网部分。逐级熟悉每个电网部分，掌握涉及的变电站和电力线路。

“分区”和“分层”还可以配合在一起使用。220kV电网部分，若是环网接线方式，可以多使用“分层”的思路来熟悉电网结构。110kV及以下电网部分，大多数是辐射状接线方式，可以多使用“分区”的思路来熟悉电网结构。

将电网划分为若干个板块逐一熟悉后，再将各个板块在大脑中拼接起来，一张完整的电网接线图就构建起来了。

如何尽快熟悉自己所在电力系统设备

◎ 找到电网中的各个“水库”

杜小小在班长的教导下，逐渐意识到理论知识需要与实际工作相结合，才能发挥出巨大的作用。提升电网“镜像”能力是当务之急，了解和掌握摆在面前的这一张“大网”是自己来到调控中心面临的第一项学习任务。

杜小小首先对电网中的各个“水库”进行了梳理。按照发电设备的三种来源“发电机组、上级变电站、电网间的联络线”，来依次梳理，并建立了电网的各个发电关卡回路表，见表 1-1。

表 1-1　电网的各个发电关口回路表

序号	发电来源	电压等级/kV	关口开关回路
1	发电机组	220	关口开关-发电机组-220
2		110	关口开关-发电机组-110
3		35	关口开关-发电机组-35
4		10	关口开关-发电机组-10
5	上级变电站	220	关口开关-上级变电站-220
6		110	关口开关-上级变电站-110
7		35	关口开关-上级变电站-35
8		10	关口开关-上级变电站-10
9	电网间联络线	220	关口开关-联络线-220
10		110	关口开关-联络线-110
11		35	关口开关-联络线-35
12		10	关口开关-联络线-10

找到发电设备来源，其本质就是找到各个发电的关口开关回路。将所有关口开关回路相加，就形成电网最重要的一个关口计量公式。

电网发电量＝所有关口开关回路电量之和

也就是表 1-1 中所有 12 项关口开关回路电量之和。

当然根据每张电网的实际情况，不一定所有的关口开关回路都有电量。比如杜小小所管辖电网中，“关口开关-发电机组-220”的电量就为零。因为在所辖电网中，连接在电网的 220kV 母线上并没有发电机组设备。有些关口开关回路的电量，是由更多的关口开关回路所组合。比如杜小小所管辖电网中，“关口开关-上级变电站-220”就是由 8 座 220kV 变电站的若干 220kV 总路开关所组成。

电网间联络线需要注意的一点，所辖电网内的联络线是不算在关口计量公式的“电网间联络线”中。比如所辖电网中有两座 220kV 变电站，之间有一条 110kV 联络线。虽然这条联络线也是属于电网设备间的联络线，但是就好比自家农田的水渠之间互通有无，并不算作水渠来源的水库之一。站在所辖电网的整体局面上来看，这条联络线并不属于关口计量公式中“电网间联络线”，只有与其他电网间的联络线才能算作电网的发电来源。

◎ 全维度“镜像”负荷典型曲线

杜小小找到了电网的各个“水库”后，对电网的发电来源有了更加深刻的认识和掌握，也将这些“水库”记忆在了自己的大脑中。接下来杜小小开始攻克负荷这一板块。负荷曲线按照时间的间隔，可以划分为日负荷曲线、周负荷曲线、月负荷曲线、季度负荷曲线、年负荷曲线。

日负荷曲线的规律最不好把控，每天的负荷曲线都会受到太多的因素所干扰。杜小小试着在每天下班前对第二天的负荷曲线进行预测。虽然准确率都不是很高，但是却是一种主动掌握日负荷曲线的高效方法。每天在预测的时候，杜小小都会积极思考，将第二天可能会影响到负荷曲线变化的因素都考虑一遍。比如天气预报，大型用户用电需求变化，是否有节假日，检修停电工作量等因素，也对所辖电网的负荷特性越来越了解。

周负荷曲线主要关注的是工作日与周末之间的区别。杜小小发现了一个规律，周末的负荷曲线都要比工作日的负荷曲线低，但是在各个时段负荷差值并不一样。杜小小将一天 24 小时划分为四个区域，第一个区域是 0：00—6：00 的凌晨时段；第二个区域是 6：00—12：00 的上午时段；第三个区域是 13：00—18：00 的下午时段；第四个区域是 19：00—24：00 的晚间时段。每个区域相对应的负荷差值都会有更加明显的变化趋势和特性。这样杜小小将一条大的负荷曲线化整为零，各个击破，更能够找出负荷曲线的特性值。工作日与周末负荷曲线图对比如图 1-2 所示。

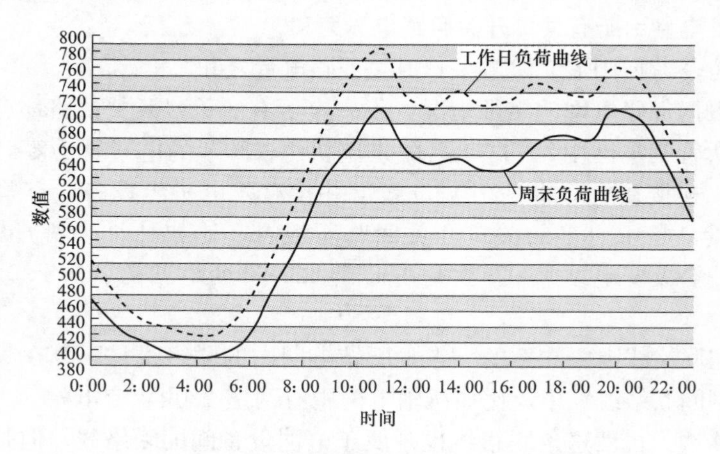

图 1-2　工作日与周末负荷曲线图对比

月负荷曲线其实可以将它看做四个周负荷曲线所组成。每一周的负荷都会在前一周的基础上会有微小的调整。比如大型用户的生产周期，三天法定节假日的影响，天气的趋势性变化，都会对每一周的负荷曲线变化带来些许的影响。杜小小将最近一个月的负荷曲线按照周的维度来划分，寻找四周的变化趋势，发现由于天气越来越炎热，每周都会在前一周的基础上，负荷增量上浮3%～5%。

季度负荷曲线是找出春夏秋冬四个季节的典型负荷曲线，发现各个季度的负荷曲线在各个时段区域中都有什么样的特征。杜小小将往年的四季典型曲线全部找出来后，发现夏季是负荷最高峰，在各个时段都属于高峰值，尤其是晚高峰是当天最高负荷值。而在冬季负荷也相较于春秋两季的负荷值高，但是比夏季要低，最高负荷值出现在中午时段。

年负荷曲线主要是找出逐年发展的负荷因素变化情况。可以按照表1-2中的要素来梳理。最高负荷值是指全网全年出现最大负荷的数值，最小负荷值是指全网全年出现最小负荷的数值，平均负荷是全网全年供电量（MWh)/365天/24小时，峰谷差为最大负荷－最小负荷值。

表1-2　逐年电网负荷特性表

序号	年份	最高负荷	出现时间	最低负荷	出现时间	平均负荷	峰谷差
1							
2							
3							
4							
5							
6							

经过了上述梳理和分析后，杜小小对于电网的负荷特性也有了一个全面的了解，在某些细节上，仍然有一些不清楚的地方。但是对于负荷这个不断变量来说，是需要时间和经验来累积，杜小小正在慢慢成长中。

◎ 电网命名的结构化记忆方法

杜小小发现电网这个版块相较于发电和负荷来说，是一个特别关键的环节。变电站数量众多，线路名称不容易记忆，自己总是会遗漏或者记错，导致自己对这张电网比较陌生。但是班长说电网必须“镜像”到自己的大脑中。

杜小小仍然是采取化整为零，各个击破的办法来记住这张电网图。按照“分区、分层、联络”三个步骤来进行电网的解构。首先按照分片区将整张电网划分为各个相对独立的片区。各个片区中再按照电压等级来进行二次划分。找出在各个电压等级中所有的变电站，以及每座变电站对应的进线电源线路。电网设备的解构名称见表 1-3。

表 1-3　　电网设备的解构名称表

序号	片区	电压等级/kV	变电站	线路名称
1	片区 1	220	片区 1-220-站 A	
2		110	片区 1-110-站 B	A-B
3		110	片区 1-110-站 C	A-C
4		35	无	
5	片区 2	220	片区 2-220-站 D	
6		110	片区 2-110-站 E	D-E
7		35	片区 2-35-站 F	E-F
8	片区 3	220	无	
9		110	片区 3-110-站 H	G-H
10		35	片区 3-35-站 I	H-I

将各个片区内部的细节弄清楚后，再跳出单个的片区，寻找片区之间的相互联络设备。找到各个片区的联络线路和联络变电站。片区之间的联络方式有两种，第一种是只有联络线的方式进行联络。另一种是有联络线，也有变电站的方式进行联络。见表 1-4 所示，片区 1 与片区 2 之间除了有联络线，中间还有变电站。片区 1 与片区 3 之间，就只有联络线，没有变电站。

表 1-4　　电网片区间的联络线与变电站设备的解构名称表

序号	片区	相关联片区	联络线	联络变电站
1	片区 1	片区 2	片区 12-A	A
2		片区 3	片区 13-B	无
3	片区 2	片区 1	片区 12-A	A
4		片区 4	片区 24-C	C
5	片区 3	片区 1	片区 13-B	无
6	片区 4	片区 2	片区 24-C	C

将各个片区的电网设备，以及各个片区之间的联络设备梳理清楚后，就可以站在局部和全局的视角上来认识与熟悉这一张大电网。

杜小小发现，所辖电网中变电站的名字一般按照地理位置来命名。将变电站画在地图上，有利于自己记住变电站的名字。然后再梳理各个变电站之间线路取名的规律，找到线路名称中的各个变电站的“关键字”，将这些“关键字”画在地图上，记住线路的名称也不是一件难事了。

杜小小经过一个月的慢工出细活，终于通过了班长的考核，也对所辖电网越来越熟悉，越来越有感情。接下来会有更大的挑战等待着自己，只要自己细致、认真、全面、有反馈，班长设定的任务和目标也是可以完成的。

◎ 杜小小发愁工作后应该到哪里学习

杜小小发现自己越深入了解，越知道自己需要学习得更多，想要得到更多的学习资料和学习平台，不知道有哪些渠道可以获得这些专业知识。

专业的学习资料和知识可以通过以下三种渠道来获得。

（1）出版专业书籍。新华书店，以及各个电力专业书店，都有大量的专业书籍可以翻阅和学习。固定时间去书店看看自己范围内的专业书籍，应该会有惊喜。

（2）专业期刊论文。在学校里会经常查阅期刊论文，工作后这部分的资料仍然是非常有用的，也会有不少涉及实际工作经验介绍的期刊论文，都是不错的参考学习资料。电力期刊论文的渠道有，中国知网、万方数据库、中国学术期刊网等，都是不错的论文来源。

（3）网络资源。微信公众号也是不错的平台，可以搜索到不少与自己专业相关的文章，经验介绍，最新行业动态。此外知乎也是一个问答类型平台，有很多有价值的专业答案，也可以自己提出有疑惑的问题。北极星电力网也是一个特别好的论坛平台，可以多多在平台上与同行进行交流。

第二章

电网解剖：主变压器、母线、线路的庖丁解牛

电网“解剖”能力是调控中心新进员工的第二项基本技能。在全面了解地区电网的发电、负荷、电网组成结构后，需要在“第一图层”之下继续深挖，掌握电网的“第二图层”信息。本章介绍了管辖电网中关于主变压器、母线、线路的细节，“庖丁解牛式”的分析电网在细节层面的特性和功能。

新进调度人员应该提升电网的“解剖”能力

◎ 对电网设备的“解剖”能力不足

新入职员工，对管辖电网有了全局的认识。就会对发电设备、负荷特性、电网分区分层有了足够的掌握，也会意识到电网在发电、负荷、电网三项基本元素中占有重要地位。记住电网的各个片区，以及各个片区的变电站和线路名称只是掌握电网结构的第一步，那么第二步，就是要了解掌控电网结构的细节了。

很多新入职员工会认为，电网设备细节的掌握，应该是变电运维人员和输电运维人员需要掌握的知识，自己只需要具有“大电网”的观念就好了。其实这是特别不正确的理念，如果不掌握电网设备的内部构造，对于后续的调度工作是不能够胜任的。因此新入职员工的第二项任务，就是解决对电网设备“解剖”能力的提升。

◎ 杜小小只是刚刚踏出了“万里长征的第一步”

杜小小记住了所辖电网全部变电站和线路的名称，很有成就感。随便哪一座变电站，都知道是属于哪个电网片区，也知道是什么电压等级，也知道变电

站的“关键字”是哪一个。对应的进线电源线路名称也掌握得很清楚。

“班长，我现在可以在 10 分钟之内，画出我们电网所有的接线图，是不是很厉害?”

“不错不错，值得鼓励。但是这一步只是我们工作的基本功。接下来我来考考你，知不知道每座变电站有几台变压器，容量分别是多大，变电站的母线接线结构是什么样的，线路是否有 T 接线路……”

小小瞬间黑了脸，感觉自己前一段时间的努力只是万里长征的一小步，后面还有很多艰巨的任务在等待着自己。

◎ 调度人员必须具备的基本素质：“由表入里”

电网是由“点”和“线”所构成，“点”是各个电压等级的变电站，“线”是连接各个变电站中，相同电压等级母线的线路。掌握了电网所有的“点”和“线”，再理清连接的方式，就可以掌握整张电网的接线图。但是这个层次只是电网的“第一图层”，在这个层次之下，还有电网的“第二图层”，它可以展示出电网更加细节的构造和特性。

为什么调度人员除了掌握电网接线图之外，还需要再下渗到电网接线图更加细节的掌控中呢？这是调度人员的职责所决定的。调度人员虽然不会直接操作电网设备，但是需要对每个单独的，或者整体的电网设备下达调度指令。

我们仅仅知道变电站的名称和电压等级是不够的，还需要深入到变电站内的各个设备元件。对变电站内的各个设备元件的特性和功能进行进一步掌握。对于线路来说，仅仅知道名称和电压等级也是不够的，需要深入到线路的类型、分支、容量、构成有所了解。

其实调度人员的能力就是在一个个“图层”叠加中，逐渐提升的。使用最简单的深入了解方式，便是首先掌握“表”的第一个图层，再掌握“里”的第二个图层。

◎ 结构思考力让调度人员的逻辑性更强

结构思考力背后的本质逻辑是，所有事物都可以将其最根本、最共性的结构梳理出来。对于一个变电站来说，最基本的单元便是主变压器，它是将高电压等级转变为低电压等级的设备。在变电站的设备中，就会有不同的电压等级设备，所有同一电压等级设备所接的电气设备叫做“母线”。因此一个变电站的基本核心单位就是“主变压器”和各个电压等级的“母线”。比如，一个两圈主变压器会涉及两个不同的电压等级，因此就会有两种不同电压等级的“母线”。

提升电网解剖的能力，调度人员需要掌握的便是结构思考力。深入到细节的时候，我们会遇到大量的设备和元件。需要在大量繁杂的设备元件中，利用结构思考力，找到规律性、同质性的设备元件，然后再进行组织整理。让细节不再杂乱无章，而是有结构，有关联。这样的思考过程会让调度人员对电网设备的理解更加深入和扎实。

下面我们就按照主变压器，母线，线路分列一一分析各个设备的特性与功能。

电网解剖的三个重要设备：主变压器、母线、线路

◎ 主变压器是选择“两圈”还是“三圈”

变电站在电网中起到变压的作用，它可以分为两种类型，一种是升压站，一种是降压站。升压站，主要是在发电厂的出线端，将发电厂的电压升高，提高线路的输送能力。降压站，主要是靠近负荷中心。当输电线路抵达负荷中心时，需要将电压由高电压降低为低电压，从而为终端负荷所用。对于降压站主要有500kV变电站、220kV变电站、110kV变电站、35kV变电站。杜小小所辖地区电网，涉及最多的是后两种电压等级变电站。

变电站包括的主要设备有母线、主变压器、断路器。其中主变压器除了按照电压等级来划分以外，还可以根据主变压器的圈数来划分，分为两圈变压器和三圈变压器。主变压器是两圈变压器，对应的母线有高压侧母线和低压侧母线；主变压器是三圈变压器，对应的母线分别是高压侧母线、中压侧母线和低压侧母线。

杜小小在学习的过程中，发现一个规律。在主城中心区域，主变压器一般为两圈变压器，而在农网片区，主变压器很多是三圈变压器。

“班长，我发现了一个小秘密，农网片区很多都是三圈变压器呢。”

“小小，之所以有这种差别是因为农网片区负荷密度较低，线路供电半径大。如果仅有两圈变压器，10kV线路的长度可能会达到十几千米，远远超过极限长度。如果是三圈变压器，可以通过变压器中压侧母线，先出线供电35kV变电站，再由35kV变电站送出10kV出线供电负荷。这些35kV变电站的作用就是起到升压的作用，让原本10kV线路供电的长度范围内出现35kV变电站，利用这些35kV变压器来提升10kV线路的输送能力。”

杜小小一脸崇拜地看着班长，觉得班长分析得太有逻辑了。

“在主城区域负荷密度较大的地方很少看到 35kV 变电站，因为 10kV 线路就可以搞定负荷的供电需求，线路末端的电压也不会下降得很厉害。而且主城区很多是下地的电缆，容性无功较大，反而还会对线路有抬升电压的作用。”

“总结为一句话，主城负荷密度大的区域，会优先选择两圈变压器。农网负荷密度小的区域，则会优先选择三圈变压器。”

◎ 主变压器的数量应该不少于两台

杜小小弄清楚主变压器的圈数后，又发现每座变电站主变压器的数量都不太一样。大多数变电站会有两台主变压器，有两座变电站有三台主变压器，还有一座 35kV 变电站只有一台主变压器。

“班长，您可以跟我说说为什么每座变电站的主变压器数量都不太一样吗？”

“小小，我有一个提议，你可以找找发展策划部的张老师，他会给你答案。”

“张老师，我是调控中心的杜小小，想要请教你关于主变压器数量的问题。”

“来来来，我们坐下来聊。”

“小小，我首先要告诉你一个非常重要的原则，电网安全运行是第一位的。那么，以电网安全运行为核心来考虑，电网设备原则上必须满足 $N-1$ 要求。‘$N-1$’的意思就是，当一台变压器故障跳闸不能恢复时，还有另一台变压器运行对变电站出线负荷进行供电，因此变压器的数量至少是两台。”

“另外，随着经济的发展和城市化不断深化，主城区的负荷密度会越来越大。而且主城区的地块也是寸土寸金，因此很多变电站在规划时就设计成为三台变压器的接线结构。在变电站首次新设备启动投运时，保证有两台变压器投入运行，并预留第三台变压器的间隔。当该片区负荷增长到一定规模时，再对第三台变压器进行新建和投运工作。”

“张老师，这样规划会不会需要多花钱呢？它应该有很多好处，才会选择这一种规划方式吧。”

“这个问题非常好。当变电站所在区域的负荷增加，需要对变电站的主变压器容量扩充时，可以直接选择新增一台主变压器的方案，而不用对现有运行变压器进行增容工程。”

“张老师，是因为‘对现有运行主变压器进行增容’会比‘新增一台主变压器的方案’有更多的劣势吗？”

“是的，劣势是大大的有，主要有以下三点原因。

第一，对现有投运设备进行改造会增加很多临时供电工程。

投运变电站有不少10kV出线，不一定每一条10kV线路都有可以进行负荷转移的联络线。因此在进行变压器增容工程时，10kV线路的临时供电方案是考察的重点。

第二，变压器增容期间增加电网运行风险。

在变压器增容期间，增容的变压器会停电检修，此时只有一台变压器运行供电，增加了电网运行的风险。一旦运行变压器故障，会导致10kV出线负荷失电。另外变压器检修停电时，有可能导致对应的进线电源线路停电，导致变电站单线运行，也会增加电网运行风险。

第三，变压器主变压器增容期间供电能力下降。

原本变压器主变压器增容是因为该片区负荷增长，但是在变压器增容期间，变压器会检修停电，变电站的供电能力立马减少一半，有可能发生单台变压器供电能力不满足负荷的情况。

从上述来看，变压器的数量必须保证不少于两台。在规划的时候预留一台变压器间隔，作为负荷增长的需要。”

杜小小将近期所学小结了一下，变电站的主变压器主要有两个规律。

规律一：主城两圈变压器，农网三圈变压器。

规律二：变压器数量不少于两台，可预留第三台。

杜小小真切地感受到，自己有太多不知道的工作经验，这些经验都在周围同事的大脑里，与同事们的沟通交流也是非常棒的学习途径。看来要多跟张老师学习电网规划方面的知识，可以促进自己对电网调度更加深刻的理解。

◎ 高压侧母线上的元件越多，电网运行方式越灵活

变压器的线圈主要作用是变压，也就是说，变压器线圈分隔了不同的电压等级设备。两圈变压器线圈分隔了高压侧设备和低压侧设备。三圈变压器线圈分隔了高压侧设备、中压侧设备和低压侧设备。同一电压等级的电气设备会连接在一个电气设备上，这个起到汇集作用的电气设备就叫做母线。

因此每座变电站内至少会有两个不同电压等级的母线设备，母线的接线结构不是完全一模一样，也会有不小的差别。杜小小认真梳理了所辖电网内母线的接线结构，对于变电站内的高压侧母线，一共有五种母线接线结构类型。

（1）单母线。

（2）单母线分段。

（3）内桥母线。

（4）双母线。

(5) 旁路母线。

每种接线方式的母线都有其优缺点。

第一种高压侧母线接线结构：单母线

单母线顾名思义就是只有一段母线（见图 2-1），所有的断路器回路都连接在这一段母线上，包括电力线路的断路器回路和主变压器的断路器回路。从电网安全风险管控的角度来看，单母线的接线结构是不满足 $N-1$ 的要求。当母线（$N=1$）故障失电时（$N-1=0$），整个变电站都会失电。杜小小所辖电网中，有一座 35kV 变电站的高压侧母线是单母线接线结构，目前也纳入了技改项目，会尽快整改。

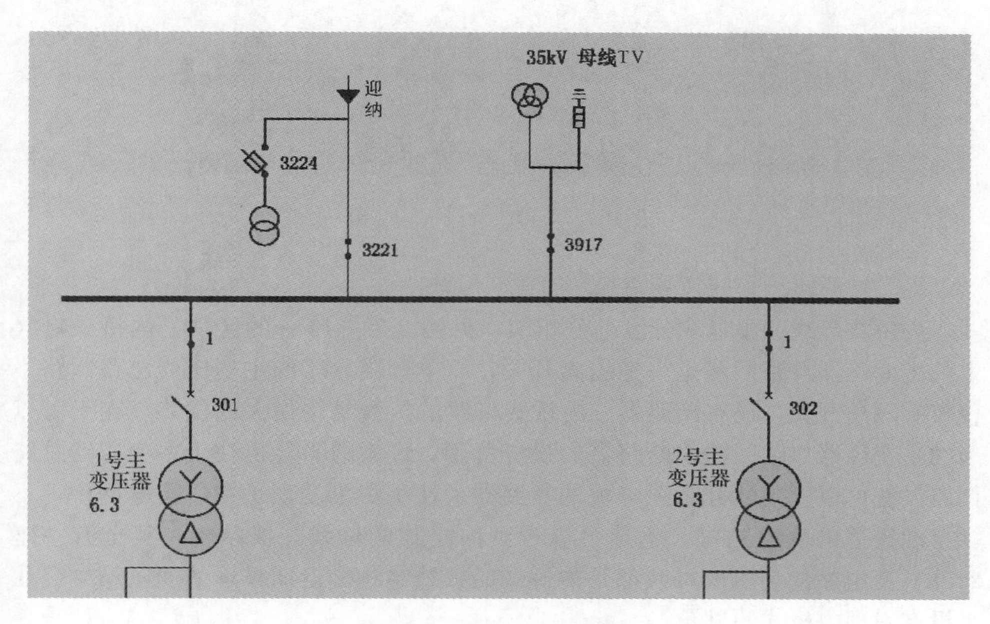

图 2-1 单母线接线结构

第二种高压侧母线接线结构：单母线分段

单母线分段即是将一段母线分段成为若干母线段，各个母线段会由断路器连接（见图 2-2）。杜小小发现一般情况下，高压侧母线会被划分为两段母线。双回电源线路会分别接入各段母线上，双台变压器高压侧断路器也会分别接入各段母线。因此任一一段母线故障跳闸时，双回线和双台变压器只会失电一半的设备。此时低压侧的母线设置了备自投装置，可以自动投切至运行变压器供电。对于低压侧母线的负荷出线只会造成短时停电换电，不会引发负荷的长时间失电。单母线分段从接线结构上已经优于单母线结构。满足电网风险管控的最低要求，满足 $N-1$ 的要求。

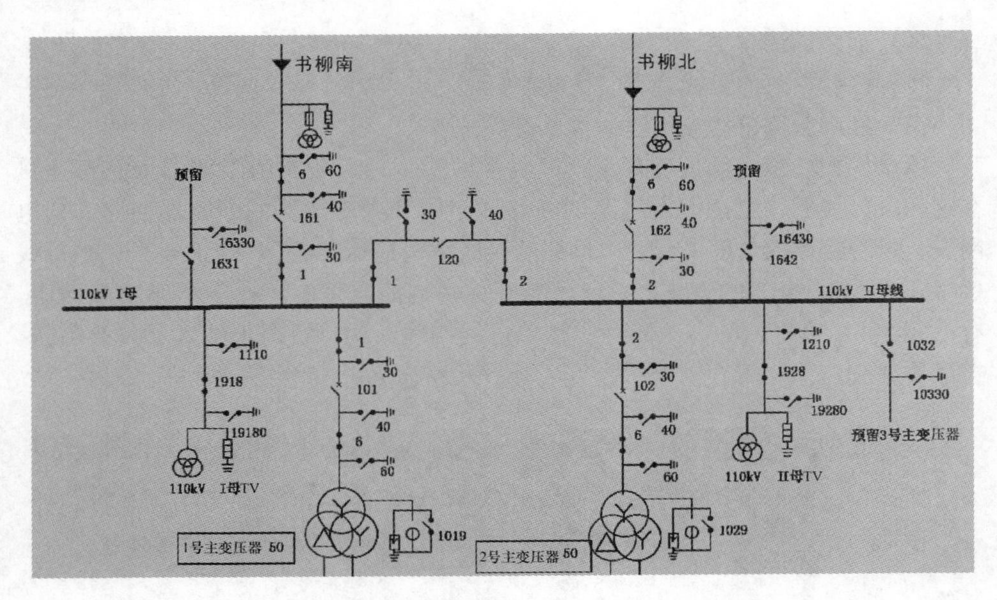

图 2-2　单母线分段接线结构

第三种高压侧母线接线结构：内桥式母线

内桥式母线和单母线分段十分相似（见图 2-3），唯一的区别是内桥式母线上的主变压器总路回路是一把隔离开关，而单母线分段的主变压器总路回路不仅仅有隔离开关，还有断路器。内桥式母线的接线结构最大的优势，在于可以节约主变压器总路回路中断路器的投资费用。最大的劣势也在于主变压器总路回路没有可以直接断开负荷电流的断路器。杜小小也发现了在所辖电网中，不少早期投运的变电站中，仍然可以看到内桥式的母线接线结构，甚至有一座220kV 变电站的高压侧母线都是内桥式的接线结构。近期投运的变电站中，几乎没有发现内桥式的母线。

第四种高压侧母线接线结构：双母线

双母线是目前比较常见的一种母线接线结构（见图 2-4）。双母线与单母线分段的接线方式很相似，唯一的区别是单母线分段的母线上的断路器只能固定接入某一段母线上，而双母线的断路器可以接入到两段不同的母线上。双母线接线结构中，电力线路的断路器和主变压器的断路器均配置两把隔离开关，并分别接入双母线上。可以通过倒闸操作，使得电力线路和主变压器回路运行在任一一段母线上。

双母线接线结构包括了更多的断路器和更多的隔离开关，因此双母线接线方式是上述所有母线类型中投资最大的接线方式。

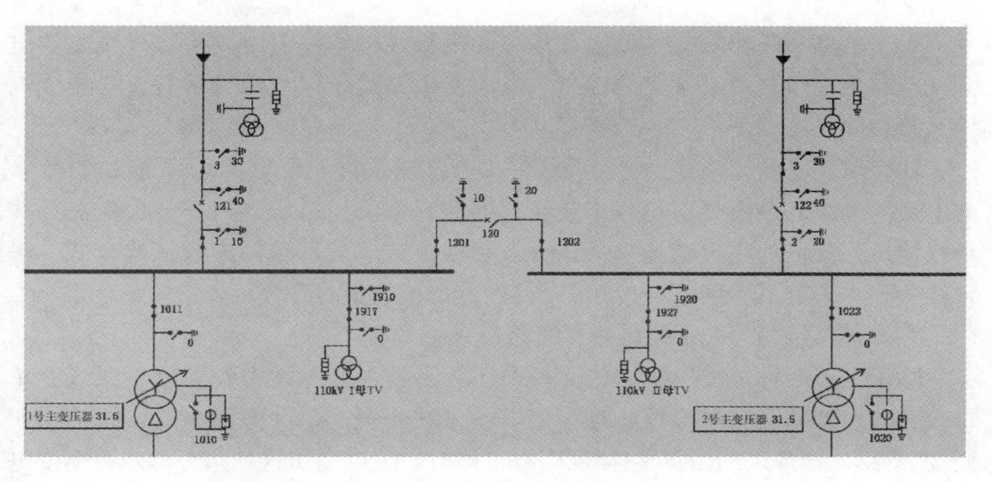

图 2-3　内桥式母线接线结构

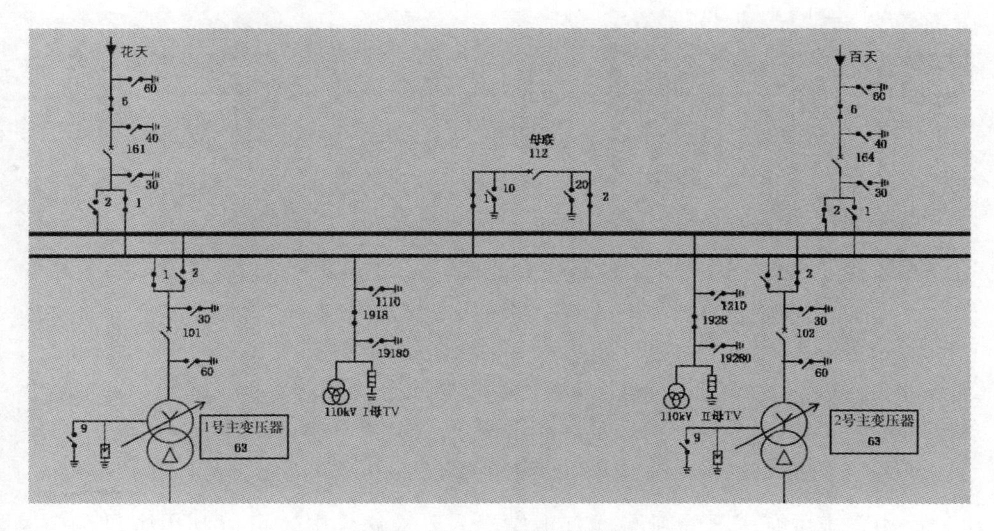

图 2-4　双母线接线结构

更多的断路器：双母线比内桥式母线，增加了主变压器高压侧总路回路的断路器。

更多的隔离开关：双母线比单母线分段，增加了母线所有回路的隔离开关。

双母线投资巨大，当然优势是运行方式调整的灵活性也是上述母线结构中最为大的。当双母线接线方式下，任一母线检修停电，所有母线上的断路器回路均可运行在另一段母线上，包括电源线路和变压器高压侧总路回路。这样仍然可以保证电源线路双回路运行，保证主变压器双变运行，提高了电网的风险管控能力。

对于单母分段和内桥式母线，任一一段母线检修停电时，检修母线上的电源线路和主变压器都必须陪同停电。此时变电站处于单线单变运行，会构成电网风险事件。

如今对于电网风险管控能力要求的提升，以及对于用户供电可靠性的提高，变电站的母线冗余度要求也越来越高。因此在电网设备规划时，会优先选择双母线接线方式，其次再选择单母线分段接线方式，最后选择内桥接线方式。单母线由于本来就不满足 $N-1$ 要求，已经退出了历史的舞台。

第五种高压侧母线接线结构：旁路母线

除了上述四种母线接线结构之外，还会在很多变电站中看到双母线或者单母线分段之外的第三条母线，这个第三条母线叫做旁母。旁路母线接线结构如图 2-5 所示。当母线上的断路器回路有工作时，可以利用这一条旁母来置换停电的断路器回路，从而提高供电可靠性。

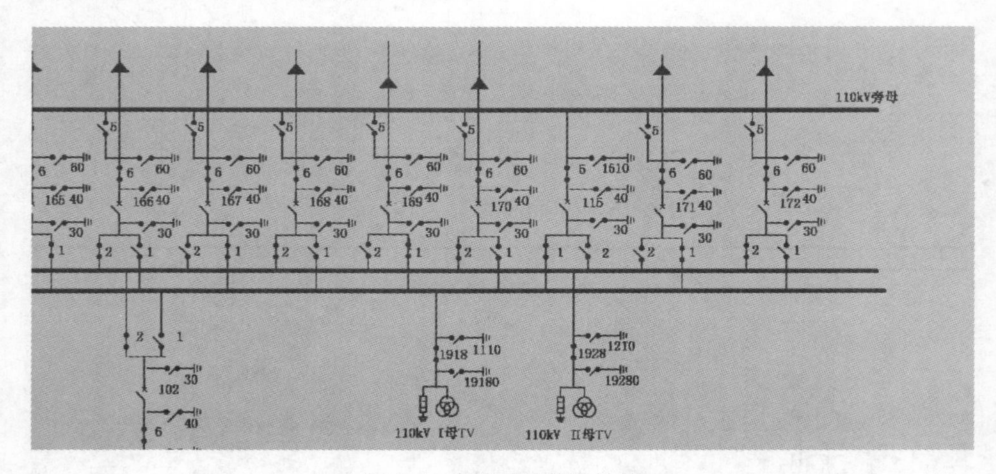

图 2-5　旁路母线接线结构

比如，当主变压器的断路器有工作，需要检修停电，可以利用旁母和旁路来代替停电的主变压器断路器。此时主变压器仍然可以正常运行，不用陪停，从而提高了电网供电可靠性。

◎ 低压侧母线结构简单，具备备自投功能

以上五种母线的接线结构都是高压侧母线的各种类型。低压侧母线的结构类型就要简单得多，杜小小所辖电网中的低压侧母线有以下两种。

（1）单母线分段。

（2）旁路母线。

低压侧母线是指 10kV 母线或者 35kV 母线，几乎都是单母线分段接线结构。比如，变电站有两台主变压器，对应着就会有两段 10kV 母线。

10kV 两段母线之间会配置分段的断路器，一般都具备 10kV 备自投功能。当一台主变压器跳闸时，下属供电的 10kV 母线会短时失电。通过备自投功能，自动合上 10kV 母线分段断路器，对失电的 10kV 母线进行供电，提高了电网的供电可靠性。

此外有一些变电站的低压侧母线，也会有配置旁路母线。当低压侧母线上断路器回路需要进行检修停电工作，可以利用旁路母线和旁路回路，来置换停电断路器回路，提高 10kV 出线的供电可靠性。

杜小小总结了一个结论，在变电站母线的各种接线结构中，母线上的断路器、隔离开关配置越多，母线的数量越多，母线的运行方式越灵活，供电可靠性越高，但同时投资也会越大。

母线结构提升供电可靠性的三种途径。

第一种：增加断路器。比如，从内桥式母线升级到单母线分段。

第二种：增加隔离开关。比如，从单母线分段升级到双母线。

第三种：增加母线。比如，配置第三条母线，旁路母线。

设备原件越多，运行方式越灵活，供电可靠性越高，与此同时投资也越大。如何根据供电区域和负荷特性来选择电网的母线接线结构，是一项特别重要的课题。

◎ 电力线路把电网中所有的“点”连成了“面”

梳理完毕电网中变电站的两大要素，主变压器和母线。杜小小发现，设备的冗余度在电网中起到了很微妙的作用。设备冗余度越高，电网运行越可靠，同时投资也越大。

电力线路是将电网中所有的“点”连接在一起的电力设备，是不是也存在冗余度的规律呢？果真，杜小小发现，很多变电站的进线电力线路都是双回线，但是也找到了一座 35kV 变电站只有一回电源进线。

电力线路按照回路数量可以划分为单回线路和多回线路。

按照电网风险管控要求，电力线路的回路数量至少要有两回线路为同一座变电站供电。当任一一条线路故障跳闸后，仍有另一条供电线路运行供电变电站的负荷，不至于导致变电站负荷大面积失电。而单回线路，当发生线路故障跳闸后，会导致所供变电站失电，因此单回线路的接线结构是电网中的薄弱环节，应该纳入技改或者基建工程项目，进一步加强电网的供电可靠性。

杜小小统计了一下所辖电网中，110kV 变电站的供电线路基本上都有双回电力线路为其供电，有三座 110kV 变电站，甚至有四回电力线路为其供电。

但与此同时，有一座 35kV 变电站供电农网片区，只有一段 35kV 母线，35kV 进线电源线路也只有一回。这条线路的长度也是比较长，有 20 多公里。在遇到雷雨季节时，特别容易发生接地或者故障跳闸，导致所供电的 35kV 变电站全站失电。

“小小，双回线路也是可以再划分为两种不用的类型线路。”

“是的，班长。有些变电站的双回线路是来自同一座变电站，而还有些变电站的双回线路来自不同的变电站。”

“观察得很仔细。”

对于双回接线方式的架空线路，可以继续细分为两种情况，一种是同塔双回接线方式，另一种是异塔双回接线方式。

同塔双回线路顾名思义是双回线路都架设在同一个铁塔上。同塔双回线路一方面是投资成本较低，另一方面是线路走廊占地面积较少。大多数 110kV 变电站的进线电源线路如果是来自于同一座上级变电站，电力线路都属于同塔双回线。

同塔双回线在投资成本上占据优势，同时节约线路走廊面积。但是有利必有弊，一旦铁塔遭受到破坏，或者外界环境发生剧烈变化，比如滑坡、泥石流、山火等灾害时，双回线路同时失电的可能性将大大升高，从而引发所供变电站全停。

异塔双回线接线方式，由于双回线分别在不同的铁塔上，双回线路距离较远，双回线路同时失电的几率大大减小。但是缺点就是投资成本较高，线路走廊需要规划不同的两个路径，前期协调难度大。110kV 变电站的进线电源线路如果来自不同上级变电站，电力线路都属于异塔双回线。

由于架空线路走廊越来越难获得，尤其对于负荷密集的市区中心地带，更是要求不能看见电力线路的身影，所以电力线路的发展趋势由地上转向了地下，电力线路由架空导线变为了电缆。

按照电力线路空间位置的不同，电力线路又划分为架空导线和电力电缆两类。

架空导线最大的优势是投资便宜。缺点是受到外部环境的影响大，而且线路走廊越来越难以获取。居民对于高电压的架空线路也是非常排斥，电磁辐射的谬论深入人心。

电缆的好处是埋在地下，受雷电、刮风、冰雪等外界环境的影响小。电缆处于隐蔽状态，居民在心理层面会觉得比架空线路要好很多。电缆线路的缺点是投资成本很高，因此在长距离输电时基本上不可能使用电缆，而是更加便宜的架空线路。此外电力电缆还有一个致命的缺点是电缆的爆炸事件。由于电缆沟道中有可能会同时铺设多条电缆，一旦一条电缆发生故障后，可能会导致电缆沟发生爆炸或者起火，殃及池鱼，此时对于调度的事故处置也是一项艰巨的任务。

杜小小对电力线路进行了小结，可以划分为以下三种分类方式。

按照回路数量：单回线路和多回线路。

按照杆塔铺设：同塔回路和异塔回路。

按照空间位置：架空导线和电缆。

如何解剖所辖电网设备的细节

◎ 主变压器的内部细节“解剖”

杜小小经过了“第一图层”电力系统大框架的熟悉和“第二图层”电网结构的解剖后，对于整个地区电网有了更进一步的了解和掌握。同时也真切地感受到了在掌握全局时，也不能忽视了局部细节。杜小小准备再次整理组织所辖电网的主变压器、母线、线路的所有细节，为后续的学习和工作打下坚实的基础。

杜小小首先梳理了所辖电网中，所有主变压器若干细节，这些细节都是跟调度工作有关联的要素，包括有电压等级、所属变电站、主变压器台数编号、额定容量、额定电压这五个要素（见表 2-1）。

表 2-1　　主变压器的解剖细节表

序号	电压等级/kV	所属变电站	主变压器	额定容量/MVA	额定电压
1	220	星光大道	1 号主变压器	240	230±8×1.25%/121/10.5
2			2 号主变压器	240	230±8×1.25%/121/10.5
3		金凤岛	1 号主变压器	180	220±8×1.25%/115/10.5
4			2 号主变压器	180	220±8×1.25%/115/10.5
5			3 号主变压器	180	220±8×1.25%/115/10.5
6	110	…			
7	35	…			

杜小小首先以电压等级来划分，按照 220kV 变电站、110kV 变电站、35kV 变电站的顺序来梳理。因为主变压器的内部解剖构造跟电压等级是强相关联的，整合在一起可以观察到同一电压等级各个主变压器的异同。

第二步，整理出同一电压等级所有的变电站，以及各个变电站的主变压器台数。发现大多数变电站只有两台主变压器，少数变电站有三台主变压器，还有极个别的变电站只有一台主变压器。就记住那些特例的三台变和一台变，减轻大脑的记忆量。

第三步，牢记每台主变压器的额定容量。额定容量对于主变压器来说相当重要，是计算每台主变压器负载率的基础数据，也是判断主变压器是否满足 N

一1 的基础数据。主变压器的额定容量其实也是有规律的，比如，220kV 电压等级的主变压器，额定容量一般有 180MVA、240MVA。110kV 电压等级的主变压器，额定容量一般有 40MVA、50MVA、63MVA。35kV 电压等级的主变压器，额定容量一般有 8MVA、10MVA、12.5MVA。只要发现规律，找到规律，归纳进行记忆，就可以将所有主变压器的额定容量印在大脑中。

第四步，牢记每台主变压器的额定电压。例如，220kV 星光大道 1 号主变压器的额定电压是“230±8×1.25%/121/10.5”。从额定电压可以看出主变压器的线圈个数，如果显示的有三个不同的电压等级，主变压器的线圈个数即为三圈。如果显示的有两个不同的电压等级，主变压器的线圈个数即为两圈。“230±8×1.25%”表明的是主变压器在高压侧电压可以进行调压，“±8”表明调压一共有 17 个分接头，每个分接头调节的电压幅值是 230×1.25%＝2.875kV。

主变压器是一个变电站中最重要的电气设备，涉及的参数也是最多的，需要重点关注，掌握跟调度有关联的特性值和对应的功能。

◎ 母线接线结构的细节“解剖”

首先梳理各电压等级母线的接线结构，主要分为四种类型，单母线、单母线分段、内桥式母线、双母线，然后梳理各电压等级母线是否对应有旁路母线。将结果整理见表 2-2。可以清楚地看到各个变电站内，母线的接线结构，以及是否有对应的旁路母线。

表 2-2　变电站各侧母线接线结构表

序号	电压等级/kV	变电站	高压侧母线	高压侧母线是否有旁母	中压侧母线	中压侧母线是否有旁母	低压侧母线	低压侧母线是否有旁母
1	220	星光大道	内桥式母线	否	双母线	否	单母线分段	否
2	220	金凤岛	双母线	否	双母线	是	单母线分段	是
3	110	…						
4	35							

第一步，仍然以电压等级的顺序依次排列，并列出各个电压等级的变电站名称。

第二步，依次梳理每座变电站高压侧、中压侧、低压侧的母线接线结构。主变压器是三圈变压器，则对应的母线有高、中、低压母线。主变压器是两圈变压器，则对应的母线有高、低压母线。

第三步，依次梳理每座变电站高压侧、中压侧、低压侧的母线是否有对应旁路母线。现在的变电站多为集中式的 GIS 设备变电站，设备故障率也越来越低，旁路母线作为一种备用电气设备，也已经越来越少出线在新建的变电站中。当然旁路母线的存在也是一种冗余度的提升，对于电网运行方式调整和检修停电安排仍然有一定的灵活性。

◎ 电力线路的细节“解剖”

电力线路的明细表按照电压等级来排序，然后针对每座变电站的进线线路进行罗列，这样可以防止遗漏。电力线路根据回路数、同塔或者异塔、架空导线或者电缆线路依次进行梳理和罗列。电力线路明细见表 2-3。

表 2-3　　电力线路明细表

序号	电压等级/kV	变电站	进线线路	回路数	同塔/异塔	架空/电缆
1	220	星光大道	巴星南/巴星北	2	同塔	架空
2	220	金凤岛	龙金/巴金	2	异塔	架空
3	110	…				
4	35					

第一步，以电压等级的顺序依次排列，并列出各个电压等级的变电站名称。

第二步，依次梳理每座变电站的进线电力线路名称。

第三步，依次梳理进线线路的回路数。一般来说进线电力线路的数量是两条，有些 220kV 变电站的进线电力线路会有四条或者更多，有些 35kV 变电站的可能只有一条，需要依次进行梳理。

第四步，依次梳理进线线路是同塔或者异塔。

第五步，依次梳理进线线路是架空导线或者是电力电缆。

杜小小询问班长，为什么要求自己用表格的形式来梳理各个电器元件的细节，其实使用任何工具都是可以的，表格主要的作用在于数量多的时候，可以通过筛选功能进行查找，方便找出异同之处，另外表格也方便进行统计和分析，在更新修改的时候，便于数据的维护更新。工具本身不重要，如果自己觉得使用纸和笔的形式，更能够专注，记忆细节，那就使用自己特别喜欢的工具和方式。

◎ 如何在短时间内记住大量的细节

杜小小庖丁解牛般的将电网中主变压器、母线以及线路进行了细致的梳理后，发现竟然有好几百条数据。这么大量数据和细节，怎么能够在短时间内记得住？

大量的数据需要找到关键点或者差异点，进行记忆。比如在所有110kV电压等级的主变压器中，只有一座变电站的两台主变压器容量是40MVA，其余的110kV电压等级的主变压器容量均为63MVA，那就只用记住这一个特例就好了。

有些参数表特别的复杂，也需要经常使用，那就直接打印表格贴在办公桌上。不一定非得需要记住所有的细节，只需要在使用的时候，能够方便地查找到明细即可。现在手机功能越来越强大，可以将很多的文件加密放在手机中，随时随身进行查看。

当然这里并不是说一切都依靠外部工具，一些关键性的设备参数，该记住的仍然要记住，为后续的工作提供基础知识储备。

第三章

电网脉络：辐射、串接、链式、环式、T字的接线结构

每一片树叶都不相同，但是每一片树叶都可以发现相似的脉络。调控中心新进员工在掌握了电网全貌和设备细节之后，已经从整体到局部，从概况到具象，从“第一图层”到“第二图层”，全部了解了一遍。接下来第三项需要掌握的技能便是，找到电网中具有相似“脉络”的接线结构。本章具体讲述了五种电网的接线结构，分别是辐射式电网接线结构、串接式电网接线结构、链式电网接线结构、环式电网接线结构和“T”字接线结构。

新进调度人员应该懂得对电网进行“把脉”

◎ 对电网设备的“把脉”能力不足

新入职员工对于管辖电网在全局和细节上都有了掌握后，相当于将整个电网设备进行了一次全方位的“扫描”。清楚掌握了电力系统中，发电、负荷、电网的相互关系，掌握了电网设备中，主变压器、母线、线路的细节特性和对应功能。但仅仅有这些一个个独立的电网元素，还不足以说明新进员工掌握了这张电网结构的特性。

这些种类各异，细节繁多的电网元件设备，可以拼接出各种各样的组合。如果不能从中找到电网的“脉络”，新进员工就只能依靠死记硬背的方式，在大脑中还原整张电网，而且还不能将电网的基本特性牢固的掌握。缺少的就是对电网设备“把脉”的能力，这种把脉的能力，需要调度人员在不同的“脉象”中，找到基本规律，发现电网的典型接线结构，从而更加深层次的理解电网的特性。

◎ 杜小小“革命尚未成功”

杜小小随身携带着自制的电网元件参数表，时不时就拿出来看看，大部分的主变压器参数、母线的接线结构、线路的参数都记忆于心。杜小小也越来越有自信了，比刚刚进入调控中心感觉好多了。

“班长，我现在除了会画电网的一次接线图，我还记住了很多电网设备的参数值。我现在是不是就算是掌握了这一张电网了呢？”

“小小，你最近这段时间的进步真不小，态度非常认真，也懂得虚心向周围的同事学习。不过要完全掌握电网的特性，其实不仅仅是会画电网一次接线图，或者记住了电网设备的参数就足够了。”

“那还有什么需要进一步学习的呢？”

“这就是‘电网的接线结构’，它包括有辐射式、串接式、链式、环式等。”

杜小小瞬间蒙圈，看来自己需要学习的东西源源不断无绝期。

“班长，快跟我说说，什么是链式啊，还是一个是什么环式……”

◎ 将所有独立的元素组合成为基本单位的“重构能力”

当眼前充斥着事物细节的时候，人很容易被“一叶障目”，将注意力关注在当下的细节中，从而忽视了细节之外的整体。将电网设备拆解成为更为基础的元素，主变压器、母线、线路后，需要将它们再重新组合起来，看看这些基本的元素可以组合成为哪些基本单元。这就是调度人员需要掌握的“重构能力”。重构可以将孤立的、无功能的元素，组合成为一个基础的、有功能的组合。这就相当于在“第一图层”和“第二图层”中间再增加一个“中间图层”，即是对于整张电网的再解构，也是对于细节元件的重构。这就好比在半山腰上看风景，既可以看到山脚下的一些小细节，也可以看到只有在山顶上才能看到的全貌的某个区域。

电网是由“点”和“线”所构成，其本质在于电网设备的相互关系。“重构能力”就是从电网结构中，找到具有类似关系的变电站与线路的组合。

比如，一座220kV变电站的110kV母线上有两回出线，供电一座110kV变电站。这就是一种最为基本的供电关系，称之为“辐射式接线结构”。可以找找在全网范围内，还有哪些变电站的供电关系是属于“辐射式接线结构”，在此过程中考察的是调度人员归纳整理的能力。将相同供电关系的接线结构归类整理后，调度人员可以更加清楚地掌握电网的接线结构。

电网的基本结构：辐射、串接、链式、环式和 T 接

◎ 辐射式接线结构好比是“太阳”

辐射式接线结构是电网中最简单、最基本的一种接线方式。辐射式接线结构就像是太阳的一束阳光辐射出来的样子。如图 3-1 所示，220kV 星光大道变电站供电 110kV 柏子洞变电站。这种接线结构的特点是 110kV 柏子洞变电站的上级电源只来源于一个电源点，即 220kV 星光大道变电站。当电源线路故障时，将导致 110kV 柏子洞变电站全站失电。

在辐射式接线结构中包括了三个基本的设备要素。

第一，220kV 星光大道变电站的 110kV 母线。

第二，110kV 柏子洞变电站的 110kV 母线。

第 3，连接两段 110kV 母线之间的 110kV 电源线路。

在辐射式接线结构中，110kV 柏子洞变电站有双回线为其供电时，电网接线结构又升级了一个层次如图 3-2 所示。电源线路的冗余度增加了一倍，当任一电源线路故障时，仍有另一回电源线路运行，为 110kV 柏子洞变电站供电。

图 3-1　简单的辐射式接线结构　　　图 3-2　双回线的辐射式接线结构

在双回线辐射式接线结构中，也包括了三个基本的设备要素。

第一，220kV 星光大道变电站的 110kVⅠ母线和 110kVⅡ母线。

第二，110kV 柏子洞变电站的 110kVⅠ母线和 110kVⅡ母线。

第三，连接 110kVⅠ母线之间和 110kVⅡ母线之间的双回 110kV 电源线路。

当一座 220kV 变电站的 110kV 母线上，均是辐射式接线结构，就会在一次接线图上呈现“太阳”的样子。

辐射式接线结构在电网接线结构中是最简单的一种接线方式，由上级的高电压等级变电站供电下级的低电压等级变电站。如图 3-3 所示，各个 110kV 变电站分别由 220kV 星光大道变电站供电，相对独立，互不影响。如果按照“串

联”和“并联”的关系，辐射式接线结构可以归纳在“并联”的接线方式中。那与之相对的“串联”的接线方式又是如何呢？那就是串接式的接线结构。

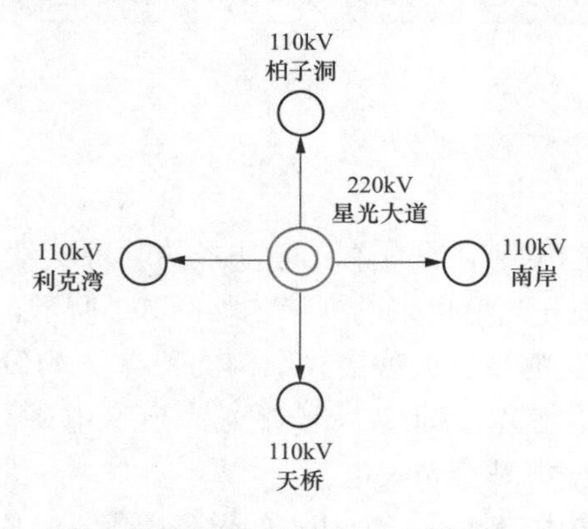

图 3-3　辐射式接线结构呈现“太阳”的样子

◎ 串接式接线结构像是一串“糖葫芦”

“并联”接线方式中，4 个 110kV 变电站的电源线路都是从上级 220kV 变电站为其供电。“串联”接线方式中，110kV 变电站的电源线路，可能从同电压等级的 110kV 变电站为其供电。如图 3-4 所示，110kV 柏子洞变电站的电源线路来源于 220kV 星光大道变电站，而 110kV 天桥变电站的电源线路并非来源于 220kV 星光大道变电站，而是来源于 110kV 柏子洞变电站。

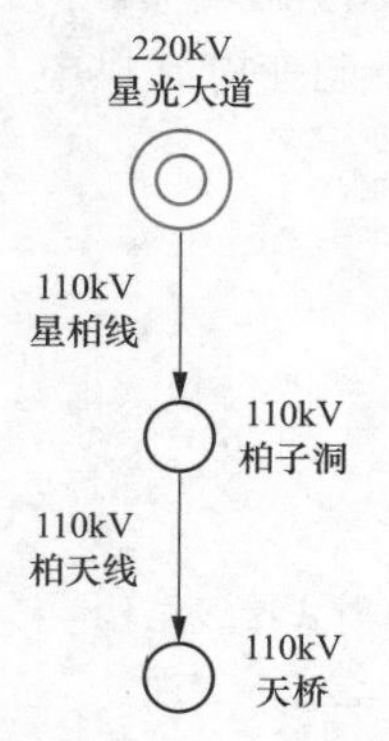

图 3-4　串接式接线结构呈现“糖葫芦”的样子

如图 3-4 所示的串接式接线结构，就像是一串“糖葫芦”，一个串一个的连接着。与辐射式接线结构的区别，在于 110kV 天桥站并没有从 220kV 星光大道变电站的 110kV 母线出线，而是从 110kV 柏子洞站 110kV 母线出线。

串接式接线结构特征，主要体现在以下三点。

首先，220kV 星光大道变电站可以节约一回 110kV 出线间隔回路。在市中心负荷密度高的地区，220kV 变电站布点会越来越难。其 110kV 出线间隔越来越宝贵。如果可以节约一回 110kV 出线间隔回路，对于新增 110kV 变电站将会更加有利。

再次，110kV 柏子洞变电站的 110kV 母线需要增加一回出线间隔。因此

110kV 柏子洞变电站的 110kV 母线接线结构需要是双母线接线结构或者单母分段接线结构，不能是内桥式接线结构。假设 110kV 柏子洞变电站的 110kV 母线是内桥式接线结构，是不能形成串接式的电网接线结构，不能为 110kV 天桥变电站供电。如果非得形成串接式接线结构，就必须要对 110kV 柏子洞变电站的 110kV 母线进行改造。

最后，线路长度会发生变化。假设 110kV 天桥站的实际位置距离 110kV 柏子洞站更近，110kV 柏子洞变电站与 110kV 天桥变电站之间新建的电力线路会缩短，节约了投资成本。

串接式接线结构，在电网运行上是有风险的。一旦上级电源发生故障跳闸，所串接的所有变电站都会失电。如果有另一回电源接入串接式接线结构的尾端，就会使得在串接上的变电站有冗余的电源点，使得串接上的变电站运行风险降低，这就是链式接线结构。

◎ 链式接线结构就像是一条“项链”

链式接线结构就像是一条项链，两端是电源点，中间是串接在一起的若干变电站。如图 3-5 所示，220kV 星光大道变电站供电 110kV 柏子洞变电站和 110kV 天桥变电站。此外 220kV 玉山变电站作为另一个电源点，也可以供电 110kV 柏子洞变电站和 110kV 天桥变电站。它们形成的结构就是在串接式的电网接线方式下再增加了另一个电源点，形成了有两个电源点的链式结构。

那链式结构相对于串接式结构有什么优势呢？来看看链式接线结构比串接式接线结构多了哪些元器件。首先，增加了一个电源点 220kV 玉山变电站的 110kV 出线间隔。然后，增加了一条由 220kV 玉山站 110kV 母线出线到 110kV 天桥变电站 110kV 母线的 110kV 线路，玉天线。正是因为增加了设备的冗余度，提高了电网设备运行的安全可靠性和运行方式调整的灵活度。

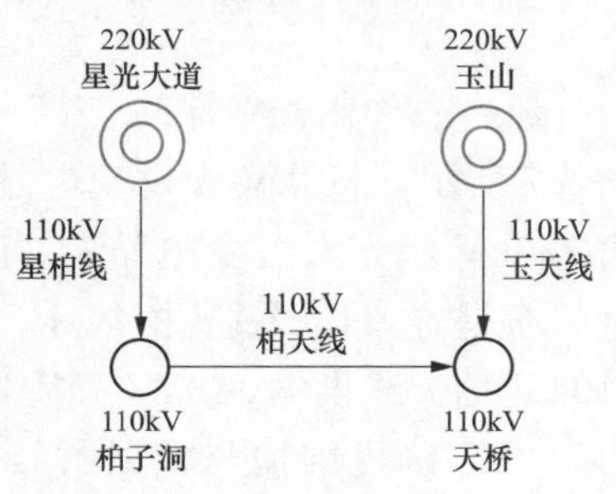

图 3-5 链式接线结构呈现“项链”的样子

当 220kV 星光大道变电站有相关检修停电工作时，可以将 110kV 柏子洞和天桥变电站负荷倒至 220kV 玉山变电站供电。若 110kV 星柏线故障跳闸时，也不会导致 110kV 柏子洞和天桥变电站失电，因为有 220kV 玉山变电站为其供电。

在链式接线结构中，两个电源点分别是 220kV 星光大道变电站和 220kV 玉山变电站。如果两个电源点都来自220kV星光大道变电站或者220kV玉山变电站，就构成了环式接线结构。

◎ 环式接线结构像极了一个“圆环”

如图3-6所示，220kV星光大道变电站通过110kV星柏线供电110kV柏子洞，再通过110kV柏天线供电110kV天桥变电站。220kV星光大道变电站还通过110kV星天线供电110kV天桥变电站。这样的接线结构形成的就是一个“圆环”的样子，所以称之为环式接线结构。

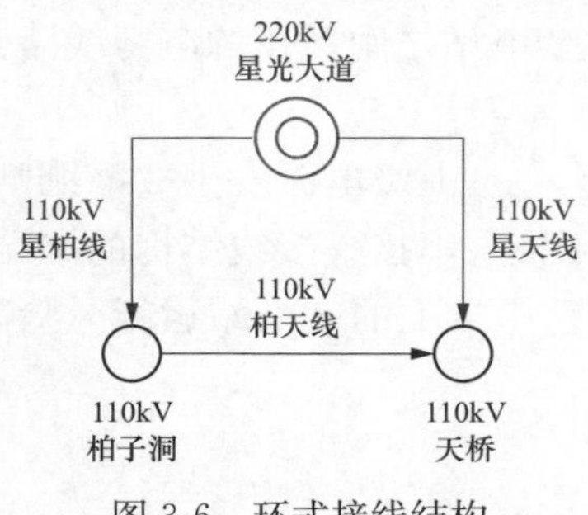

图3-6 环式接线结构呈现“圆环”的样子

环式接线结构、链式接线结构、辐射式接线结构、串接式接线结构，四者之间是什么关系呢？如果110kV柏子洞和天桥变电站的电源点是两个不同的220kV变电站，如图3-5所示，就由环式接线结构变为了链式接线结构。如果110kV柏子洞与110kV天桥变电站之间删掉110kV柏天线，环式接线结构就变成了辐射式接线结构。如果删掉110kV星天线，环式接线结构就变成了串接式接线结构。

◎ “T”字接线结构可以看作一个“人字型”

还有一种比较特殊的“T”接线结构，它是一种变形的辐射式接线结构。如图3-7所示，110kV天桥变电站的电源点并没有直接由220kV星光大道变电站的110kV母线出线间隔供电，而是在110kV星柏线上“T”接了一条线路，110kV柏天线供电110kV天桥站。

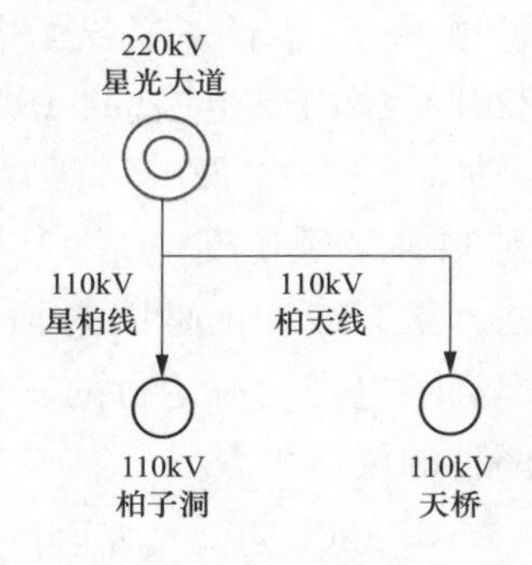

图3-7 “T”接线结构呈现“人”字型

“T”接线结构与辐射式接线结构的区别在哪里呢？区别就在于“T”接线结构节约了一回220kV星光大道变电站110kV出线间隔设备，并将两个110kV变电站的命运捆绑在一起。假设220kV星光大道变电站110kV出线间隔设备，或者110kV星柏线，或者110kV柏天线，任一设备元件故障跳闸，都会同时引起两座110kV变电站失电。而辐射式接线结构，由于接线结构彼此独立，因此发生同时失电的情况较“T”接线结构要少。

"T"接线结构冗余度下降，势必对于运行方式调整带来不便。当110kV星柏线路需要停电检修时，110kV柏天线也需要陪停，操作三侧变电站的进线电源回路，将影响两座110kV变电站的正常供电。

◎ 接线结构的冗余度越高，方式调整越灵活

从设备冗余度来看，链式接线结构的冗余度大于环式接线结构，环式接线结构的冗余度大于辐射式接线结构，辐射式接线结构的冗余度大于串接式接线结构，串接式接线结构的冗余度又大于T接线结构。设备冗余度越大，电网运行的可靠性就越高，电网运行方式的调整就越灵活。

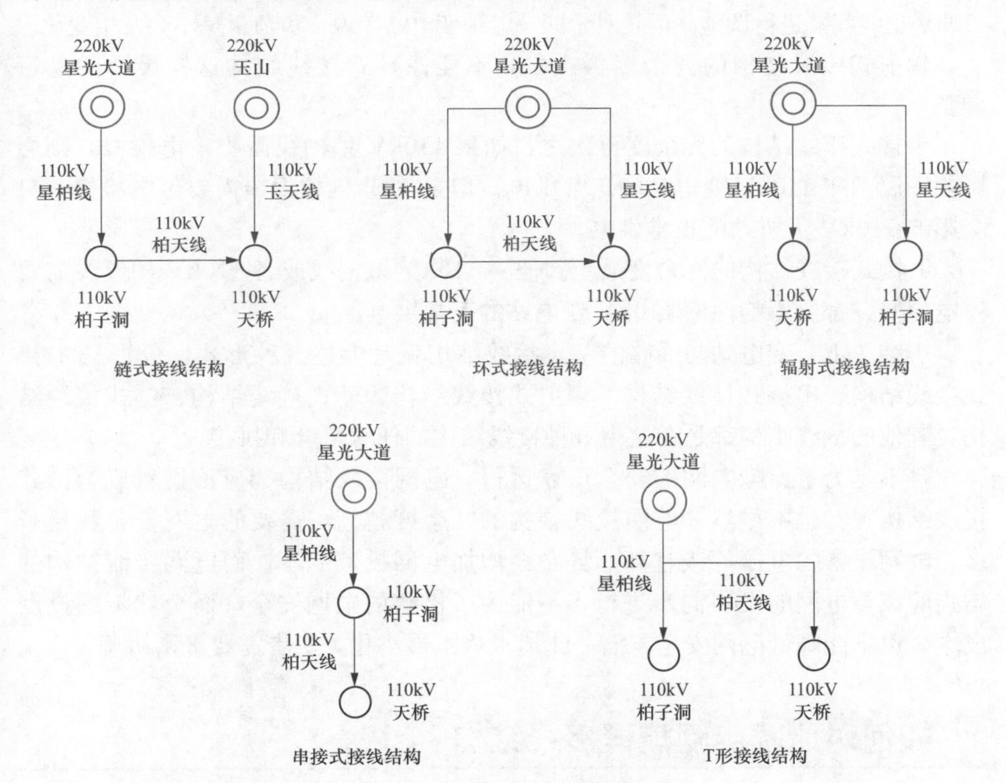

图3-8 五种电网接线结构的对比图

链式接线结构在这五种接线结构中，冗余度最大。在上述案例中，链式接线结构拥有两个不同220kV变电站的110kV出线间隔设备。

环式接线结构的冗余度次之。在上述案例中，环式接线结构只拥有一个220kV变电站的两个110kV出线间隔设备。

辐射式接线结构的冗余度排名第三。在环式接线结构中删除了两座 110kV 变电站之间的 110kV 联络线。但是仍然占用了 220kV 变电站的两回 110kV 出线间隔设备。

串接式接线结构的冗余度排名第四。只占用了 220kV 变电站的一回 110kV 出线间隔设备，另外还占用了 110kV 变电站的一回 110kV 出线间隔设备。

T 式接线结构的冗余度最小。只占用了 220kV 变电站的一回 110kV 出线间隔设备，却没有占用 110kV 变电站的一回 110kV 出线间隔设备。

链式接线结构的冗余度最大，电网运行方式的灵活度也最大。可以将两座 110kV 变电站灵活地在两座 220kV 变电站之间进行调整。

环式接线结构的冗余度次之，只能将两座 110kV 变电站负荷灵活地在不同的 110kV 出线间隔进行调整。但是对于同一电源变电站来说，负荷量是不会发生变化。

辐射式接线结构的冗余度再次之，不能像环式接线结构这样灵活的进行调整。

串接式接线结构的冗余度再次之，如果 110kV 星柏线需要停电检修，则会影响下属两座 110kV 变电站的正常供电。但是 110kV 柏天线需要停电检修，只会影响 110kV 天桥站的正常供电。

T 接式接线结构的冗余度最小。任一 110kV 星柏线或者 110kV 柏天线需要停电检修，都会影响两座 110kV 变电站的正常供电。

小结一下，变电站与线路的基本接线结构就是上述五种形式，分别是 T 接式接线结构、串接式接线结构、辐射式接线结构、环式接线结构、链式接线结构，其他的接线结构都是在这由五种接线结构的任意组合和拼接。

是不是为了保障电网的安全可靠运行，电网接线结构都应该设置成为链式接线结构呢？也不尽然。电网接线结构的冗余度越高，需要的电网设备数量越多，电网设备的电压等级越高，势必会增加电网投资成本。而电网接线结构的增强应该与电网的发展同步进行，不能为了极致的电网安全，而全然不顾投资成本，也不能降低电网安全，而一味追求成本最小化，两者需要平衡协调。

如何对所辖电网梳理接线结构

◎ 梳理有两个电源点的链式和环式接线结构

杜小小经过了“第一图层”电力系统大框架的熟悉，和“第二图层”电网结构的解剖后，又对于电网结构的“脉络”有了更加清晰的认识。这才发现作为一名调控中心的新进员工，有太多的知识需要掌握，有太多的技能需要提升。杜小小渐渐在心中萌发了对自己职业的敬畏之心。现在的杜小小已经比刚刚入职那会儿，有了更多的沉稳和思考，也在心中默默许下诺言，要成为一名合格的电力调度员工。

在了解电网接线结构的五种基本构造，杜小小决定将全网设备按照电网的脉络重新进行梳理。让电网在大脑中可以建立起来“脉络”的图层，对电网有更加清楚的认识和理解。

杜小小决定先从最复杂的开始，梳理完毕后，剩下的就全部都是简单的。最为复杂的结构脉络是所辖电网中的链式接线结构，因为链式接线结构和环式接线结构，会涉及两个电源点，接线方式就会比其他三种接线方式略微复杂一点（见表 3-1）。

表 3-1　　链式和环式接线结构变电站列表

序号	电压等级/kV	接线结构	变电站	电压等级/kV	电源线路	电压等级/kV	电源变电站
1	110	链式	柏子洞	110	星柏线	220	星光大道
				110	柏天线	110	天桥
2	110	链式	天桥	110	玉天线	220	玉山
				110	柏天线	110	柏子洞
3	110	环式	…				
4	35	…	…				

脉络的梳理主要涉及的是 110kV 变电站和 35kV 变电站，对于 220kV 变电站的结构脉络属于省调负责的范围，杜小小决定先将自己管辖范围内的结构脉络搞清楚。

有两个电源点的接线结构分别是链式接线和环式接线。杜小小在梳理的过程中，发现不少 110kV 变电站的电源线路为同塔双回线路，因此链式接线结构变电站的电源线路最多拥有 4 条。对于一座 110kV 变电站来说，电网安全运行的可靠性就更高了。而 35kV 变电站大多供电农网片区，几乎没有 4 回电源线路的情况存在。

经过对于有两个电源点的电网脉络梳理，杜小小对于地区电网有了进一步了解，也知道哪些变电站可以通过运行方式的调整，在整个电网中灵活的运行。

◎ 梳理有一个电源点的辐射式和串接式接线结构

梳理完毕两个电源点的接线结构，剩下的就是单电源点的辐射式和串接式接线结构，它们的特点都是只有单一的电源点来源。按照接线结构的不同，分别梳理辐射式和串接式电网接线结构（见表 3-2）。

表 3-2　　辐射式和串接式接线结构变电站列表

序号	接线结构	电压等级/kV	变电站	电压等级/kV	电源线路	电压等级/kV	电源变电站
1	辐射	110	柏子洞	110	星柏线	220	星光大道
2	辐射	110	天桥	110	玉天线	220	玉山
3	串接	110	…				
4		35	…				

杜小小发现所辖电网大部分的 110kV 变电站都属于辐射式接线结构，有 4 处 110kV 电压等级的串接式电网接线结构，而且串接的 110kV 变电站负荷都还挺大，杜小小隐约感觉到了一丝电网不稳定的状态。

此外在所有电网中，还存在唯一一处 35kV 的 T 型接线结构。一条线供电两座 35kV 变电站，真的还挺危险的，一旦 35kV 电源线路发生故障或者需要停电检修，所供电的两座 35kV 变电站都会失电。

杜小小梳理完毕电网脉络后，对于电网的薄弱环节有了一个初步的认识。看来电网随着不断的发展中，都会有一些不稳定的因素存在。下一步需要好好的来认识一下电网的薄弱环节了。

◎ 特殊接线结构应该如何归属分类

杜小小发现在电网脉络中，有些变电站的接线方式会比较特殊，如图 3-9 所示，怎么来判定它属于那种接线结构呢？

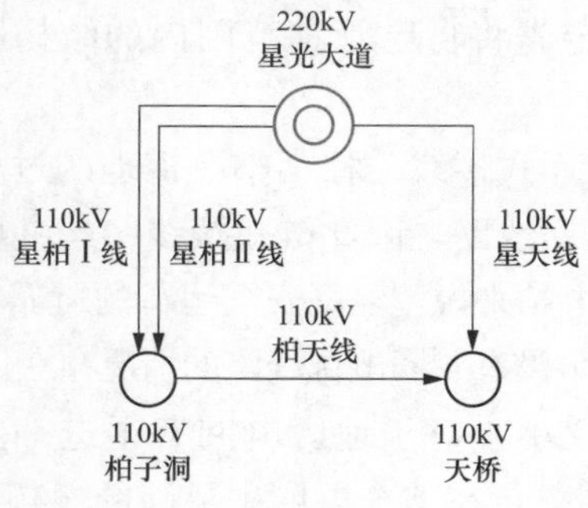

图 3-9　复杂的接线结构图

当有特殊电网接线结构时，可以先尝试将同塔双回线看做是一回线路，那么此时 110kV 柏子洞和天桥变电站所构成的就是一个环式的接线结构。

假设 110kV 柏天线停电检修时，110kV 柏子洞和天桥变电站会变成为辐射式接线结构。110kV 柏子洞变电站是双回路辐射式接线结构，110kV 天桥变电站是单回路辐射式接线结构。

假设 110kV 星天线停电检修时，110kV 柏子洞和天桥变电站会变成为串接式接线结构。110kV 柏子洞变电站是双回路串接式接线结构，110kV 天桥变电站是单回路串接式接线结构。

假设 110kV 星柏Ⅰ线或者 110kV 星柏Ⅱ线停电检修时，110kV 柏子洞和天桥变电站仍然是环式接线结构。

假设 110kV 星柏Ⅰ线和星柏Ⅱ线同时停电检修时，110kV 柏子洞和天桥变电站会变成为串接式接线结构，且为单回路串接式接线结构。

所以对于电网脉络来说，电网接线结构并不是一成不变的，当设备发生异常或者检修停电时，电网的脉络都会发生变化。作为调度人员需要掌握的是一种动态的电网脉络状况，而不要死板的认定电网脉络就是一成不变的。

第四章

电网短板："缺元件、单元件、串接、假双回"构成的薄弱环节

了解电网全貌、电网设备细节和电网结构的脉络之后，作为一名新进入调控中心的职员来说，已经对于电网本身有了越来越深刻的认识，也能够直观地感受到电网并不是完美无缺的，其中有若干个薄弱环节存在。本章主要讲解了，在地区电网中的四种薄弱环节类型，分别是串接接线结构、假双回的接线结构、单一元件的接线结构和缺少元件的接线结构。

找到电网的薄弱环节是关键

◎ 木桶原理，电网中存在的"短板"

木桶原理是指，一只水桶能装多少水取决于它最短的那块木板。在电网结构中，也同样存在"木桶原理"中所存在一些最短的"木板"。它们使得电网在结构上没有那么的稳固，因此会导致电网运行时的不稳定，有引发电网风险事件的可能性，还存在引起大面积对外停电的风险。对于新进员工，在掌握电网接线结构，最需要做的一件事，就是了解电网存在的薄弱环节。

知己知彼，才能百战百胜。调控中心作为电网运行的指挥者，需要在现有电网结构的基础上，进行电网运行状态的监视和电网运行方式的调整。如果电网结构本身有缺陷和薄弱点，其根本解决措施，需要付诸于电网规划、电网建设和电网技改项目的实施。调度只能是在现有电网结构的基础上，采用运行方式调整的手段，来规避电网可能会发生的风险。

调度人员了解掌握电网结构中的薄弱环节，显得相当重要。可以提升调度人员在电网运行时的灵活度，以及在电网事故处理时的果断和坚定。

◎ 电网并不是完美无缺的

杜小小作为一名调度人员感到很骄傲，而且是管辖这座城市中心的地区电网，这种骄傲的感觉又加强了一层。在杜小小的潜意识中，这里的调度就是最好的，这里的电网也应该是最好的，所有都是完美无缺的。但是在杜小小逐渐认识和了解电网结构过程中，越来越感觉到，电网结构本身其实并没有之前想象中的那么完美。

“班长，我觉得我们的电网好像有些地方不太好。”

“小小，你好像发现了什么?”

“我感觉有些电网设备一旦发生了故障，就会导致所供电的变电站全站失电，真的有些危险。我原以为我们电网是全市最安全、最可靠的，结果现在这种良好印象被打破掉了。”

“小小，看来你发现了我们电网的薄弱环节。对于调度来说，完美的电网接线结构是最有利于安全调度和运行。不过永远没有完美的事物，我们的电网也会存在着一些不完美的薄弱环节。”

“你有这样的察觉，我很欣慰。说明你在不断的进步中，也慢慢地用心在感受你面前的这一张电网，这是一个好现象。”

杜小小受到了班长的表扬和鼓励，瞬间感到前进的动力更足了。同时杜小小也察觉到电网的薄弱环节是一个关键节点。如果自己将这部分的知识弄清楚，一定会在调度业务上有一个质的飞跃。

◎ 任何系统都会有其本身的缺陷

一张电网由若干个电气元件所组织，电网设备越大，电网这个系统就越复杂。复杂的系统，功能会增加，但与此同时也会有其自身的薄弱环节，凡事有利必有弊。电网设备的目标就是将电源能量通过自身设备所构成的系统，顺利传递给用电客户。针对电网设备，就会存在以下三种情况不能够达成此目标。

第一，电网设备本身有瓶颈，不能很好地传递电源能量，也不能很好地将电能传递给用电客户。第二，电网设备本身冗余度不够，在检修或者故障处置时，不能做好电能传递的作用。第三，电网接线结构本身不合理，导致电网风险的累加和大面积停电的可能性。

另外，作为一个动态的系统，电网设备需要根据负荷增长情况，不断的升级换代。在电网设备不断升级换代的过程中，系统本身会存在不少临时过渡的状态。

这些临时过渡状态，会削弱电网的功能，从而导致更多的系统薄弱环节出现。

所以作为一个传递能量的系统，电网设备在静态和动态的变化过程中，均存在薄弱环节。调度人员首先应该要学习掌握的便是电网在当前状态下，固有的电网接线结构的薄弱环节。掌握了这个静态的薄弱环节，才能够在后续掌握电网动态的薄弱环节。

电网接线结构的薄弱环节主要包括以下四种类型。一是，设备缺少元件的接线结构。比如，电气回路中只有隔离开关，没有断路器。二是，设备单一元件的接线结构。常见的有单线、单母线、单主变压器的接线结构。三是，串接的接线结构，比如两条电源线路供电了三座变电站负荷。四是，假双回的接线结构，是三条电源线路和两座变电站所组成的三角形接线结构。下面就来详细的介绍电网接线结构中的薄弱环节。

电网薄弱环节有：缺元件、单元件、串接、假双回

◎ 经济实惠版的“缺元件”接线结构

缺少元件的接线结构主要存在于35kV电压等级，这或许是历史遗留的产物。如图4-1所示，是一座35kV变电站的进线电源回路。35kV迎纳3221回路中，只有一把隔离开关，但是没有断路器。

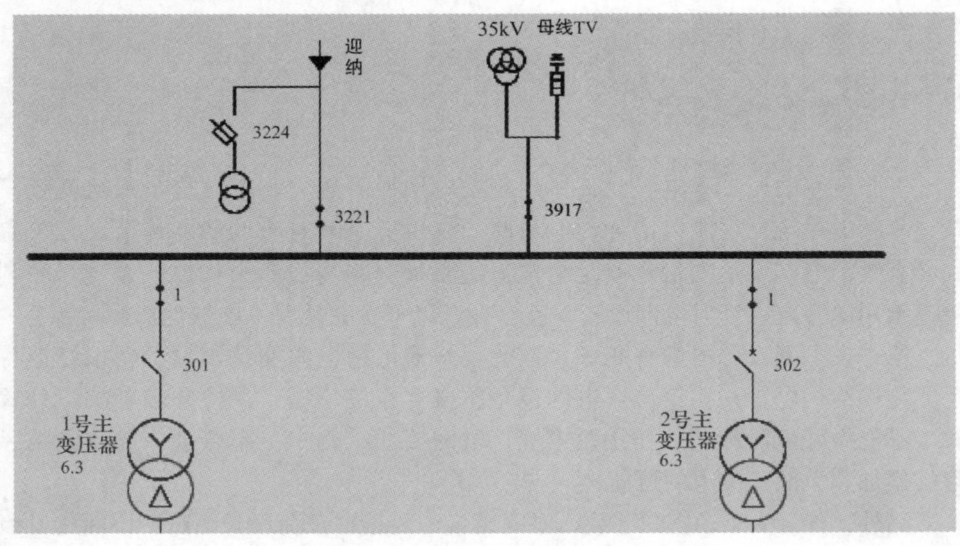

图4-1 进线电源回路只有隔离开关的接线结构

由于隔离开关的特征是不能拉合负荷电流，因此当 35kV 迎纳线需要停电检修时，不能直接拉开迎纳 3221 隔离开关，而需要先将供电的两台主变压器停电。当 35kV 迎纳 3221 回路无负荷电流时，才能拉开迎纳 3221 隔离开关，之后再进行线路检修工作。

杜小小曾经询问过班长，为什么这座 35kV 变电站的接线结构不完整呢？得到的答案是由于 35kV 变电站多供电农网片区，起到的主要作用是抬高终端线路电压的目的。当时在建设变电站的过程中，考虑到投资效益，尽量减少了某些电气元件设备的投入，比如进线电源的断路器，就这样被节约下来了。

之后随着负荷增长，电网要求越来越坚强，不完整的接线结构也被纳入到了反事故措施计划中的技改项目中，这座变电站的改造计划也提上了日程。35kV 迎纳 3221 回路除了隔离开关之外，也需要增加一个断路器。

再来看看图 4-2，也是杜小小在电网中找到的一个不完全接线结构的 35kV 变电站。这座 35kV 变电站除了进线电源回路中只有一把隔离开关之外，35kV 分段回路中也只有隔离开关设备，而没有断路器设备。

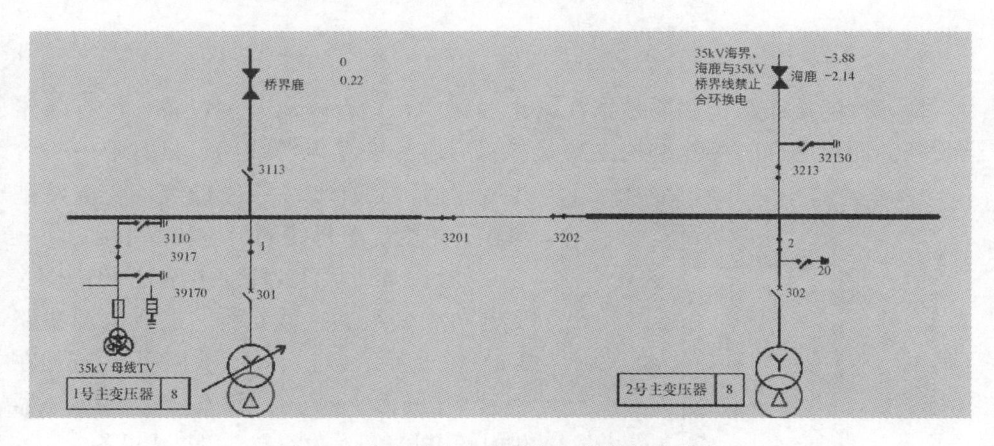

图 4-2　分段回路只有隔离开关的接线结构

正常运行方式下，此座 35kV 变电站由 35kV 海鹿线主供，35kV 桥界鹿线作为备用电源线路。因此 35kV 海鹿 3213 隔离开关处于“合位”状态，35kV 桥界鹿 3113 隔离开关处于“分位”状态。

当需要将运行方式进行调整，“由 35kV 海鹿线供电”变为“由 35kV 桥界鹿线供电”，需要首先将此座 35kV 变电站全停，然后再进行隔离开关的操作。正是因为隔离开关不能拉合电流负荷，所以才导致了在运行方式调整过程中，引发 35kV 变电站全停。

而如果各个回路的电气元件是完整的，也就是同时具备隔离开关和断路器设备，那么在合环换电允许的条件下，此座35kV变电站可以不用对外停电，就可以进行运行方式的调整倒换。

因此缺少电气元件，会使得运行方式调整不灵活，同时也会导致在运行方式调整的过程中，引起对外停电的发生。

杜小小好奇心重，询问了班长为什么这座35kV变电站的接线结构不完整？得到的答案是由于此座35kV变电站的开关场地面积小，本想要对设备进行升级改造，但是由于场地的限制，没有办法再多放断路器设备了。

杜小小侦探式的搜索后，发现缺少电气元件的情况多发生于35kV变电站，在110kV变电站中几乎没有发现缺少电气元件的情况。而这些不完整接线结构的35kV变电站，多是因为历史原因导致。最开始都为了经济效益最大化，满足了供电的基本要求，设计了不完整的接线结构。但是随着负荷的增长和对于风险管控要求的提升，不完整的接线结构越来越不能满足现在新形势的要求，因此对于这些设备的升级改造就势在必行。

◎ 无冗余版的“单元件”接线结构

缺元件的接线结构主要是指在某个回路中，只有隔离开关设备，没有断路器设备。而单元件的接线结构主要是指只有唯一一条电源线路，只有唯一一台主变压器，只有唯一一段母线，变电站是单线、单变、单母线的运行状况中。

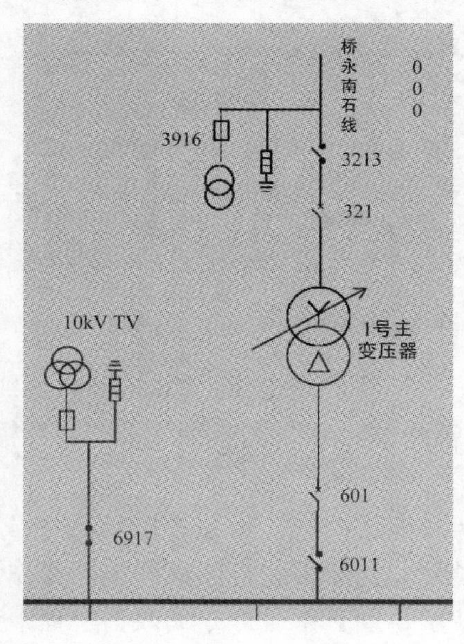

图4-3　单线、单变压器、单母线的接线结构

如图4-3所示，此座变电站是一座35kV变电站线变组的接线结构。进线电源线路35kV桥永南石线与35kV1号主变压器连接在一起，中间无35kV母线设备。1号主变压器供电的10kV母线也只有一段母线设备。

因此当35kV桥永南石线，或者1号主变压器，或者10kV母线任一设备故障跳闸，此座35kV变电站的10kV出线负荷都会失电。因此单线、单变压器、单母线的接线结构是无冗余的接线结构，当发生$N-1$设备故障时，所供负荷将会失电。

如图4-4所示，此座35kV变电站的进线电源线路有两回，分别是35kV桥界线和35kV海界线，主变压器有两台，分别是1

号主变压器和 2 号主变压器，不过 35kV 母线只有一段，属于单母线的接线结构。

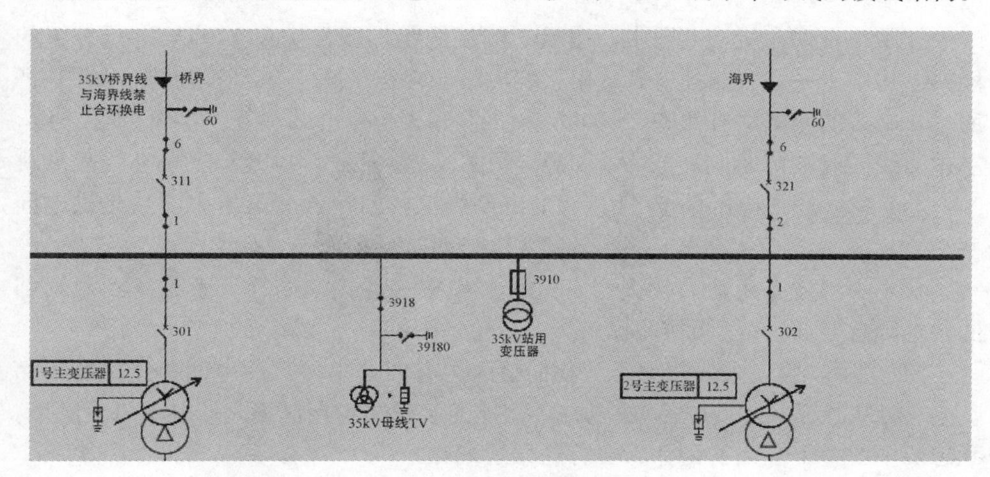

图 4-4　单母线的接线结构

当 35kV 母线有检修停电工作时，此座 35kV 变电站需要停电，所有 10kV 出线负荷都会受到影响。

当然此座变电站比图 4-3 的变电站要好很多，至少线路和主变压器都是有双回路备用设备，不过 35kV 母线停电时，仍然会引起变电站出线负荷停电，不满足 $N-1$ 的要求。

杜小小也只是在 35kV 变电站中找到了单线、单变压器、单母线的接线结构，110kV 变电站中，有一座 110kV 单母接线结构，也在进行改造中，马上就要升级为单母分段的接线结构。应对单元件接线结构的措施，便是增加冗余度，配置双回进线电源线路，配置双段母线设备，配置双台主变压器设备。

◎ 负荷累积版的“串接式”接线结构

缺少元件接线结构和单元件接线结构都聚焦在变电站的内部结构中，而串接式接线结构则跳出了变电站内部，从变电站与变电站之间的接线结构中发现薄弱环节。

如图 4-5 所示，就是一个典型的串接式接线结构。220kV 星光大道变电站的 110kV 母线，出线两回 110kV 星柏Ⅰ线和星柏Ⅱ线，供电 110kV 柏子洞变电站负荷。再由 110kV 柏子洞变电站 110kV 母线，出线两回 110kV 柏天Ⅰ线和柏天Ⅱ线，供电 110kV 天桥变

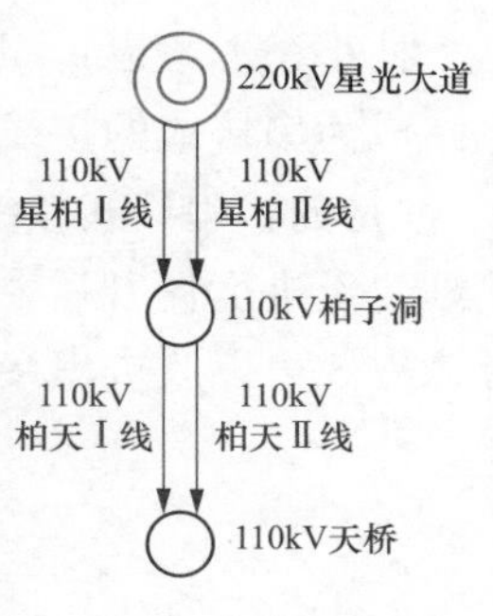

图 4-5　串接的接线结构

电站负荷。

杜小小发现在所辖电网中，串接式的接线结构多发生在 110kV 电压等级的网架结构中。一共有四处，有的串接变电站会多达 4 座 110kV 变电站。如图 4-5 所示，串接的变电站有两座，110kV 柏子洞和天桥变电站。若 110kV 星柏Ⅰ线、星柏Ⅱ线同时故障跳闸，或者 110kV 星柏Ⅰ线检修时，110kV 星柏Ⅱ线故障跳闸，会引起下属供电的两座 110kV 变电站失电。串接的变电站大多数是供电同一行政片区，全停会造成局部区域的失电，对社会的影响比较大。

杜小小想要弄清楚为什么会有这么多串接式的接线结构，于是找到规划部的张老师想要探讨背后的原因。

“张老师，我又来请教您了。我们辖区内有四处串接式的电网接线结构，而且有一处串接了 4 座 110kV 变电站，这样的接线结构存在很大的电网风险隐患。我想要了解一下，当初为什么会有这样规划呢?”

“看来小小是来‘兴师问罪’来了。来来来，坐下来我们好好探讨一下。”

“张老师，我好像又说错话了。”

“没有关系，有这个深究问题的精神，是非常值得鼓励的。”张老师继续说。

“这个接线结构背后根本的原因在于，电网建设的速度滞后于负荷增长的速度。随着城镇化建设加速，城市中心的负荷密度越来越大，变电站供电的需求与日俱增。但是于此同时变电站的新建工程却是屡屡受阻，居民不愿意自己家旁边就有一座变电站，特别是一座 220kV 变电站，因此在主城区范围内的 220kV 变电站布点越来越困难。与此同时 110kV 变电站随着小区的配套设施修建而成，就会导致这种串接的接线结构出现。”

“220kV 变电站数量维持不变，但是所供电的 110kV 变电站的数量在逐渐增加。由于 220kV 变电站数量维持不变，其 110kV 出线间隔数量保持不变。但是 110kV 变电站数量在增多，就会导致新投 110kV 变电站接入已投运的 110kV 变电站母线上，形成串式接线，就像是糖葫芦一样，一个变电站串着另一个变电站。”

杜小小思考道：“原来是因为 220kV 变电站建设的滞后，才导致 110kV 变电站成为串接式的接线结构。”

“是的，串接式接线结构可以看作是过渡时期的电网接线结构。当 220kV 变电站建设进度提升后，电网结构会进一步加强。给你留一个思考题，看看通过什么方式可以改进串接的电网接线结构。”

◎ 其实只有一回电源线路的“假双回”接线结构

一般情况下，变电站的进线电源线路均设置为双回线配置，目的是为了保证电网设备在发生任一故障时，仍然能保证变电站出线负荷的正常供电，满足 $N-1$ 要求。如图 4-6 所示，110kV 柏子洞变电站有两条进线电源线路，分别是 110kV 星柏线和柏天线。110kV 天桥变电站有两条进线电源线路，分别是 110kV 星天线和柏天线。

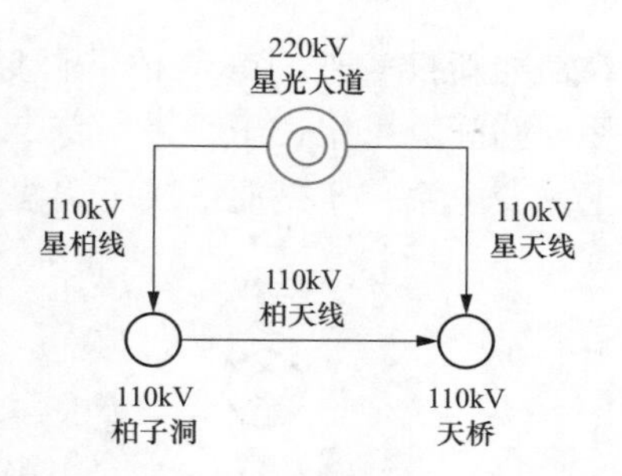

图 4-6 假双回的接线结构

什么叫做“假双回接线结构”呢？首先需要知道“假双回”的含义，“假双回”顾名思义是指看似有“双回线路”，但是实质上可能并不是“双回电源线路”。

一座变电站看似有两回进线电源线路，满足 $N-1$ 要求。但是实质上，两回线路中的一回线路是主供变电站的线路，另一回线路是其他变电站的供电线路。看似有两条线路，实质上当变电站的主供线路跳闸后会导致变电站全停。

如图 4-6 所示，110kV 柏子洞变电站就是一座假双回接线结构的变电站，有两条 110kV 进线电源线路，分别是 110kV 星柏线和柏天线。但是实质上，110kV 星柏线是 110kV 柏子洞变电站的主供电源线路，而 110kV 柏天线是 110kV 天桥变电站的主供电源线路。当 110kV 星柏线故障跳闸时，110kV 柏子洞变电站会全站失电。而供电 110kV 天桥变电站的 110kV 柏天线会失电，但是 110kV 星天线仍运行，供电 110kV 天桥变电站负荷。

一定会有人提出这样的疑问，三条电源线路并列运行，不就可以解决这个假双回的问题了吗？当然，如果三条电源线路可以并列运行，那这个接线结构就不是“假双回”了，就是“真双回”了。

“假双回接线结构”的一个重要特征是，三条电源线路不会并列运行，而是开环运行状态。在开环运行状态下，始终会有一座变电站是假双回接线结构。如图 4-6 所示，110kV 柏子洞变电站为假双回接线结构。如果 110kV 柏天线是由 110kV 天桥变电站供电，作为 110kV 柏子洞变电站的主供电源线路，那么 110kV 天桥变电站为假双回接线结构。

为什么会出现这种假双回的接线结构呢？根本原因仍然是上级变电站的出线间隔不够用所导致。假设上级变电站出线间隔充裕的情况下，新建变电站会从上级变电站新投两回待用间隔回路，新施放两回线路至新建变电站，这就是最为典型的新投变电站接线方式。

而倘若上级变电站出线间隔不够用，新建变电站一般会采取临时过渡方案。比如将一回运行的线路开断后，延伸线路至新建变电站内。这样会形成了三条线路＋两个变电站的接线方式，构成了假双回接线结构的基本样式。

如图 4-7 所示，原本 110kV 天桥变电站由 220kV 星光大道变电站供电。现在需要新投一座110kV柏子洞变电站。由于220kV星光大道变电站无110kV待用回路间隔可用，于是采用将110kV星天Ⅱ线开断，延伸线路至新建110kV柏子洞变电站，于是便形成了“假双回接线结构”。

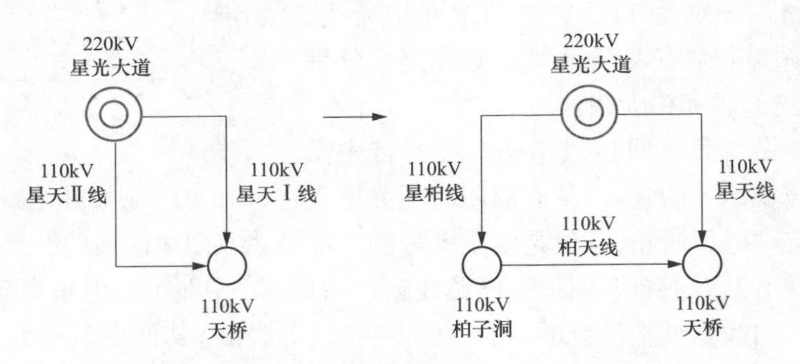

图 4-7　假双回接线结构的形成过程

为什么假双回接线结构一定要开环运行呢？主要是由于保护不能匹配，需要开环运行。如果闭环运行，保护不能保证会正确动作。因此会断开某个110kV变电站的进线电源回路的断路器。致使这座110kV变电站拥有“真双回”接线结构。另一座110kV变电站的双回进线电源回路都为“运行”状态，构成了“假双回”接线结构。

如何纠察出所辖电网中的薄弱环节

◎ 第一步发现电网中的薄弱点

杜小小在寻找电网的薄弱环节时，发现电网调度跟电网规划的关系密切。如果前期的电网规划更加合理，电网调度就会更加灵活，能够更加充分的保障电网的安全可靠运行。另一方面，电网调度也是发现问题的敏锐嗅觉者。可以发现在电网运行过程中，电网的各个薄弱环节，反馈至电网规划部门，让电网的结构能够更加完善和坚强。

在寻找电网薄弱环节过程中，找到薄弱环节是很容易的，按照薄弱环节的各个类别依次挖掘。困难的是针对每种薄弱环节，提出有针对性的改进意见和措施。

杜小小首先决定使用表格来梳理所辖电网中，变电站内部的薄弱环节（见表4-1）。包括两种类型，一种是缺少电气元件，主要是回路中无拉合电流负荷的断路器。第二种是单一元件，主要包括有单一电源线路、单一母线、单一主变压器设备。

表 4-1　　变电站内部薄弱环节列表

序号	薄弱环节类型	薄弱点	电压等级/kV	变电站	电压等级/kV	元件设备
1	缺元件	无断路器	35	纳溪沟	35	迎纳 3221
2		无断路器	35	鹿角	35	桥界鹿 3113
3		无断路器	35	鹿角	35	海鹿 321
4	单元件	单线	35	跳石	35	桥永南石线
5		单主变压器	35	跳石	35	1 号主变压器
6		单母线	35	跳石	10	10kV 母线
7		…				

接下来梳理变电站间的薄弱环节，也包括两种类型，第一种是串接式接线结构，第二种是假双回接线结构（见表 4-2），110kV 柏子洞和天桥变电站是串接式接线结构。电源来源是 220kV 星光大道变电站。110kV 人和湾变电站是假双回接线结构，假双回中主供电源来源是 220kV 星光大道变电站。

表 4-2　　串接式和假双回薄弱环节列表

序号	薄弱环节类型	电压等级/kV	薄弱变电站	电压等级/kV	电源变电站
1	串接式	110	柏子洞-天桥	220	星光大道
2	假双回	110	人和湾	220	星光大道
3		…			

◎ 第二步找出电网薄弱环节的应对措施

发现电网中的薄弱环节后，只是第一步，重点在梳理薄弱环节的应对措施。针对每种类型的薄弱环节，缺元件、单元件、串接式、假双回的接线结构，需要找到完善电网结构的对策。

缺元件的接线结构，一般来说只有一把隔离开关，缺少断路器，解决的措施是增加断路器元件。单元件的接线结构，一般来说是单线、单变、单母线，解决的措施是增加冗余度，形成双线、双变、双母线接线结构。

串接式和假双回接线结构，解决措施会比较复杂。下面重点探讨一下这两种接线结构的网架增强方法。

◎ 串接式接线结构的增强术

改善串接式接线的网架结构有以下三种解决思路（见图 4-8）。

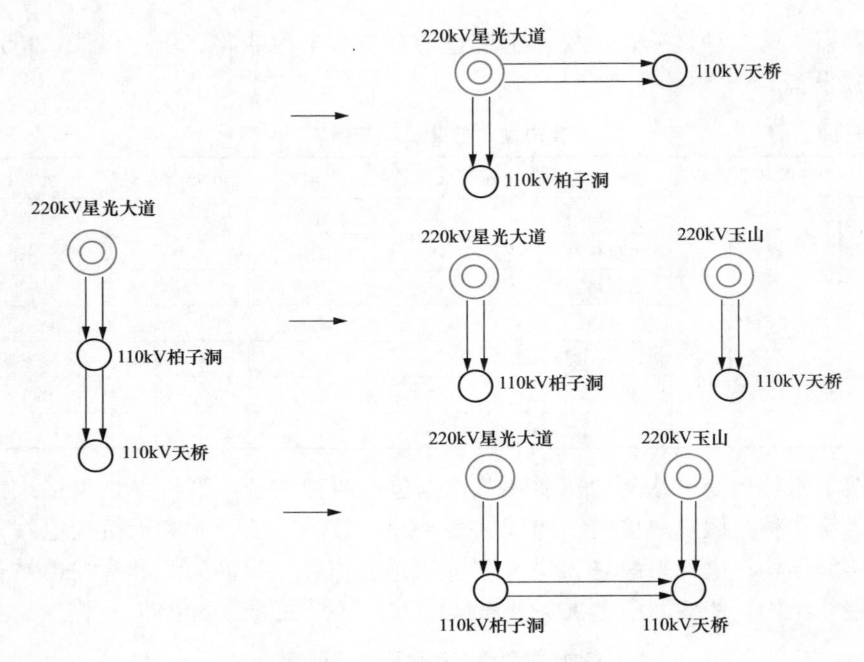

图 4-8　串接式接线结构的增强术

第一种方式：将串接式的变电站重新接回至同一 220kV 变电站。

当 220kV 变电站的 110kV 出线间隔越来越不满足数量要求时，可以考虑对 220kV 变电站的 110kV 母线进行技改工程，从占地面积较大的常规开关场设备，改造为占比面积较小的 GIS 设备。可以在相同空间下，增加 110kV 出线间隔数量。然后将串接式接线中的末端变电站改接至 220kV 变电站的 110kV 母线出线间隔直接供电，此时就变为辐射式电网接线结构。

第二种方式：将串接式的变电站重新接回至不同 220kV 变电站。

当周边新建了 220kV 变电站，可以将串接变电站改接至新建 220kV 变电站，形成新的辐射接线结构。

第三种方式：将串接式接线结构变为链式接线结构。

也可以考虑从新建的 220kV 变电站，新投 110kV 出线至串接的 110kV 变电站的终端站，从而形成了一个链式结构。

但是第三种方式有一些限定性的条件需要满足，需要我们先深入到串接式变电站的内部来看看，可以发现串接式的接线结构有三个特征。

特征一：从 220kV 变电站出来的第一个 110kV 变电站，其 110kV 母线多为双母线或是单母分段接线结构，不可能是内桥接线结构。

特征二：第二个 110kV 变电站，其 110kV 母线接线方式可以为内桥接线方式，也可以是单母分段或者双母线接线。

特征三：串接式的接线结构，可能多于两个变电站，可能会有三个或者更多变电站进行串接。

如图 4-9 所示，串接式接线结构的第一座 110kV 柏子洞变电站，其 110kV 母线为双母线接线结构。第二座 110kV 天桥变电站，其 110kV 母线为内桥接线结构。

若想要将串接式接线结构变为链式接线结构，则需要从 110kV 天桥变电站的 110kV 母线待用间隔出线至另一座新建的 220kV 变电站的 110kV 母线连接。110kV 天桥变电站的 110kV 母线就不能是内桥式接线结构，需要对母线设备进行改造，变为单母线分段或者双母线接线结构。

另外还有一种方法，从 110kV 柏天Ⅰ线和柏天Ⅱ线上“T”接线路至另一座新建的 220kV 变电站的 110kV 母线连接。此种方法可以不用对 110kV 天桥变电站的 110kV 母线进行改造，缺点是“T”接线路的运行方式调整会不灵活。

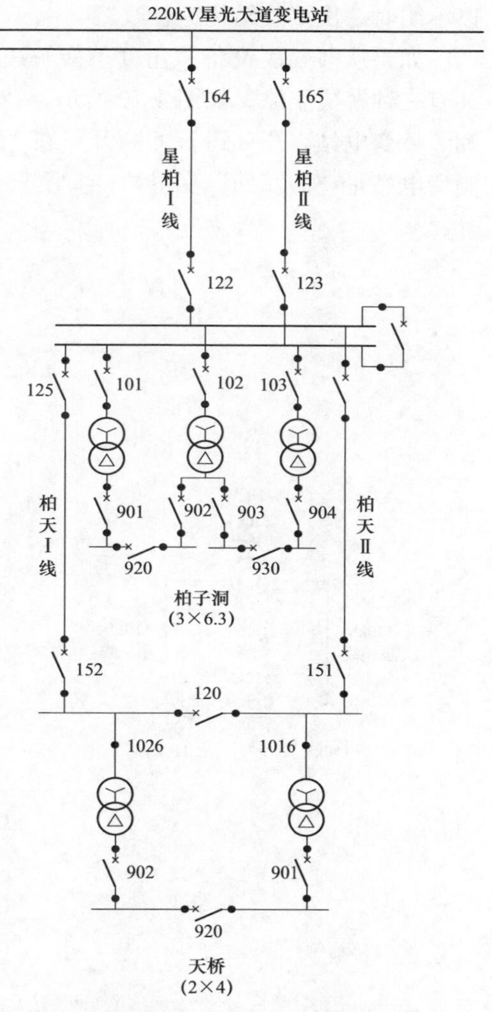

图 4-9　串接式接线结构的内部构造

◎ 假双回接线结构的增强术

如何消除假双回接线结构的薄弱环节呢？可以从“一次设备”和“二次设备”的角度出发得到解决思路。首先假双回接线结构是“开环运行”的接线结构，因此将其由“开环运行”转为“闭环运行”，就可以使得“假双回”变为“真双回”接线结构。由“开环运行”转变为“闭环运行”的关键点在于保护的匹配，如果可以从“二次设备”的角度出发，解决保护匹配的问题，那么就可以不用对一次接线结构进行改造。

如果从“二次设备”角度不能解决，那么就从“一次设备”角度出发，一共有三种解决思路。如图 4-10 所示，220kV 星光大道变电站供电 110kV 柏子洞和天桥变电站，开环运行的断开点在 110kV 天桥变电站侧，因此，110kV 柏子洞变电站是“假双回”变电站，实质只有 110kV 星柏线为其供电。

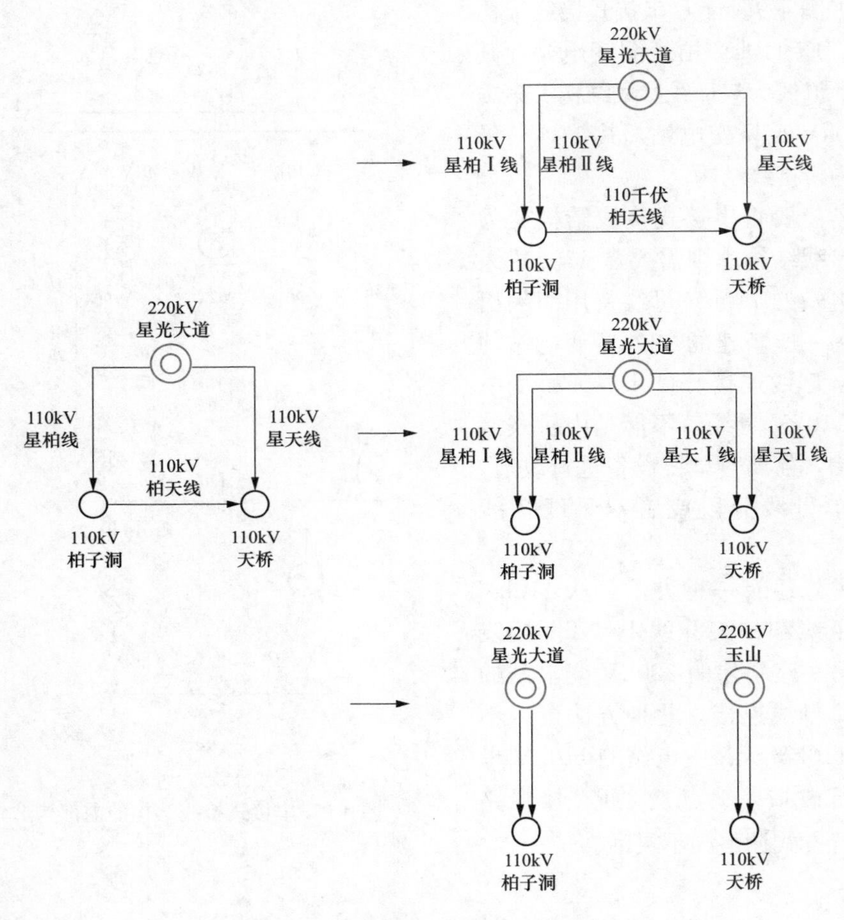

图 4-10　假双回接线结构的增强术

解决思路一：为其中“假双回”接线结构的变电站增加第二电源线路。

如图 4-10 右边第一个接线图所示，110kV 柏子洞变电站增加了一回电源线路，便解决了 110kV 柏子洞变电站“假双回”问题。当 110kV 星柏Ⅰ线或者 110kV 星柏Ⅱ线任一线路故障跳闸时，110kV 柏子洞变电站不会失电。此解决思路会多占用 220kV 星光大道变电站的一回 110kV 待用间隔。

解决思路二：将“假双回”接线结构改造为“辐射式”接线结构。

如图 4-10 右边第二个接线图所示，分别为 110kV 柏子洞和天桥变电站增加一回 110kV 进线电源线路，满足进线电源线路的 N-1 要求。此解决思路会多占用 220kV 星光大道变电站的两回 110kV 待用间隔。

解决思路三：将其中一座变电站改接至另一座上级变电站供电。

如图 4-10 右边第三个接线所示，将 110kV 天桥变电站的进线电源线路改接至新建的 220kV 玉山变电站。此解决思路占用 220kV 星光大道变电站的 110kV 间隔回路保持不变，新建的 220kV 玉山变电站会多占用两回 110kV 待用间隔。

假双回的接线结构是历史的产物，在上级变电站待用间隔不足的情况下所产生，也是电网过渡期间的临时接线结构，导致电网存在薄弱环节。但是随着城市的建设和电网的不断发展，电网接线结构会不断升级，电网运行方式也会更加灵活，假双回解决结构终将会成为历史。

◎ 10 年后的电网结构会如何发展

杜小小找到了所辖电网所有的薄弱环节，畅想着如果 10 年以后，电网结构会如何发展呢?

杜小小从班长口中得知，十年前，所辖电网中 220kV 变电站只有 3 座，110kV 变电站不到 20 座。十年后，220kV 变电站增加到 8 座，110kV 变电站增长到 33 座。变电站数量翻番，电网结构也发生了巨大的变化，朝着越来越健康、安全、科学的方向在发展变化着。

那未来电网接线结构会如何发展呢?

首先变电站内设备的薄弱环节会全部消失，设备配置会越来越齐备，不会出现缺少断路器设备的情况发生。另外单线、单母线、单主变压器的接线结构都会消失，至少形成双回进线电源线路、双段母线、双台主变压器的设备配置，至少满足设备 $N-1$ 要求。

再从变电站间的接线结构来看。以前会有很多辐射式或者串接式接线结构，它们都是不太“稳定”的接线结构。以后越来越多的变电站会成为链式接线结构，甚至是双链式的接线结构。那么 220kV 变电站所供电的所有 110kV 变电站都可以通过运行方式的调整，倒至由其他 220kV 变电站供电，若 220kV 变电站需要检修全停，此时的运行方式是非常灵活的。

随着负荷增长，负荷密度的升高，市中心的变电站密度会越来越大，变电站的容量会逐渐增大，以前 220kV 变电站的主变压器容量是 120MVA，之后增加为 180MVA，再增加为 240MVA。变电站内的主变压器个数也会越来越多，由两台主变压器增加为三台主变压器，甚至增加为四台主变压器。由于负荷密度增大，线路供电半径会减少，35kV 变电站会逐渐升级为 110kV 变电站，35kV 变电站会退出历史舞台。

电网设备包括变电站和输电线路，会越来越亲民化。变电站设备会逐渐由室外转变为室内，甚至由地面转移到地下，输电线路由架空线路转变为电缆线路。目的就是让居民看不见电网设备，同时又可以享受电力供应的便利。

杜小小和班长一起畅想了很多，真心期望电网会建设得越来越坚强，越来越可靠。杜小小也在与班长和各位老师的聊天讨论中，更加喜欢上了调度这份工作，有挑战，同时也有成就的工作岗位。

第二部分

电网机构篇

第一部分讲解了电网结构篇，对于整个电网有了初步的认识。如果把电网结构比作是一部汽车，那在了解这部“汽车”的内在构造后，我们需要对驾驶这部“汽车”的“司机”有所了解和掌握。因此第二部分是电网机构篇，站在掌管电网的“人”的角度，来进一步认识电网的内在运转机制。

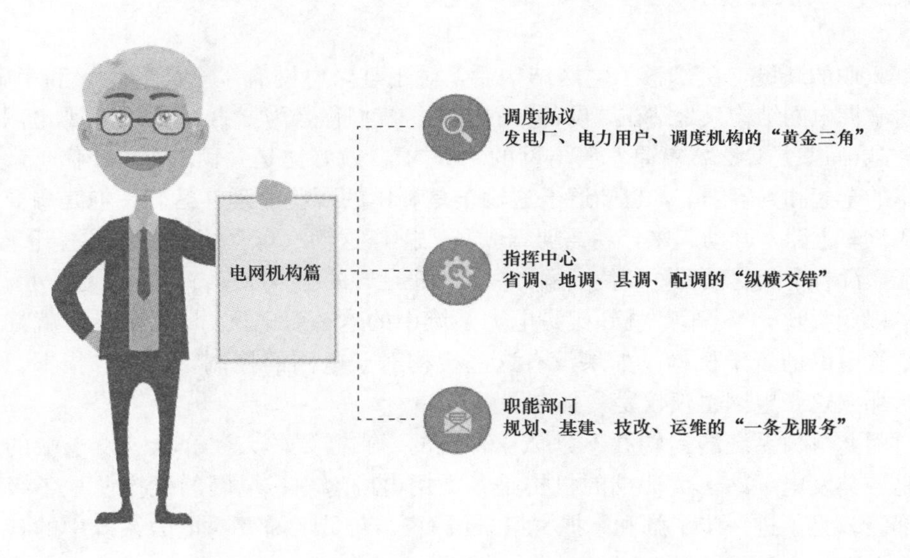

第五章

调度协议：发电厂、电力用户、调度机构的“黄金三角”

电力系统中最重要的公式，发电量=网损量+负荷量，发电与负荷通过电网设备进行能量传递。针对发电、负荷、电网三方对应的机构便是发电厂、用电客户和调度机构。本章主要介绍这三者的关系，以及在关系的背后最为重要的凭证“调度协议”。

电力机构之间重要契约：调度协议

◎ 电力系统的运转不是孤立存在的

入职的新员工在熟悉了电网结构后，对于整个电网有了全面的认识和了解。不过掌握电网结构只是站在“设备”的层面，我们称之为“第一层面”，那电网的“第二层面”是什么？就是掌管电网的“机构”。就好比是一辆汽车，我们了解了汽车的全貌和内容细节，也知道了这辆车是利用的哪些原理在运转，但是想要让这辆汽车上路，开动起来，就需要驾驶员来操作这辆汽车。如果没有掌握开车的技能，没有拿到驾驶证，即使了解再多的汽车运转的基本原理，也是毫无用处。

以此类比，“汽车”就好比是电力系统中的这一张电网，“驾驶员”就好比是掌管电网的若干机构。如果没有这些机构对于电网的控制、调节、指挥、运转，那么这张电网也仅仅是一张电网而已。

因此电力系统的运转并不是孤立存在的，它需要“人”介入。发电端的机构是各类发电厂站，负荷端的机构是各类用电的客户；电网的机构便是各级调度部门。为了进一步了解和掌握“第二层面”，新员工需要对电力系统中的各个机构做进一步的了解。

◎ 机构之间重要的契约便是调度协议

杜小小经过一段时间的学习，已经对电网的接线结构了然于心。做事也不像从前那么莽莽撞撞，凡事都先观察后提问。最近杜小小发现调度班的前辈们，经常会在工作时，提到的一个词“调度协议”。

对此很好奇，便来询问班长，“什么是‘调度协议’呢”？

班长从文件盒中取出了一份文件，说道：“这就是‘调度协议’。简单点说，调度协议就是用户与调度之间签署的一份申明。在这份申明中，会交代用户与调度之间的关系，两者相互之间的权利与义务。”

“原来‘调度协议’就是一份契约，规定了我们应该做什么，用户应该做什么，对吧？”

“是的，‘调度协议’在调度业务联系时，非常重要，它是调度对于用户的管辖范围最为根本的依据。慢慢你就知道它的厉害之处了。”

杜小小从班长手上接过来了一份调度协议，从头到尾翻阅着。

◎ 安全第一，电网运行中最根本的原则

电网运行中安全是第一位，所有的行为规范和规章制度都是建立在安全第一的基础之上。作为电力系统中最为重要的三个角色，发电厂站、用电客户和调度机构，也应将安全放在一切之上。因此在这三个角色相互配合协调工作的过程中，需要有一份“合同”白纸黑字写明需要注意的事项，以及在各种情况之下，各方应尽的责任和义务。

调度机构与用电客户之间的“合同”称之为“调度协议”，调度机构与发电厂站之间的“合同”称之为“并网协议”。这里只是名字做出了区分，其本质都是一样的，规范各方的行为规范和准则。当协议已定，各方就必须按照协议的共识，对电网运行方式调整、电网异常故障处理、电网检修工作中的安全负责。

这就好比是一辆汽车上路了，驾驶者需要按照规定遵守交通规则。这里的“交通规则”就是在保障汽车行驶过程中安全，所约定的规章制度。在电力系统中“交通规则”就是调度机构与用户和发电厂站之间的“协议”，它以安全为第一要素，提供了电网设备运行的规则。

调度管辖范围

◎ 调度协议中最重要的是管辖范围

在调度协议中，最重要的内容便是规定调度的管辖范围。所谓调度的管辖

范围就是作为电网设备的调度方，对于用户资产设备，下达调度指令的范围。未在管辖范围之内的设备，可以由发电厂站和用户自行操作和管理。

举个例子，如图 5-1 所示为一个用户的设备一次接线图。金科华府开关站以及金科华府开关站的 10kV 府专三回 922 设备回路属于公用设备。10kV 府专三回线路，以及金科华府二期 2 号专用配电房和金科华府二期 1 号专用配电房属于专用设备。在一次接线图中，用不同的颜色进行标注。

在与这个用户签订的调度协议中，规定了调度管辖范围是 10kV 府专三回线路以及金科华府二期 2 号专用配电房 10kV 府专三回 901 回路。调度的分界点是金科华府二期 2 号专用配电房 10kV 府专三回 9011 隔离开关。

也就是说，作为调度机构的管辖范围，并不是所有的 10kV 电网设备。对于图 5-1 中的用户专用设备，金科华府二期 2 号专用配电房和金科华府二期 1 号专用配电房，都是由用户自行负责操作和管理。10kV 府专三回线路以及金科华府二期 2 号专用配电房 10kV 府专三回 901 回路设备，如果有设备状态变化或者检修工作需要进行，都需要经过调度的许可，才能对设备进行操作。

因此在弄清楚调度管辖范围之前，需要弄清楚设备资产归属问题。到底哪些设备是公用资产，也就是属于供电公司所有。哪些设备是专用资产，也就是属于电力用户所有。如果设备都是公用资产，都是属于供电公司所有，那么就不存在“调度协议”一说。因为调度协议是调度机构与用户之间的协议。如图 5-1 所示，10kV 金科华府二期 2 号专用配电房和金科华府二期 1 号专用配电房原本属于用户专用资产。假如用户将资产移交给供电公司，那么它们都将属于公用资产部分，之前调度与用户签订的调度协议也将失效作废。

◎ 设备资产分界点不一定就是调度管辖范围的分界点

弄清楚设备资产归属问题之后，调度人员还需要了解到很重要的一点，设备资产的分界点并不一定就是调度管辖范围的分界点。在图 5-1 中，设备资产的分界点是 10kV 金科华府开关站的 10kV 府专三回 922 手车，而调度管辖范围的分界点是 10kV 金科华府二期 2 号专用配电房的 10kV 府专三回 9011 隔离开关处。

如果说，公用资产设备由调度管辖，专用资产设备由用户自行负责管理，那么调度协议中的管辖范围就应该与设备资产范围保持一致。不过在上述这个案例中，调度管辖范围却比设备资产范围更大，扩大的范围是 10kV 府专三回线路及其线路两端的开关回路，其根本原因在于调度安全性的考虑。

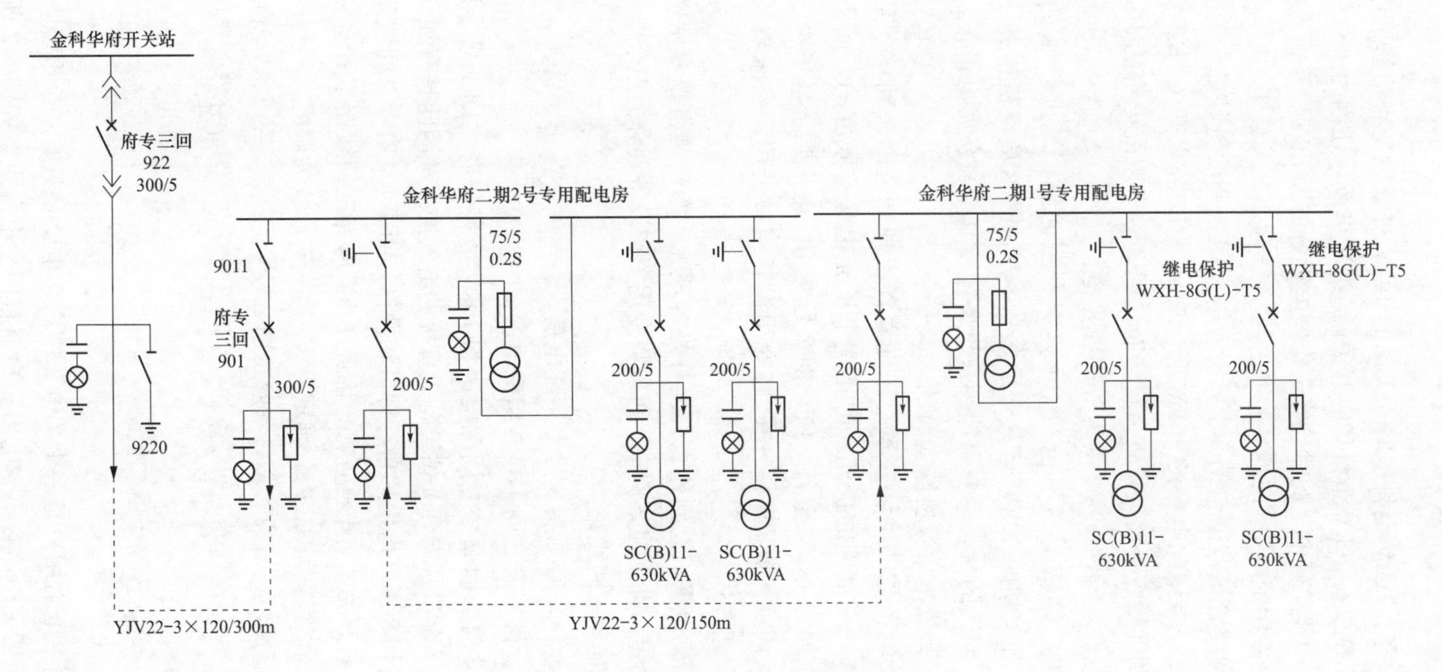

图 5-1　用电客户的设备一次接线图案例

来举一个例子，10kV 金科华府开关站的 10kV 母线设备有检修工作，经过勘察，停电设备不仅仅有 10kV 金科华府开关站 10kV 母线，还因为工作临近，需要对 10kV 府专三回线路停电。此时检修工作停电设备的断开点，需要落实 10kV 金科华府二期 2 号专用配电房的 10kV 府专三回 9011 隔离开关处于“拉开”状态。

情况一：调度管辖范围包括 10kV 府专三回线，调度管辖的分界点是 10kV 金科华府二期 2 号专用配电房的 10kV 府专三回 9011 隔离开关。那么调度机构可以直接下达调度指令，将 10kV 金科华府二期 2 号专用配电房的 10kV 府专三回 901 回路转检修，确保 10kV 府专三回线停电。

情况二：调度管辖范围不包括 10kV 府专三回线，调度管辖的分界点是 10kV 金科华府开关站的 10kV 府专三回 922 手车。那么调度机构并不能明确落实 10kV 府专三回线的状态，有可能用户设备还有其他自备发电设备，将电返送至 10kV 府专三回线，危及检修人员的人身安全。

因此调度管辖范围的确认并不是跟随着资产划分范围来确认，是需要考虑到电网安全，有一定范围的扩充。但是这个扩充也是有限度的，而不是无限制地进行扩充。比如将 10kV 金科华府二期 2 号专用配电房和金科华府二期 1 号专用配电房都纳入调度管辖范围之中。将专用设备当做公用设备来看待，也是一种极端错误的管理方式。

那么调度管辖范围扩充到什么程度算是合理呢？原则是根据专用资产设备的独立性原则来确定。在上述案例中，可以将专用资产设备划分为三个电气部分。

（1）10kV 府专三回线路。

（2）10kV 金科华府二期 2 号专用配电房。

（3）10kV 金科华府二期 1 号专用配电房。

10kV 金科华府二期 2 号专用配电房和 10kV 金科华府二期 1 号专用配电房，与公用设备 10kV 金科华府开关站设备无直接的电气连接。因此具有独立性，可以不用纳入调度管辖范围，由用户自行许可和操作。而 10kV 府专三回线路与公用设备 10kV 金科华府开关站有电气连接，因此 10kV 府专三回线路不具有独立性，需要考虑划分在调度管辖范围之内。确定 10kV 府专三回线为调度关系范围后，需要在此基础上确认分界点。10kV 金科华府二期 2 号专用配电房的 10kV 府专三回 9011 隔离开关刚好就是 10kV 府专三回线路的一个明显断开点，因此分界点就此确认。

◎ 双电源用户的调度分界点更加复杂

图 5-1 案例中电力用户是一个单电源用户，也就是只有一个电源点为用户进行供电。在实际情况中，有不少电力用户拥有两个电源点。如图 5-2 所示，中央

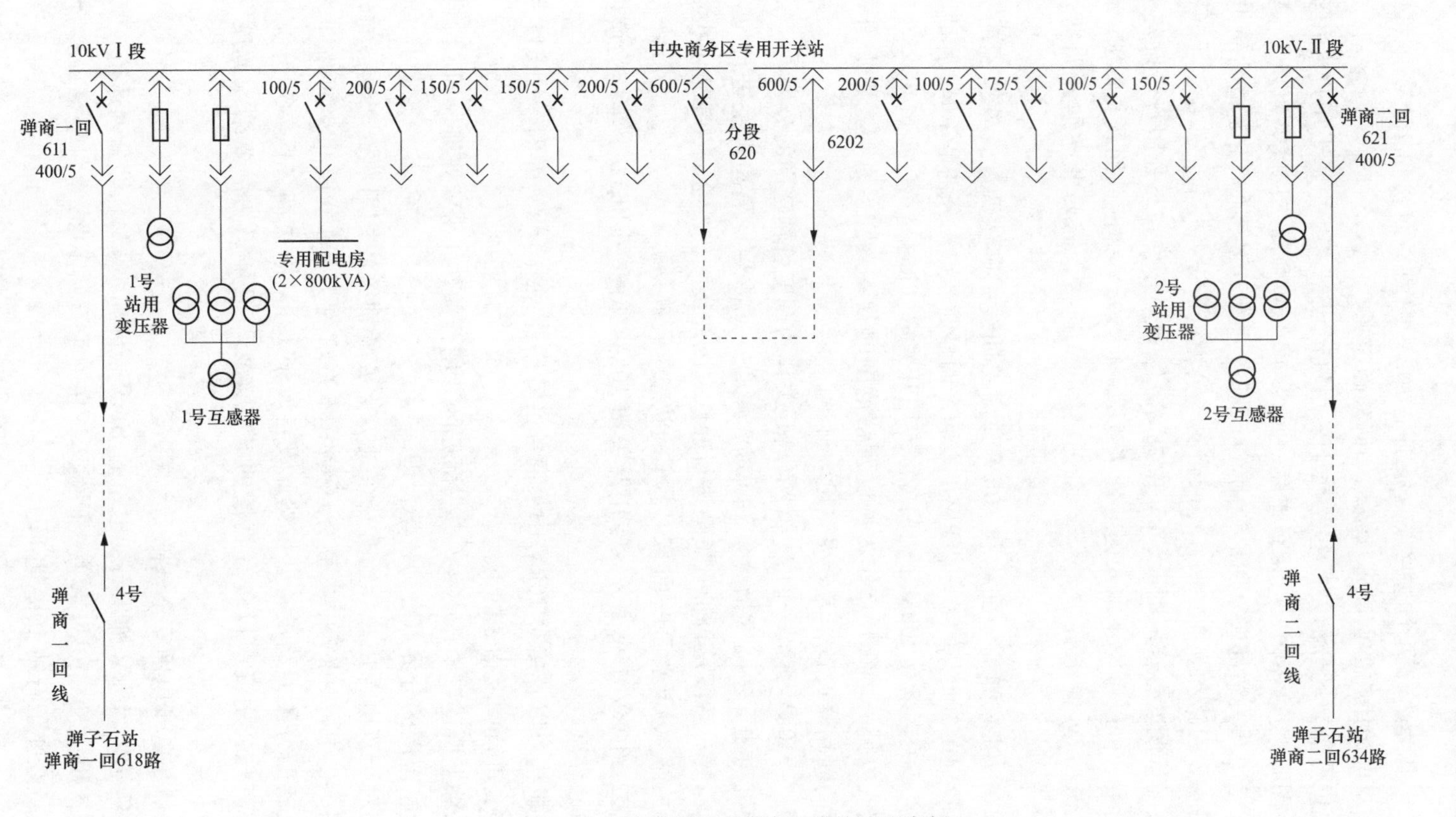

图 5-2 双电源用户的设备一次接线图案例

商务区专用开关站有两个电源点，分别是10kV弹商一回线和10kV弹商二回线。那么双电源用户的调度管辖范围如何来确定呢？

首先仍然需要区分清楚哪些是属于公用资产设备，哪些属于用户专用资产设备。在图5-2的案例中，10kV弹商一回线与10kV弹商二回线，以及10kV中央商务区专用开关站都属于用户专用资产设备。而110kV弹子石变电站的10kV弹商一回618回路和弹商二回634回路属于公用资产设备。

再来确认调度管辖范围，10kV中央商务区专用开关站与公用资产设备无直接电气连接，可以考虑不纳入调度管辖范围。而10kV弹商一回线与10kV弹商二回线与110kV弹子石10kV母线有直接电气连接，需要考虑纳入调度管辖范围。

接着在10kV弹商一回线和10kV弹商二回线中确认调度管辖范围的分界点。可以看到在10kV弹商一回线路上有两个明显断开点，分别是10kV弹商一回4号杆隔离开关，以及10kV中央商务区专用开关站10kV弹商一回611手车。

那到底以哪一个断开点作为调度管辖范围的分界点呢？原则上以拥有拉合电流负荷的断路器设备作为分界点更为科学。

情况一：10kV弹商一回4号杆隔离开关作为调度管辖范围的分界点。

调度机构在下达调度指令，对10kV弹商一回4号杆隔离开关进行拉合之前，仍然需要对后段是否带有负荷进行确认。因此调度仍然会对10kV中央商务区专用开关站10kV弹商一回611手车的状态进行确认。

情况二：10kV中央商务区专用开关站10kV弹商一回611手车作为调度管辖范围的分界点。

调度机构可以直接对10kV中央商务区专用开关站10kV弹商一回611手车的状态改变进行调度指令的下达。

所以综上所述，确认10kV中央商务区专用开关站10kV弹商一回611手车为调度管辖范围的分界点更为科学合理。

此外对于双电源用户，还有一个地方需要特别关注，用户资产设备的分段回路。图5-2中，10kV中央商务区专用开关站的10kV分段620回路即为用户资产设备的分段回路设备，虽然此设备属于10kV中央商务区专用开关站的设备，没有与公用资产设备有直接的电气连接，但是仍然需要纳入调度管辖范围。

这仍然是基于电网安全基础上考虑。

举个例子，110kV弹子石变电站的10kVⅠ母和10kVⅡ母分列运行，10kV分段为热备用状态。10kV弹商一回线运行在弹子石站10kVⅠ母上，10kV弹商二回线运行在弹子石站10kVⅡ母上。

10kV 中央商务区开关站的运行方式如下，10kV 弹商一回 611 手车、10kV 弹商二回 621 手车为运行状态，10kV 分段 620 路为热备用状态。

此时若用户自行操作了 10kV 中央商务区专用开关站 10kV 分段 620 路，将其由热备用转运行，则将 110kV 弹子石变电站的两台主变压器并列运行，甚至有可能将弹子石站的 110kV 进线电源线路并列运行了，形成了电磁环网，不利于电网安全运行。

正常的操作程序应该是，首先将 110kV 弹子石变电站的 10kV 分段转运行，再将 10kV 中央商务区专用开关站 10kV 分段 620 路转运行。

因此，为了保障电网的安全运行，10kV 中央商务区专用开关站 10kV 分段 620 回路必须纳入调度管辖范围。

哪些用户需要签订调度协议

◎ 所有的专用变压器用户都签订调度协议，岂不累死

电网设备按照设备资产属性分类，可以将其划分为公有资产和用户专有资产两大类。对于公有资产，调度的管辖范围是全部设备。而对于用户资产来说，调度管辖的范围不是“大包大揽”，也不是“完全不管”，而是“适可而止”。找到合适的调度管辖分界点，“楚河汉界”就约定在了调度协议中。

那是不是所有的电力用户都需要与调度机构签订调度协议呢？杜小小找到了最近才发布的《地区电力调度规程》，上面已经清楚地说明了签订调度协议的对象是，10kV 及以上的专用变压器用户。

10kV 及以上专用变压器用户？这个定义感觉很广泛啊，尤其是针对 10kV 线路，一条公用线路上就有可能接入大量的 10kV 专用变压器用户。如果每一个 10kV 专用变压器用户都需要与调度机构签订调度协议，仅仅拟定调度协议就会是一件特别庞大繁琐的事情，还不要说之后的调度联系与工作协调了。是不是哪里理解的不对呢？

周五的班组讨论会，班长带领所有调度班成员，对杜小小的这个疑问做了集中讨论。看看哪些用户需要与调度签订调度协议，而哪些用户不必与调度签订调度协议。杜小小第一次感觉自己受到了重视，自己的问题竟然被班长提出来，在班组会议上进行全员讨论。最终大家讨论出来了适合当下实际情况的调度协议签订范围。

◎ 变电站的专线用户大部分都需要签订调度协议

首先解释一下“专线用户”与“专用变压器用户”的区别。“专线用户”是区别于10kV公用线路上“T”的专用变压器用户而言，是指直接从变电站出线，并供电对应的电力用户。线路并没有给其他电力用户供电，强调的是供电的专一性，所以称之为“专线用户”。

涉及变电站出线供电的“专线用户”按照电压等级来划分，可以分为220kV专线用户、110kV专线用户、35kV专线用户和10kV专线用户。一般来说，这些专线用户的一个特点便是用电需求量比较大，对于供电可靠性要求也比较高。站在电力用户的角度来看，签订调度协议是理所当然的，可以最大限度地维护电力用户的权利。

另外对于变电站出线供电的“专线用户”数量相比较于10kV线路上的“专用变压器用户”来说，会少很多。因此站在调度机构的角度来看，签订调度协议也不是一件任务量很大的事情，还能够与大型电力用户建立更加紧密的调度联系，确保电网的安全稳定运行。

不过在10kV的“专线用户”范围中还存在一类特殊的电力用户。它们最开始的状态是10kV临时的施工箱式变压器或者是施工配电变压器，等到施工阶段完毕后，才会接入正式的用电的开关站设备。

分歧在这里产生了。一部分班组成员认为，既然是从变电站直接出线供电的“专线用户”不管它是不是临时用电设备，都应该签订调度协议，这样进行统一管理，而且临时施工用电的专线用户数量也不多，工作量也不大。而另一部分班组成员认为，虽然这些10kV的临时用电设备是从变电站直接出线的专线用户，但是它们仍然是施工用电设备，负荷不大，对于调度联系的需求也不是很大，因此觉得没有必要签订调度协议。

杜小小顿时就凌乱了，大家一时之间吵得不可开交，班组讨论会还可以这么玩。最终班长协商出来了一条大家达成的共识。在10kV专线设备为临时施工用电设备时，可以先暂时不签调度协议，等到临时施工用电设备变为正式用电设备后，再与之签订调度协议。

班长让杜小小先记录下来，回头在与调度机构的管理电网运行方式的专责和调度主任进行协商和研讨。

◎ 开关站的专线用户哪些需要签订调度协议

变电站出线的“专线用户”数量不是很多，大家虽然有分歧，不过争论的激烈程度也不是很大。但是一旦开始讨论10kV开关站的“专线用户”时，大家情绪就越发激动起来。根本原因在于10kV开关站的数量本来就多，杜小小所在电网管辖的开关站个数就有300多座。因此对于10kV开关站的“专线用户”，签订调度协议或者不签订，工作量的差距就特别的大。

首先来看看10kV开关站直接出线的专线用户有哪些类型。

第一类，工业用电设备。它们是从10kV开关站出线的工业用电设备，用电需求比较小，但是对于供电可靠性还算比较高，特别是一些涉及到精密仪器的用电设施。

第二类，临时施工设备。是正式用电设备之前的临时过渡用电设备。

第三类，小区专用设备。小区专用设备主要是为小区的商户、各个楼层的电梯供电。

大家对于第一类工业用电设备，意见一致，需要签订调度协议。一方面是可以提供优质服务，另一方面可以在用电紧张时，直接与用户沟通，进行错峰用电。

大家对于第二类临时施工设备，意见一致，可以暂时不签订调度协议，等待正式用电设备投入运行时，再签订调度协议，毕竟这部分的用户影响范围很小。

对于第三类小区专用设备，意见分歧很大。开关站的10kV专线用户属于第三种类型的数量特别多。如今城市规模不断扩张，大量新建小区都会配置若干座为小区供电的开关站。每座开关站都会有直接出线的10kV专线用户，为其商业门面或者小区楼层电梯供电。是否要将其纳入调度管辖的范围是值得商讨的。

一部分班组成员认为，调度管理应该“抓大放小”，应该“重点突出”，如果什么都想要管，到最后会出现什么都“管不好”的状态。另外，现在有不少小区的调度值班人员处于失联状态，在调度联系时，根本就找不到人，应该将这种类型的“专线用户”不纳入调度管辖的范围。

另一部分班组成员认为，虽然目前小区的数量越来越多，但是我们一直都沿袭着10kV开关站的“专线用户”需要签订调度协议，一定是有一些道理的。现在电梯“关人事件”频发，如果有调度协议，调度至少可以在停电前，提前通知用户做好准备工作。

杜小小又默默地记录下来了争论的要点，待会后交给班长处理。

◎ 双电源用户必须签订调度协议

还有一些电力用户由于要求有更高的供电可靠性，会有两个电源或者三个电源为其电力设备进行供电，这些电力用户可以称之为“双电源用户”或者“多电源用户”，它们也是必须要签订调度协议。

根据双电源线路是否为“专线”，可以将双电源用户分为三种类型。

第一种：双电源均来自于变电站出线的“专线”。

第二种：双电源中一条电源来自于变电站出线的“专线”，另一条电源来自于公用线路的“支线”。

第三种：双电源均来自于公用线路的“支线”。

变电站出线的“专线”只供电于该用户，从重视程度上来看就会比较高。因此第一种的接线结构对于电力用户来说，是三种类型中供电可靠性最高的。如果双电源来自的是不同的变电站的两条出线，供电可靠性会比来自同一变电站的两条出线更高。

第二种接线结构其实是一种过渡阶段的接线结构。有些时候，由于变电站无多余的出线间隔，就只能从某条公用线路上“T”接一回线路，作为电力用户的第二电源线路。

第三种接线结构，两回电源线路都从公用线路上“T”接。由于它被隐藏在繁琐复杂的公用线路接线结构之中，很容易被调度员忽视。这类型的双电源用户更加应该加强调度管理，保障电网的安全稳定运行。签订调度协议，毫无争议。

◎ 并网发电厂站需签订并网调度协议

杜小小所管辖电网地区有不少小河流，10kV 的上网小水电站众多。虽然有些小水电容量真的很小，但是毕竟属于发电设备，需要签订并网调度协议。现在国家大力发展扶持清洁能源，鼓励新能源优先发电，电网上也出现了越来越多的新型发电用户。例如有小型的风能发电站、光伏发电站、垃圾发电站等。它们有些接入变电站的 35kV 母线，有些接入变电站的 10kV 母线，还有很多发电站接入 10kV 的公用线路，所有的发电站都需要签订“并网调度协议”。

发电用户与上述所讲到的电力用户有本质的区别。发电用户是通过接入电网进行发电，而电力用户是通过接入电网进而用电，因此在调度协议的模板上有着本质的区别，需要根据统一的调度协议模板进行签订。

通过大家激烈的讨论后，杜小小总结如下。明确需要签订调度协议用户包括以下四类：220kV、110kV、35kV、10kV 专线用户；10kV 开关站的专线用户；双电源用户或者多电源用户；并网发电厂站。

有两类用户建议不签订调度协议，需要进一步确认。10kV 的专线用户，仅作为施工用电；10kV 开关站的专线用户，仅作为施工用电。

最后是有特别多争论的一类用户，需要再研究确认。10kV 开关站的专线用户，作为小区专用设备。

◎ 签订调度协议的三个步骤

杜小小了解调度协议签订的范围后，又找到了电网运行方式专责进一步了解到调度协议签订的整个流程。调度协议主要分为以下三个部分：第一步是调度协议的拟定；第二步是调度值班人员的培训；第三步是调度协议的签字盖章确认。

第一步：调度协议的拟定

调度协议的模板都是统一下发的，见表 5-1，一份调度协议中会涉及 13 个子版块，每个子版块都会有一个侧重点。涉及调控中心的各个专业，运行方式、调度运行、计划检修、继电保护、通信自动化专业。其中最重要的有调度管辖设备范围，乙方变电站设备调度范围划分图示，甲、乙双方调度业务联系人员名单。

表 5-1　　调度协议的内容确认

序号	内容	确认
1	调度协议的总则	
2	调度管辖设备范围	
3	运行方式管理	
4	调度运行管理	
5	停电计划管理	
6	电力电量计划管理	
7	继电保护及安全自动装置管理	
8	调度自动化管理	
9	调度通信管理	
10	事故处理与调查	
11	协议的生效和期限	
12	乙方变电站设备调度范围划分图示	
13	甲、乙双方调度业务联系人员名单	

首先需要明确的是电力用户设备的一次接线图，这是拟订调度协议的根基。只有在掌握了电力用户设备的一次接线图，才能够确定调度管辖范围和调度管辖范围的分界点。

然后确认完毕调度管辖范围后，需要对电力用户的值班人员进行资质的审核。调度值班人员需要与调度员进行调度联系，还需要对电力用户的专用设备进行操作。因此他们必须持有高电压电工操作的许可证书，才能够成为值班人员。

最后调度协议的生效和期限也是有规定的。一般来说，调度协议的生效日期就是新设备投入运行的日期。调度协议的期限一般是两至三年。由于调度协议数量众多，比较科学的做法是在调度协议内容发生变化的时候，再重新签订调度协议。例如，调度协议中调度管辖设备范围、值班人员名单等发生变化时，需要重新签订。

第二步：调度值班人员的专业培训

调度值班人员持有高压电工证是基础条件，但是仅有高压电工证还不能作为调度值班人员与调度员建立调度联系。还需要经过培训和考试，通过后才能正式成为调度值班人员。

作为一名专用设备的值班人员，最为基本的工作技能就是与调度员进行调度联系，能够掌握正规的调度术语，并能够正确进行调度业务联系和电力设备的紧急事故处理，此外还需要对检修停电工作按照流程进行申请。这些工作都需要进行前期的培训，并经过考试合格后，才能确认调度协议生效。

目前的现状是35kV及以上的电力用户，基本素质比较高。也是因为电压等级高，用电量比较大，用户所在公司会特别重视电力人员的素质要求。但是对于10kV的电力用户，特别是小区所在开关站的专用设备用户，素质就会比较差。一方面是小区物管的电力人员本来就不多，也没有受到重视。另外小区物管的人员流动性也比较大，经常出现的情况是电力值班人员已经不在原单位工作了。也就是说，如果调度协议没有重新签订，原来的调度协议就视为作废，电力用户与调度机构就自动解除了调度联系。

这也是为什么对于小区所在的电力专线用户，到底要不要签订调度协议有争论的一个原因。

第三步：调度协议的签字盖章确认

最后调度值班人员经过培训和考试合格后，就可以对调度协议进行签字盖章，甲乙双方的名称必须与盖章名称一致。一份调度协议交由调度班组，一份调度协议交由运行方式专责留存，一份调度协议交由电力用户。经过签字盖章确认后的调度协议才能够作为新设备投运的必要条件之一。

◎ 调度管辖范围之外的设备新投，是否需要重新签订调度协议

杜小小有一个疑问，如果电力用户设备有异动或者新设备投入运行，但是这部分设备未在调度管辖范围之内，而是在调度管辖范围之外，还需不需要重新签订调度协议呢？

这个问题可以先来明确调度协议的作用，然后再来解答这个问题。调度协议的目的是为了明确调度机构与用户或者发电厂站之间的管辖范围，以及各自的职责权利与义务，同时需要建立调度值班人员之间的业务联系，比如通信方式和手机电话等信息。

现在新设备投入运行或者设备异动的地方并不属于调度管辖范围之内，而是在电力用户自行负责的范围之内，并没有影响到原来签订的调度协议的说明，调度管辖范围并没有发生变化，调度值班人员没有发生变化，那么原先的调度协议仍然是生效的，可以不用重新签订调度协议。

第六章

指挥中心：省调、地调、县调、配调的“纵横交错”

掌握了调度机构与发电厂站、电力用户之间的协作关系之后，这一章要来深入的分析调度机构本身的组成部分，以及相互协作的关系。由于电网规模的不断扩大，调度机构必须按照电压等级和地域不同进行调度管辖。调度机构按照上下级可以划分为国调、网调、省调、地调、县调，针对10kV电网设备又可以单独划分为配调。

明确各个调度机构之间的管辖范围

◎ 对各个调度机构管辖范围分界点不清晰

由于电网规模随着城市建设的快速发展，不断扩大。大电网概念逐渐形成，电网的电压等级越来越高，目的是为了进一步提升电能的传递效率。与此同时，管辖电网的调度机构需要按照电压等级和行政区域的划分，进行分级调度，分区管理。因此各个调度机构在管辖范围中，也有各自明确的分界点。

新入职员工对于调度管辖范围分界点不清楚，就会导致在调度工作中，不清楚自己的职责范围。应该下达调度指令的电网设备，有可能疏于管理。不该下达调度指令的电网设备，反而越权管理。有可能在调度业务联系时，发生重大的安全隐患。

因此调度人员需要站在自己调度的角度上，向上、向下、左右、里外都看看，找到与自己有关联的调度机构都有哪些，和它们之间的分界点在哪里，跟它们的配合关系是如何进行的？这些都是必须尽快提升的能力。

◎ 杜小小的“电话恐惧症”

杜小小已经在调度岗位上实习了半年多时间了，作为一名实习调度员，最害怕的就是接听调度电话了，总担心自己会听错对方说的话。每次都是战战兢兢的接听电话，生怕漏掉了任何一句重要的话。

这一天雷雨大作，有不少线路有跳闸，调度员正在忙碌的处理故障，电话源源不断地打进来。杜小小作为实习调度员，虽然不能接听下达调度指令，不过在繁忙的时候，可以帮一下小忙，接听一下不是那么重要的电话。

“这里是地调。”

“省调谭春，请问是哪一位?”

“地调，实习调度员杜小小。”

“请正值调度员接听电话，快。”

杜小小觉得省调调度员就是不一样，态度这么强硬，顿时头皮发麻，仿佛感觉自己做错事了一样，赶紧将电话交给了班长。

结果班长也在电话中像是小学生做错事向老师认错一样，一直在道歉。杜小小后来才知道，由于故障处理事项较多，调度员忘记了向省调申请一项工作，还好没有出什么纰漏。

从此开始，杜小小就感受到了在调度的世界里，上下级是绝对需要服从的，否则很多事情或许就会有很大的问题。

◎ 统一调度，分级管理

电网为什么要朝着大电网的方向不断发展呢？中国的电网为什么要逐渐联网起来呢？这是站在能源统一调配和电网安全运行的角度考虑的。电网越大，就可以实现能源在更大范围内的灵活调配。比如西部丰富的水资源可以将水电机组的发电输送给珠三角和长三角用户密集区域。另外电网越大，电网中的一个故障，相当于一个小的“扰动”，几乎不会给电网造成多大的影响。

不过电网越大，对于调度机构的管理来说就会越发困难。正是因为电网作为一个整体，需要统筹谋划，所以调度机构需要有一个中枢神经来统一调度。站在电网安全可靠运行的角度上，所有的电网操作、事故处理都必须听从调度的指挥，才能不会发生安全事故。假设有两个“领头羊”，各说各话，各自站在不同的角度来考虑问题，可能就不能很好地解决问题，反而还会造成更多的问题。就好比是作战打仗一样，如果有两个总司令，一个说我们要防守，以守为攻，另一个说我们要进攻，进攻是最好的防守。那么整个队伍就会崩溃，因为战士们不知道要听谁的指令。

正是因为电网规模变得更大了，所以单一一个调度机构是管理不了的，需要按照电压等级和行政区域来进行分级管理。也用作战来做比方，一个队伍除了有司令之外，还必须有军长、师长、旅长、团长、营长、连长和排长。每个级别的指挥官都必须服从上级的命令，并对下级发号施令。整个指挥机构就是一个金字塔结构，最上层级别最高，但是仅此一人，最下层级别最低，人数也是众多。

调度机构的设置正是符合金字塔结构，国家调度中心就是站在塔尖上，下级是网级调度中心，包括有东北、华北、华中、华东、西北5大电网公司。再下一级是省级调度中心，是指各省、自治区、直辖市电网公司。再下一级是地区调度中心，是指各省地级市电力局、电业局、供电局、供电公司。最下层是县级调度中心。

杜小小现在知道了自己所在的调度机构是这个金字塔的倒数第二层，地区调度中心。上一级是省调，下一级是县调。等级森严，必须要听从上级的调度指令，也必须要在县调树立自己调度的权威。那具体各级调度是如何来协作完成调度工作呢？杜小小还需要不断地深入了解。

二维四象限：省调、地调、县调、配调的关系

◎ 明确调度机构的“二维四象限”定位

杜小小梳理了自己所在调度班组，看看有哪些调度机构与自己所在的地调有联系。省调、县调、配调、其他地调。感觉很混乱，一点都不清晰。班长给杜小小画了一个二维四象限图，顿时让杜小小的思路清晰了起来。

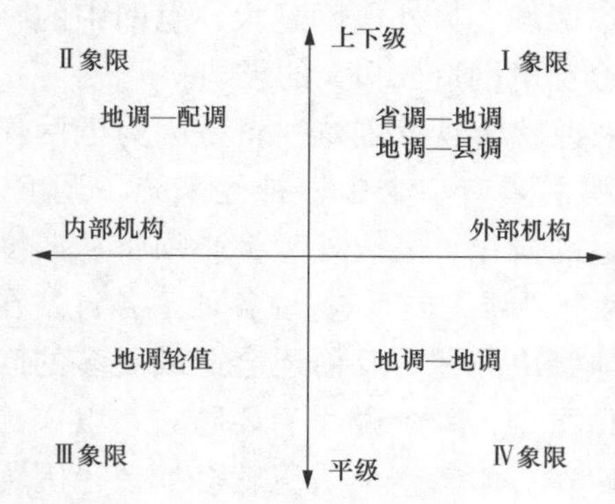

图6-1　调度机构的二维四象限图

二维四象限图本质上是一个定位的图形工具，如图6-1所示，二维四象限图首先确定了两个维度，分别是调度的级别关系和调度机构的隶属关系。调度的级别关系从两个维度来划分，一个是上下级关系，另一个是平级关系。调度机构的隶属关系也从两个维度来划分，一个是外部机构，一个是内部机构。外部机构是指公司外部的调度机构，内部机构是指公司内部的调度机构。因此两个维度各自两种划分方式，就可以构成四个象限。

第Ⅰ象限：上下级关系，外部机构。

第Ⅱ象限：上下级关系，内部机构。

第Ⅲ象限：平级关系，内部机构。

第Ⅳ象限：平级关系，外部机构。

第Ⅰ象限：上下级关系，外部机构。杜小小所在的地区调度，上级对应的是省调，下级对应的是县调。省调和县调都是属于外部机构。因此省调与地调，地调与县调之间的关系就属于第Ⅰ象限。

第Ⅱ象限：上下级关系，内部机构。杜小小所在调度机构中，除了有地调之外，还有一个配调，主要是负责 10kV 线路的调度工作，地调主要负责的是 35kV 及以上设备的调度工作，因此地调与配调的关系属于第Ⅱ象限。

第Ⅲ象限：平级关系，内部机构。调度是 24 小时工作制，每时每刻都需要有调度员对电网进行指挥、指导。因此地调是需要实行轮值制度。杜小小所在的地调按照四班二运转的方式上班。就是说地调划分成为四个班组，每天有两个班组进行轮值上班的方式。因此各个地调轮值班组之间的关系就属于第Ⅲ象限。

第Ⅳ象限：平级关系，外部机构。杜小小所在的地区调度只是 10 家地区调度机构中的一家，而与自己调度机构有业务往来的有 3 家地调。那么这些有业务往来的地调之间的关系就属于第Ⅳ象限。

明确了各级调度机构所处的位置后，杜小小继续探索着它们之间更加生层次的联系与职责划分。

◎ 省调是心目中的“老大”

杜小小所在的调度机构是地调，上级调度便是省调，而且也只有省调。平时工作中是不可能与国调和网调有业务联系的。一是因为自己的级别太低，没有可能与更高级别的调度有业务联系。二是在调度系统中也不可能发生越级调度的情况发生，必须按照逐级调度的方式进行业务联系。因此在杜小小的眼中省调就是“老大”，省调下达的调度指令就是最高级的指令。

明确省调与地调之间的调度关系，需要从调度管辖范围的分界点入手。省调与地调之间的调度管辖范围划分原则是根据本地实际情况来设置。

第一种情况：

某省调 A 的调度管辖范围是 220kV 的线路及 500kV 电压等级设备，而地调的调度管辖范围是 220kV 变电站设备，及 110kV 及以下电压等级设备，因此它们的调度管辖范围分界点是 220kV 变电站的 220kV 进线电源线路回路。如图 6-2 所示，按照此种调度管辖范围的划分原则，省调与地调的调度管辖分界点便是这

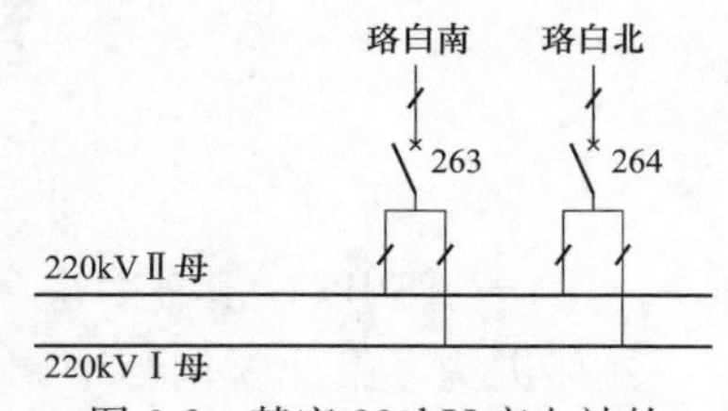

图 6-2　某座 220kV 变电站的调度管辖范围分界点

座 220kV 变电站的 220kV 珞白南 2636 隔离开关和 220kV 珞白北 2646 隔离开关。

省调的调度管辖范围是 220kV 珞白南线与 220kV 珞白北线路。

地调的调度管辖范围是 220kV 变电站所有设备。

省调与地调的调度管辖范围交接处是 220kV 变电站的 220kV 珞白南 263 回路和 220kV 珞白北 264 回路，省调的调度管辖范围也包括这两个回路。

第二种情况：

某省调 B 的调度管辖范围是所有的 220kV 及以上电压等级设备，而地调的调度管辖范围是所有 110kV 及以下电压等级设备，因此省调 B 与地调之间的调度管辖范围分界点是 220kV 变电站的主变压器中压侧和低压侧总路回路。如图 6-3所示，按照此种调度管辖范围的划分原则，省调与地调的调度管辖分界点便是这座 220kV 变电站的 1 号主变压器总路 1016 隔离开关、901 手车开关，2 号主变压器总路 1026 隔离开关、902 手车开关。

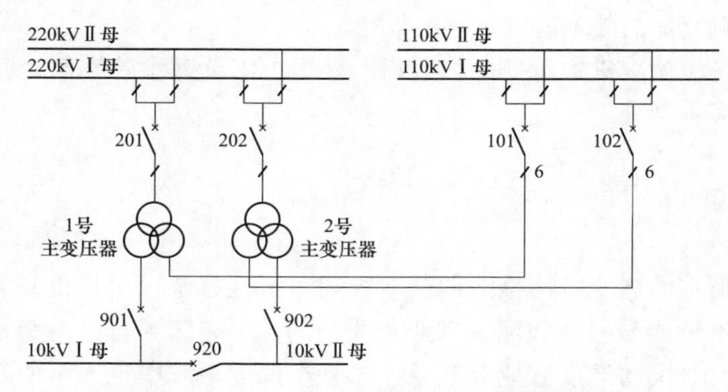

图 6-3　某座 220kV 变电站的调度管辖范围分界点

省调的调度管辖范围是 220kV 电压等级所有设备，即包括此 220kV 变电站的双回进线电源线路，220kV Ⅰ母，220kV Ⅱ母，1 号主变压器、2 号主变压器设备。

地调的调度管辖范围是 110kV Ⅰ母、110kV Ⅱ母、10kV Ⅰ母、10kV Ⅱ母设备及其各个出线回路。

省调与地调的调度管辖范围交接处是 1 号主变压器总路 101、901 回路，2 号主变压器总路 102、902 回路，省调的调度管辖范围也包括这四个回路。

比较上述省调 A 与省调 B，可以看出省调 A 的调度管辖范围比省调 B 的小，省调 B 还管辖了 220kV 变电站的 220kV 两段母线设备和两台主变压器设备，而省调 A 对于这部分的设备是不纳入调度管辖范围的。

◎ 省调作为“运行方式管理”的设备范围

上述讲解的调度管辖范围是指下达调度指令的设备范围，比如省调 A 对于 220kV 线路有调度指令的下达权。

还有一些设备虽然属于地调的管辖范围，但是省调仍然会想要知道这些设备的状态变化，因此省调会对这些设备进行“运行方式管理”。也就是说，省调虽然不直接对这些设备下达调度指令，但是省调仍然需要知道它们的运行状态的改变，会不会对省调管辖范围内的设备有影响。

例如省调 B 的管辖范围包括了 220kV 变电站的主变压器设备及各侧总路回路设备。220kV 变电站的 110kV 旁路母线需要停电检修，110kV 旁路母线的电压等级是 110kV，原则上属于地调管辖范围。但是 110kV 旁路母线停电检修，其 110kV 旁路开关回路处于检修状态，220kV 变电站的主变压器 110kV 总路，就无法由旁路带路运行。出于电网安全运行角度的考虑，省调是需要知道 110kV 旁路运行状态的变化，因此省调便会将 110kV 旁路纳入“运行方式管理”的管辖范围中。

此外 10kV 电容器设备，其电压等级是 10kV，原则上也属于地调管辖范围。但是 10kV 电容器设备停电检修，势必会影响到无功功率的输出，以及母线电压的调整，因此省调也需要知道它们状态的变化。如果在高峰负荷时期，有大量电容器设备停电检修，省调会站在大局上进行停电计划的调整，以便满足电网无功负荷的需求。

低频减载装置大多数安装在 110kV 变电站和 35kV 变电站，原则上也属于地调管辖范围。但是低频减载装置停电检修，将会影响到在系统低频振荡过程中，联切出线负荷的数量，有可能发生达不到规定负荷量的要求。因此省调也需要知道低频减载装置的变化状态，整体上调整各个地调在此类工作中，不至于集中在同一时间进行。

还有一些 110kV 线路工作，涉及通道的开断，影响到省调的通信、自动化、保护业务，这类工作也需要纳入省调的“运行方式管理”的管辖范围中。

所以说，原则上只要是影响到省调管辖范围设备的状态变化，都需要报备省调知晓。可以将这些“运行方式管理”的设备划分为两个类别，分别是一次设备和二次设备。针对省调 B 来说，运行方式管理的设备包括但不限于以下设备。

一次设备包括：

(1) 220kV 变电站的 110kV 母线设备，10kV 母线设备。

(2) 220kV 变电站的 110kV 旁路母线设备，10kV 旁路母线设备。

(3) 10kV 电容器设备。

二次设备包括：

(1) 220kV 变电站的 110kV 母线差动失灵保护。

(2) 低频减载装置。

(3) 影响到省调调度业务的通信、自动化、保护等工作。

◎ 县调是地调的下级调度机构

一般来说，县调管辖的电网大多数属于农网片区，线路供电半径大，负荷分布不集中。因此县调管辖的电网中，有一个明显的特点，35kV 变电站数量较多。当然随着负荷的不断发展，110kV 变电站的数量也在不断增加中。由于供电的地理面积大，负荷分布不均匀，就会出现电网结构不坚强，重过载设备突出等特点。

杜小小所在的地区调度，下属有一个县调，县调的管辖范围主要是 10kV 出线负荷。不过要弄清楚地调与县调的调度关系，必须先明确地调与县调的调度管辖范围的分界点。分界点的划分原则也会根据实际情况，具体问题，具体分析。主要有三种划分的方式。

第一种：县调管辖区域内变电站的进线电源线路回路。

第二种：县调管辖区域内变电站的主变压器高压侧总路。

第三种：县调管辖区域内变电站的主变压器 10kV 总路。

如图 6-4 所示，此 35kV 变电站属于县调管辖的区域范围中，35kV 变电站内所有设备的运行操作都属于县调所在电力公司负责，但是县调的调度管辖范围并非与变电站的运维范围一致，与上级调度机构地调会有一个调度管辖范围的分界点。

按照第一种划分方式，则 35kV 寺惠东 311 手车、寺惠西 323 手车为分界点。

按照第二种划分方式，则 1 号主变压器 301 总路和 2 号主变压器 302 总路为分界点。

按照第三种划分方式，则 1 号主变压器 901 总路和 2 号主变压器 902 总路为分界点。

从图 6-4 可以看到，第一种划分方式下，地调管辖的范围最小，只需要调度管辖 35kV 寺惠东、寺惠西线路即可。第三种划分方式下，地调管辖的范围最大，需要调度管辖主变压器低压总路以上的所有设备。第二种划分方式介于第一种和第二种划分方式之间。

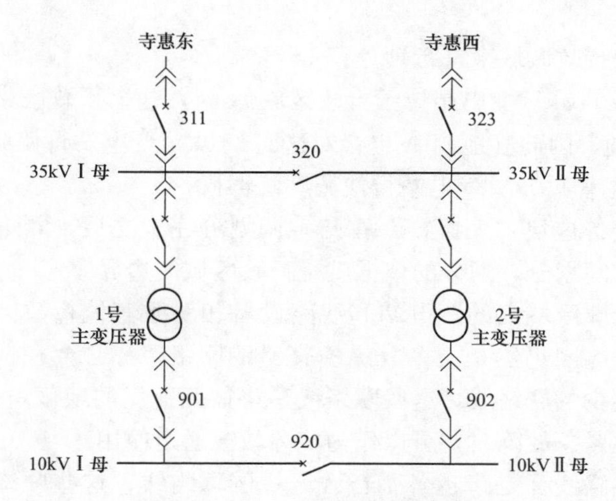

图 6-4 某 35kV 变电站的调度管辖范围分界点

目前杜小小所在地调，与下属县调的调度管辖分界点划分方式属于第三种，地调管辖了大部分的设备，而县调只需要负责 10kV 母线及其出线回路即可。

从省调、地调、县调的调度管辖范围划分来看，划分的方式实质上是一个博弈的过程。电网设备从 10kV 电压等级一直到 220kV 电压等级，甚至更高，设备范围是固定的，就好比是一块“大蛋糕”，三级调度需要在这一块“蛋糕”中划分自己的势力范围。省调划分的多一些，地调就会相应少一些。地调划分的多一些，县调就会相应的少一些。

总体上来说，省调、地调、县调是属于上下级关系，因此在划分“势力范围”时，主要是以电压等级为主要依据来进行划分彼此调度管辖的分界点。接下来我们要来看看平级关系，地调与地调之间又是根据什么来划分“势力范围”呢？

◎ 地调与地调之间的“藕断丝连”

电力调度机构符合金字塔结构，省调位于金字塔的中间位置，下一层就是地调。因此在本省范围内，省调只可能是一个，那么对应的地调数量一定是多于一个，在本省范围内有多个地调。那么地调与地调之间又是如何划分调度管辖范围的呢？

主要是通过各自的行政区域板块来进行划分。首先需要说明的是，地调都是各个供电分公司的调度机构，因此地调管辖范围主要是以供电分公司的资产管辖范围为主，供电分公司一般来说都是以各自的行政区域来划分。比如杜小小所在的供电分公司管辖的范围便是两个行政区域板块，在这两个行政区域内的 110kV 和 35kV 变电站都归属于自己的管辖范围，因此地调与地调的调度管辖范围也会根据行政区域来进行划分。

例如，一座110kV变电站位于行政区域A内，这个行政区域属于供电分公司A的管辖范围，因此其地调A也会对这座110kV变电站行使调度管辖权。而地调B不会对这座110kV变电站行使调度管辖权。

因此电网设备这块“大蛋糕”在与省调划分完毕之后，剩下的“蛋糕”需要在各个地调之间划分，划分的依据就是行政区域的边界。

虽然各个行政区域内的变电站和线路设备相对于其他行政区域的电网设备比较独立，但是电网仍然是一个有纵横交错的网络，势必会在地区电网与地区电网之间存在不少的联络线。这些联络线是将彼此孤立的地区电网连接在一起，当地区电网发生紧急故障时，可以作为应急救援通道使用。

但是这些联络线都是跨越各个行政区域的联络线，这些联络线的调度管辖范围又如何来确认呢？还是根据行政区域的分界线来进行调度管辖范围的划分吗？联络线属于行政区域A的，就由供电分公司A所在的地调A调度管辖，联络线属于行政区域B的，就由供电分公司B所在的地调B调度管辖，听上去好像挺符合逻辑的。

但是这里忽略了一个问题，调度管辖范围的分界点必须要有明显的断开点，而各供电公司间的联络线一般来说，都是110kV电压等级输电线路，在线路两端会有隔离开关作为断开点，但是在行政区域的分界线上，可是没有分界点存在。

所以针对各个供电分公司之间的联络线就不能简单地根据行政区域来进行划分，一定是会以线路两端任一一个的隔离开关作为调度管辖范围的分界点。一条线路两端，会有两个断开点，确定哪个断开点作为调度管辖的分界点呢？原则上，这条联络线的主供电源变电站，位于供电分公司A，就由地调A来负责调度管辖这整条联络线。

如图6-5所示，一条河流将地理板块划分为两个行政区域，分别是行政区域A和行政区域B。供电公司A管辖行政区域A范围内的设备，供电公司B管辖行政区域B范围内的设备。110kV星柏线就被划分为两段线路，一段是在行政区域A内的线路，另一段在行政区域B内的线路。供电公司A负责在行政区域A内线路的运维管理，供电公司B负责在行政区域B内线路的运维管理。

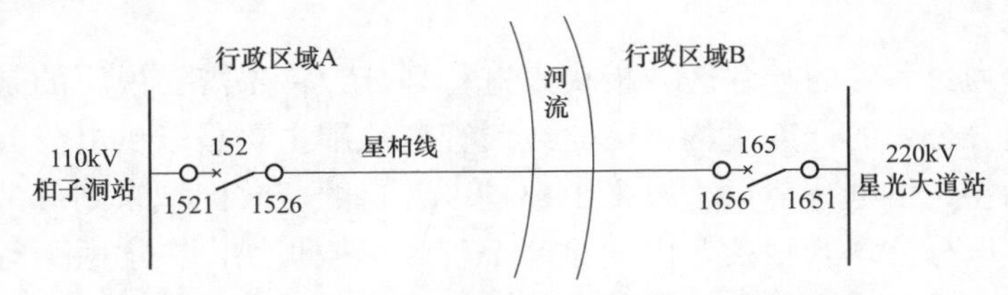

图6-5　某条110kV联络线的调度管辖范围分界点

但是对于 110kV 星柏线的调度管辖范围并不是运维管理的范围，这条联络线的主供电源变电站是 220kV 星光大道站，位于行政区域 B，是供电公司 B 调度管辖范围。因此这条 110kV 星柏线就是由地调 B 来负责调度管辖，地调 A 有任何工作安排都需要汇报至地调 B。此外这条联络线的相关检修停电工作，需要由地调 B 汇总后，统一上报至省调，省调对这条联络线做“运行方式管理”。

◎ 地调与配调是公司内部的上下级调度

说完了公司外部的调度机构之后，我们来再看看在公司内部，调度机构又是如何运转的。

首先从上下级角度来看，在公司内部，调度机构又划分为地调与配调。地调主要负责 35kV 及以上电网设备的调度管辖，配调主要是负责 10kV 电网设备的调度管辖。在调度管辖范围的分界点上还有细微的差别，主要有两种划分方式。

第一种划分方式的分界点：变电站 10kV 出线回路上桩头。

第二种划分方式的分界点：变电站 10kV 出线回路下桩头。

这两种划分方式的区别在于，第一种划分方式下，配调的调度管辖范围包括 10kV 出线回路，以及 10kV 线路。第二种划分方式下，配调的调度管辖范围不包括 10kV 出线回路，仅仅只是 10kV 线路。

如图 6-6 所示，按照第一种划分方式，配调的调度管辖范围包括有 10kV 惠忠 912 手车回路、10kV 惠永 913 手车回路、10kV 惠忠线、10kV 惠永线。按照第二种划分方式，配调的调度管辖范围仅仅只是 10kV 惠忠线、10kV 惠永线。

这两种调度划分方式各有利弊。第一种划分方式下，配调的调度管辖范围包括了一条完整的 10kV 线路，也包括了这条线路在变电站的断路器回路。配调可以完全自行调度整条 10kV 线路，如将 10kV 线路由运行转检修，配调可以直接向变电站值班人员下令进行停电操作。

第二种划分方式下，配调的调度管辖范围仅仅只是 10kV 线路，并不包括变电站内断路器回路。配调需要将 10kV 线路由运行转检修时，需要向上级调度——地调申请，再由地调向变电站值班人员下达调度指令，进行停电操作。过程会比上一种复杂一点，但是好处就是变电站值班人员只面对地调调度员，与配调调度员没有调度联系。在调度体系中，结构会比较简单明了。而第一种划分方式下，变电站值班人员即会与地调调度员有调度联系，也会与配调调度员有调度联系，调度结构会稍微复杂一点。

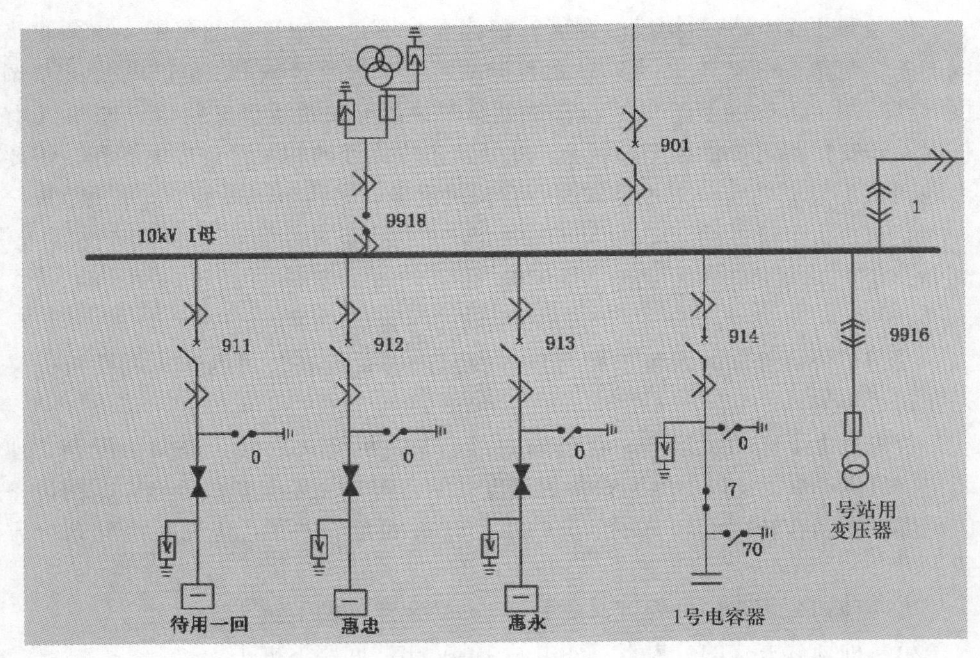

图 6-6　地调与配调的调度管辖范围分界点

◎ 地调轮值 24 小时不间断工作制

在公司内部，地调与配调是上下级调度关系，地调各个班组是平级调度关系。由于电网需要 24h 不间断运行，调度机构也必须有 24h 不间断值班。因此地调会设置各个不同的班组进行轮值，一般采取的轮值方式有“五班三运转”“四班二运转”等。

“五班三运转”是指地调将调度人员划分为五个班组，每天会有三个班组进行轮换值班。平均每个班组轮值的时间为 8h。“四班二运转”是指地调将调度人员划分为四个班组，每天会有两个班组进行轮换值班，平均每个班组轮值的时间为 12h。

杜小小所在的地调是实行的“四班二运转”，每次轮值 12h，就可以休息一天半的时间。遇到事情特别多的时候，整个神经都处于紧张状态。

当然对于省调、配调、县调都是 24h 工作制，也都会有轮换值班的工作制度。只是轮值的方式可能会不太一样。对于省调，工作压力大，电网安全责任也大。一般采用的是“五班三运转”，每个班组每次上班的时间在 8h，可以保证值班调度员的精力高度集中。而对于县调，工作压力不大，管辖电网设备也不多。一般采用的是“三班一运转”，也就是上一整天 24h，休息两天的轮值方式。

以上的四个象限的调度关系就讲述完毕了。从上下级调度关系来看，有省调—地调、地调—县调、地调—配调的调度关系。从平级调度关系来看，有地调与其他公司地调之间的调度关系，还有地调本公司内部各个班组之间的值班制度。

上述的省调、地调、配调、县调管辖的电压等级都是10kV及以上设备，不过电网设备还有380伏和220伏的低压设备，它们又是谁在负责调度管辖呢？

仍然有两种管辖设备的方式。第一种是由配调统一调度管辖。第二种是下放至配电运检室统一调度管辖。如果采取的是第一种方式，那么配调的工作量就成指数级增加，势必需要配置更多的调度人员。如果采取第二种方式，会释放配调的工作压力，同时可以使得低压设备的调度权限更加与实际运维人员接近，工作联系会更加紧密。

调度管辖范围本质上是各个机构和公司对于电网设备的调度职责划分，划分的依据是电压等级和行政区域。各省市的调度管辖范围会有些许的差别，这跟电网的设备规模、调度机构的工作习惯都有密切的关系。不管如何来划分这一块“大蛋糕”，划分的基本原则都是一样的。

第一，上级调度管辖电压等级高的设备，下级调度管辖电压等级低的设备。

第二，平级调度机构之间，一般按照行政区域来划分管辖范围。

第三，调度机构之间有明确的调度管辖范围的分界点，不会模棱两可。

如何找到自己调度机构的“楚河汉界”

◎ 首先梳理与其他调度机构的关联

杜小小学习了省调、地调、配调、县调的调度管辖范围划分原则和调度管辖设备的分界点，对于调度机构这个指挥中心又有了进一步的认识和掌握，也明白了调度管辖范围是一名调度人员必须掌握的基本技能和知识要点。对于资产归属范围和调度管辖范围有一定的区别，需要将两者的差异点梳理出来，才能够更好地掌握自己应该对哪些设备进行调度管辖，哪些设备不属于自己的管辖范围。

杜小小按照有调度联系的四种调度机构，分别是省调—地调、地调—地调、地调—县调、地调—配调，找出与自己所在地调有业务往来的各个调度机构。上级调度—省调，只此一家，是A省调。与自己有业务往来的地调有两家，分别是C地调和D地调。下级调度—县调，有一家，E县调。公司内部的配调，当然也只有一家。各调度机构之间的调度关系见表6-1。

表 6-1　　各调度机构之间的调度关系

序号	调度机构	名称	分界点划分原则
1	省调—地调	A 省调—B 地调	220kV 变电站主变压器总路回路
2	地调—地调	B 地调—C 地调	负荷端变电站的进线回路
3		B 地调—D 地调	
4	地调—县调	B 地调—E 县调	变电站主变压器低压总路回路
5	地调—配调	B 地调—B 配调	变电站 10kV 回路下桩头

依次梳理各个调度机构之间分界点的规律。与 A 省调之间的调度管辖范围分界点是 220kV 变电站主变压器总路回路，也就是说，A 省调管辖所有 220kV 变电站的主变压器设备。B 地调只管辖 110kV 及以下电网设备。

与 C 地调和 D 地调之间的分界点划分原则是一致的，分界点都是负荷端变电站的进线回路，也就是电源端所在地调会管辖整条 110kV 的联络线路。

与 E 县调之间的分界点划分原则是变电站主变压器低压总路回路。地调的管辖范围包括了县调所在公司所有变电站的主变压器设备，县调只负责管辖 10kV 母线及其 10kV 出线电网设备。

与 B 配调之间的分界点划分原则是变电站 10kV 回路下桩头。配调的管辖范围只是 10kV 线路，并不包括 10kV 线路在变电站的开关回路。地调的管辖范围是所有的变电站设备。

◎ 然后梳理调度管辖设备的分界点

杜小小梳理出来有 8 座 220kV 变电站位于公司行政区域范围内，因此与 A 省调之间的调度分界点就分布在这 8 座 220kV 变电站之中。分界点的设备是每座 220kV 变电站的主变压器，分界点是每台主变压器的中压侧开关回路和低压侧开关回路。

地调与县调、地调与配调都属于上下级调度关系，因此都可以按照表 6-2 的格式来梳理出各个调度机构之间的分界点设备和分界点。

表 6-2　　省调与地调之间的调度分界点列表

序号	名称	所在厂站	分界点设备	分界点
1	A 省调—B 地调	星光大道站	1 号主变压器	101、901
2			2 号主变压器	102、902
3		老龙洞	1 号主变压器	101、901
4			2 号主变压器	102、902
5		…		

地调与地调是平级的调度关系，因此地调之间的调度管辖范围分界点都是在 110kV 联络线上，或者是 35kV 联络线上。

杜小小梳理出来自己所在地调与两个兄弟单位的地调有调度业务联系，分别是 C 地调和 D 地调。与 C 地调的联络线是 110kV 星柏线，因为主供电源变电站属于 C 地调的管辖范围内，主调机构是 C 地调，联络线上的一切调度业务都是由 C 地调主导。与 D 地调的联络线是 35kV 迎纳线，因为主供电源变电站属于 B 地调的管辖范围内，因此对于这条联络线的主调机构便是 B 地调（见表 6-3）。

表 6-3　　地调与地调之间的调度分界点列表

序号	名称	电压等级	联络线	主调	调度分界点
1	B 地调—C 地调	110	星柏线	C 地调	柏子洞站星柏 623
2	B 地调—D 地调	35	迎纳线	B 地调	纳通站迎纳 322
3	…				

◎ 最后绘制调度管辖设备的“版图”

杜小小梳理完毕所有调度机构的分界点之后，就可以按照各个分界点来绘制整个电网的版图了。省调与地调、地调与县调、地调与配调的调度管辖方式是按照电压等级进行的划分，因此可以使用电压等级一次接线图来进行绘制，如图 6-7 所示。地调与地调的调度管辖方式是按照行政区域来进行划分，因此可以将联络线绘制在地理接线图上，做到一目了然。

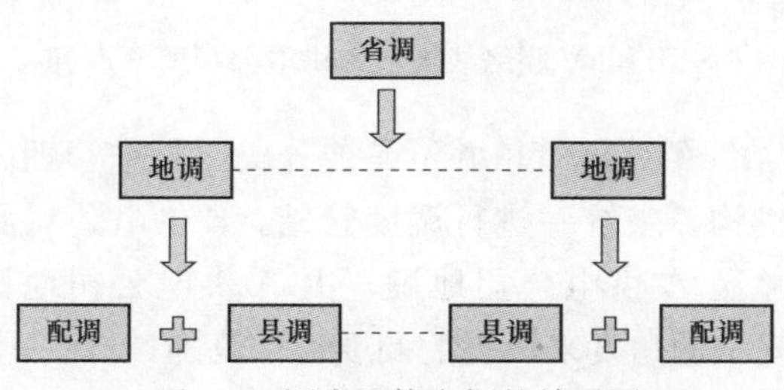

图 6-7　调度机构之间的关系图

最后做个小结，省调下属有若干个地调，地调与地调之间有可能通过联络线进行电网的链接，主供电源所在的地调对此联络线进行主调管理。地调下属的调度机构分为两个部分，一个是外部机构，也就是其他供电公司的下属调度机构，县调。另一个是内部机构，也就是自己供电公司的下属调度机构，配调。配调与县调都是负责 10kV 电网设备的调度管辖范围，区别仅仅只是内外部机构的属性不同。另外每个等级下的调度机构都实行 24 小时值班制度，因此各个班组会进行轮值，工作强度大的调度机构会选择“五班三运转”，工作强度小的会选择“三班一运转”。

◎ 局间联络线为什么省调要“插一脚”？

杜小小在工作中遇到了一个问题。地调与地调之间的联络线一般都是110kV线路或者35kV线路，都是由主供线路一方的地调作为主调机构，对这条110kV线路或者35kV线路进行调度管辖。但是对于其中110kV线路，上级调度机构省调需要做“运行方式管理”，为什么省调要“插一脚”呢？

首先需要再强调一下，110kV联络线一定是跨越了多个行政区域，被各个供电公司所共有其资产所属线路段。如图6-8所示，110kV星柏线被三个行政区域所分割，110kV星柏线也被三个供电公司的资产所拥有。110kV星柏线的A段线路的资产属于A供电公司，110kV星柏线的B段线路的资产属于B供电公司，110kV星柏线的C段线路的资产属于C供电公司。

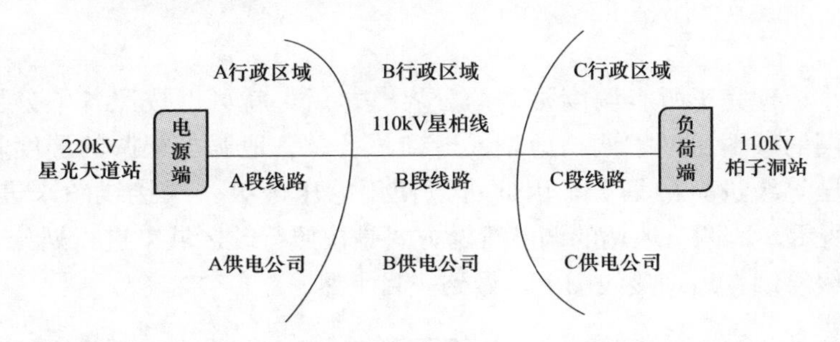

图6-8　110kV联络线被三个供电公司所资产拥有

但是110kV星柏线的调度管辖并不是被分成三段来管理。而是由A供电公司的地调作为主调机构，来统一进行调度管辖。B供电公司和C供电公司的地调都需要将工作汇总至A供电公司地调，由A供电公司地调统一发布调度指令。这也是从电网安全的角度来设置的调度管辖范围，“统一调度”在这里体现得淋漓尽致。

为什么省调会来对110kV联络线“插一脚”呢？

针对上述的110kV联络线，涉及三个地调。作为地调的上一级调度省调，是需要作为“统一调度”的调度机构角色，来负责这条110kV联络线的调度管理。

但是省调基于工作量的考虑，会将此110kV联络线的调度权委托给线路电源侧变电站所属供电公司地调进行管理，也就是图6-8中的A供电公司的地调。

省调只需要对这条 110kV 联络线做“运行方式管理”即可。这条 110kV 联络线的运行方式状态的变化也不需要三个地调都来给省调说，而只需要由 A 供电公司的地调来汇报即可。

因此汇报工作的流程是，B 供电公司地调或者 C 供电公司地调将工作统一汇报至 A 供电公司地调，再由 A 供电公司地调将工作统一汇报至省调。下达指令的流程正好相反，由省调下达调度指令至 A 供电公司地调，再由 A 供电公司地调下达调度指令至 B 供电公司地调和 C 供电公司地调。

第七章

职能部门：规划、基建、技改、运维的“一条龙服务”

电网的建设和运行不是仅仅依靠调度就可以掌控全部。如果用一个人来形容电网机构，那调度就是这个人的“大脑”。除了大脑以外，还需要身体的配合，才能将整个人充分调动起来。本章讲述了除调度机构之外的其他职能部门，规划部门是电网的“绘画师”，将电网的建设先在画布上进行规划和布局。建设部门是电网的“建造师”，将规划好的电网布局落实成为现实。运检部门是电网的“升级师”，对于电网的薄弱点进行技改和修补。运行单位是电网的“操作师”，负责对电网设备进行运行方式的调整和变换。

大型国有企业职能部门的细致分工

◎ 一叶障目的僵化思维

新进职员在工作的前三年，遇到的最大挑战便是只看到了自己范围内的“小圈子”，而对于整个流程线上的其他部门并不十分清楚。这样在工作中，就会出现“一叶障目”的僵化思维方式。调度机构平时接触最多的便是上下级调度，以及平级调度机构。另外便是运维操作人员。这些职能部门有一个共同的特点，便是与自己只有一层直接的关系。而那些与自己没有直接关系的部门，就了解不多，认识不深。

而站在一个产品的角度来看，“电网”这个产品呈现在调度人员面前的时候，它其实已经是一个完整的成品了。那么它的半成品是怎样的，它又是如何构思出来的，它又是如何进行修复完善的。作为一名合格称职的调度人员也是需要了解和掌握，才能更好地对电网进行调度，并应用自己的能力发现“电网”的薄弱点和可以改进之处。

◎ 杜小小的疑惑，变电站要多久才能从无到有

杜小小来到调控中心一年多时间，对电网已经非常熟悉了，也看到了电网在这一年多时间的改变。新投运了 110kV 变电站两座，35kV 变电站一座。电网的结构也在不断地变化中，有的是朝着更好的结构在变化，有的是处于临时过渡阶段，会给电网造成临时的薄弱点。杜小小作为新人员，参加了一次 110kV 变电站的新设备启动投运，看着自己的前辈们在现场进行调度，将一座 110kV 变电站投入运行成功。但是杜小小却有一个疑问，一座 110kV 变电站从无到有的过程中，都会经历些什么？

正好变电站投运现场，规划部的张老师也在，杜小小已经和张老师很熟悉了，借此机会，便向张老师打听打听。张老师闲来无事，便开始了自己的“小讲堂”。

一座 110kV 变电站首先需要进行规划，也就是“纸上谈兵”。规划部门就是主要负责这件事情，会进行必要性论证和可行性论证等。通过审核批准后，规划部门就会将规划好的项目移交给建设部门。建设部门就会开始进行施工设计，并对施工单位进行管理，指导和辅助施工单位将规划好的电网设备建设完毕。

建设完毕后，就需要投入运行，此时调度机构就会介入。启动投运的这一天，就是调度对运行单位进行调度指令下达。将新建的电网设备带电，并启动运行正常。此时电网设备就正式纳入到了运行单位的运维范围，调度机构也会将电网设备纳入自己的调度管辖范围。

电网设备运行过程中，会有缺陷或者薄弱点需要改进和完善。此时运检部门就会对电网设备进行技改项目的实施，目的是让电网设备更加的坚强可靠，更加的稳定安全运行。电网运行部门主要的任务是对电网设备进行日常的维护和倒闸操作。

整个一条龙，一座 110kV 变电站从无到有，最短时间会 2～3 年，最长时间有可能 3～5 年。电网设备投资额度大，建设周期长，从最开始就会进行严格的论证。到之后的建设，然后到投入运行，到运行维护，这整个过程都需要各个职能部门的通力合作，最终将发电能源通过电网设备安全稳定地传递给电力用户。

杜小小听完后，已经在大脑中逐渐形成了一条完整的产业链。也对电网有了更加深刻的认识。不过自己仍然需要再继续学习和深入了解。

◎ 大型国有企业的细致分工

国家电网公司占据了中国的大半壁江山，从上到下，各个级别的公司数量

繁多，机构也非常结构化和专业化。作为资产密集型企业，电网公司的主要核心资产就在于电网设备本身。而相应的机构设置，也是依照于电网设备的生产过程来分别进行设置。从规划、建设、运行、维护、检修、营销部门，就是从生产到销售的全过程。

作为供电公司的一名员工会成为这个庞大机构的一颗“螺丝钉”，这有助于自己的专业化修炼，但是对于公司的整体构架就了解得不够深入，这也是大企业的一个通病。作为一名调度人员，很重要的一个能力便是大局着眼，小处慎思。如果能够了解全局的各个职能部门的作用以及与调度的关系，会更加有利于自己在调度工作上的能力发挥。毕竟我们并不是为了调度而调度，而是为了电网的安全可靠运行和电网的坚强稳定而调度。

虽然我们不可能，也没有必要完全了解其他职能部门的工作职责范围和工作流程方法。但是我们如果可以多掌握一些与调度相关联的部分内容，就可以更好地进行调度工作，发挥调度应有的监督和指挥的能力。

规划、建设、运检、营销部门一条龙服务

◎ 规划部门，一切从规划开始

随着电力客户的不断增加，电网规模会变得越来越大。规划部门重要的职能之一便是规划未来几年的电网发展战略。比如，政府新开发了一个工业园区，预计在未来三年会有大量工业用户入住，会产生大量的用电负荷。规划部门需要开展验证，是否需要新建一座 110kV 变电站。如果需要新建，那么这座变电站的电源从哪里来。如果上级变电站的出线间隔不够用，是否需要使用临时过渡方案。采用临时过渡方案，是否会影响到现有运行设备的安全可靠运行。这些都是规划部门需要提前考虑的各种情况。

虽然规划部门并不参与实际电网设备的建设，但是对于前期的战略部署，却是有着相当大的权利和责任。一旦电网规划不合理，就会引起更多的连锁反应，让电网结构更加的松散和薄弱。如果电网规划的合理，就会产生四两拨千斤的效果。因此规划部门是“作战总指挥部”，专门用来制定作战方针和策略。当然在这个过程中，需要各个其他部门给予充分的配合和协助。

调度部门与规划部门就有非常紧密的联系。如果按照时间的维度来划分，调度部门是当下的指挥官，规划部门就是未来的指挥官。调度部门是指挥和协调当下实际电网设备的运行和故障处置。而规划部门是指挥和协调未来电网的

迭代和完善。

调度部门在实际指挥过程中，一定会对电网的好坏有一个更加具体和近距离的认识和掌握。调度部门可以将电网风险薄弱点反馈给规划部门，规划部门依据这些薄弱环节，再进行下一步电网的再规划，不断完善电网接线结构。当规划部门能够提前对电网进行合理的布局和规划，那么电网就会更加坚强，更加灵活，调度部门在调度电网的过程中，也会感到更加得心应手。所以调度部门和规划部门就像是两条双螺旋一样，相互促进，相互扶持，其目标就是建设更加完善的电网结构。

调度部门一般都会向规划部门提供哪些关键的信息和数据呢？主要有以下两点。

第一，设备的重过载情况。

电网的负荷情况影响因素很多，每年迎峰度夏之后都会有一些重过载的电网设备凸显，它们可能跟之前的预测会有一些出入，调度部门需要及时将这些重过载设备情况反馈至规划部门。规划部门需要在下一年度迎峰度夏高峰时期来临之前，找到可行性的解决方案。比如，将变电站的出线负荷切改至其他变电站供电，或者新建另一座变电站。

第二，电网的薄弱接线结构。

电网在建设过程中，由于发展不匹配，会有很多临时过渡阶段，引发电网薄弱的接线结构。调度需要不断地给规划部门进行反馈，在未来可能的时候，进行整改和完善。比如，串接式的电网结构、假双回的电网接线结构、单元件的接线结构。

规划部门需要结合调度部门的反馈信息，与其他的诸多信息，比如居住人口、经济发展、工业用户、气候变化等，统筹平衡电网的规划建设项目。

在电网的发展过程中，规划部门面临一个非常现实的问题，如何在满足负荷增加需求与电网结构坚强度之间找到平衡点。

最为理想的状态是，随着电力负荷的增长，电网规划提前一小步，领先于负荷增长需求。但是现实往往是，电力负荷由于某些原因，突然增长了许多，但是电网设备却没有跟上步伐。于是加紧建设变电站，以缓解电力用户用电的需求压力。

但是，在规划过程中，电压等级越高的变电站和线路，规划的时间越长，建设的周期也越长。会出现 110kV 变电站已经新建好，但是上级 220kV 变电站却迟迟没有更多的布点和新投运项目。导致的结果便是，新投运的 110kV 变电站接入已投运的 110kV 变电站母线上，形成串接式电网接线结构。或者新投运的 110kV 变电站开断一回已投运的线路，形成假双回接线结构。

由于满足电力用户的用电需求在先，所以会导致电网的结构会在此时暂时处于不稳定状态，电网出现薄弱环节。根本解决的措施，便是尽快投入运行220kV变电站，将110kV变电站的接线布局更加合理化。

◎ 建设部门，不断扩张电网规模

如果说规划部门是“画家”，那么建设部门就是“建造师”，它们负责将纸上的规划图变成现实。建设部门主要负责两个电网设备的建设，一个是变电站的建设，另一个是线路的建设。

建设部门在建设电网设备的过程中，一般来说，都不会与调度部门发生业务联系。因为调度主要是负责“运行中的电网设备”的调度管理。如果在建设电网设备时，有临近或者跨越带电设备，才需要向调度申请停电，以便安全开展建设工作。一般情况下，电网设备在建设过程中，都会尽量避开带电设备。万一，建设工作时临近带电设备，也会尽量缩短工期，对运行中电网不至于造成太大影响。

新建线路需要接入运行电网中，有两种不同的接入方式，一种是接入待用回路的方式，另一种是接入运行线路的方式。

大多数情况下，新建线路都是采用的第一种方式，接入运行电网中的待用回路。如图7-1所示，新建110kV星柏线和110kV柏子洞变电站。上级电源是220kV星光大道变电站，此时110kV星柏线是从220kV星光大道变电站的110kV待用回路165接入。因为变电站110kV待用回路中有隔离开关，具有明显断开点，所以在新接入110kV星柏线时，并不会影响到220kV星光大道变电站的正常运行。

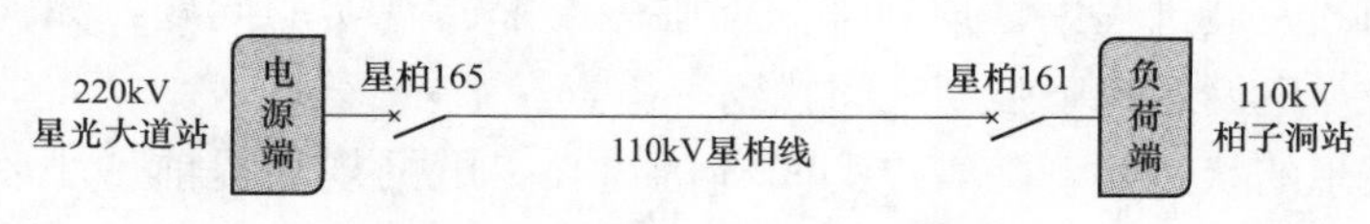

图7-1　新投运110kV星柏线

另一种方式下，新建的110kV线路会接入运行线路中，会影响到电网设备的正常运行。如图7-2所示，新建110kV小关变电站。由于220kV星光大道变电站已无110kV待用回路间隔，需要从已运行的110kV星柏线上“T接”新建线路110kV柏小线为110kV小关变电站供电。

此时，由于110kV星柏线的输电线路上没有隔离开关等明显断开点，因此在接入110kV柏小线时，需要将110kV星柏线停电，会影响到110kV柏子洞变电站的正常供电运行。若110kV星柏线为110kV柏子洞变电站的唯一进线电源线路，则 110kV 柏子洞变电站将会全站停电。若 110kV 星柏线为 110kV 柏子洞变电站的两回进线电源线路之一，则 110kV 柏子洞变电站将会单线运行，存在电网风险隐患。

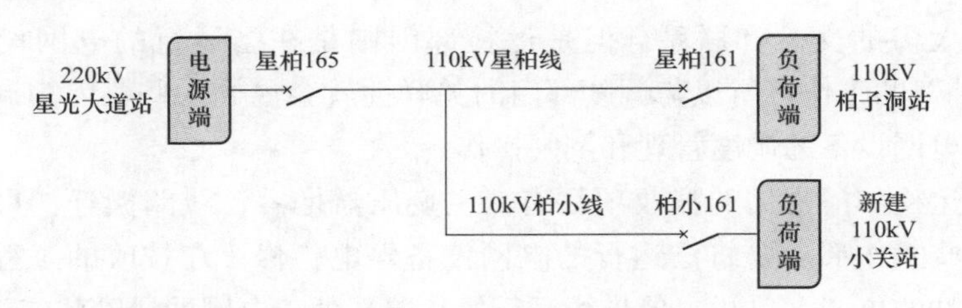

图 7-2　新投运 110kV 柏小线

原则上，尽量避免将新建线路接入已经运行的线路上，这样会造成电网的薄弱。如果是临时过渡方案，也需要建设部门尽快将正式接入方案提上日程。

建设部门新建线路和变电站，在正式投运之前，还需要经过验收环节。保护、自动化、通信的联调，新建线路的实际参数测试，这些工作均会影响到正常运行的电网设备。因此在投运前，需要向调度申请此类工作。

启动投运新建线路和变电站的当天，是一个大日子。这一天调度部门会派出调度人员在新投运变电站所在地，进行现场调度。从新建的进线电源线路开始投运，然后是新建变电站的高压侧母线，接着是主变压器，然后是变电站的低压侧母线，最后是变电站的电容器组以及站用变压器。

新建线路与变电站投入运行正常后，建设部门的绝大部分任务就算是完成了。

由于建设部门会负责管理若干个建设项目，其中有一部分建设项目对于电网的薄弱环节的解决是非常关键和重要的。因此调度部门会根据每年的电网运行状况，对电网的薄弱点进行动态评估，并将关键性的建设项目列入“里程碑计划”，进行实时跟踪和督促。目的是尽快解决电网的薄弱环节，加强电网的网架结构，并在迎峰度夏前尽量消除重过载设备。

在列入“里程碑计划”之后，所有的建设工程项目都需要梳理检修停电计划事项，并将所有的停电计划纳入年度检修停电计划中，进行统筹平衡，达到“一停多用”的效果。

因此，可以看出调度部门与建设部门在电网设备建设过程的各个环节上都有紧密的联系和配合。

◎ 运检部门，电网设备的“技改小能手”

建设部门是负责电网设备的新建和扩建，而运检部门则负责的是电网设备的改建。也就是说建设部门是“新编织”出电网设备，而运检部门是对“已编织”的电网设备，进行修补和坚固。

因此建设部门大多数情况下，都是在开阔一片未知地带，与已运行的电网设备没有太多的交叉和联系。但是运检部门则是在已运行的电网设备上进行“修修补补”的工作，所以与调度部门的关联性就会更大一些，因为调度部门是负责运行电网设备的调度管理和倒闸操作。

涉及运检部门常见的技改项目有，主变压器增容、线路搬迁、母线扩建等工作。这些工作都需要将已运行的电网设备停电检修。在技改的工程中，就会引起变电站的单变、单线、单母线运行的状况，处于电网的风险状态下。

假设技改工作时间比较长，就会长时间的导致变电站在风险状态下运行。一旦运行主变压器、运行线路、运行母线故障跳闸，则会引起变电站出线负荷失电，有可能造成大面积停电事件的发生。

还有一些技改项目需要对已运行的变电站设备全停，这就会导致在技改工作期间，变电站会长时间的处于失电状态。这种情况绝对不允许发生，因此会采取临时过渡搭接措施。通过临时方案，让变电站有临时电源，不至于全站停电。但是这种临时过渡的方案，也有可能导致变电站单线、单变、单母线运行，是一种不稳定的接线结构。

所以，运检部门的技改工作，本质上是让电网更加坚强，可靠运行。但是在实施技改工作期间，反而会让电网处于更加薄弱的状态。这是因为技改项目会在原有运行电网设备的基础上进行改造和修复工作，等到自我修复完毕后，电网设备就会比之前更加强大了。

运检部门与调度部门的联系也是特别紧密。运检部门的技改项目有一部分的目的也是在于改进电网接线结构，加强网架强度。比如将单母线的接线结构改造为单母线分段接线结构。这些技改项目会被调度部门纳入到“里程碑计划”中，作为重点项目实时跟踪工程的进度。所有大型技改项目会被纳入年度检修停电计划中，在全年的时间范畴里做统筹平衡，与基建项目一起进行综合考虑，达到“一停多用”的目的。

◎ 营销部门，电力用户的“代言人”

建设部门和运检部门是电网设备的新建、扩建、改建的管理部门，它们都负责的是公用电网设备的新建、扩建和改建工作，而用户的自有设备则由用户自行负责。

电网作为一个整体，不分公用还是专用设备，都会连接在一起。因此营销部门就在用户与供电公司之间起到了“桥梁”的作用，充当电力用户的“代言人”。

那营销部门与调度部门有什么样的业务联系呢？

当有电力用户有新设备投运，或者设备异动时，营销部门需要协助电力用户办理新设备投运或者设备异动手续。当电力用户需要与调度部门签订调度协议时，需要协助电力用户准备相关资料，并告知电力用户相关流程。

当电力用户的设备需要停电检修时，营销部门需要协助电力用户办理检修停电计划，需要向调度部门申请停电，进行检修工作。

当电力用户的设备发生故障或者异常情况时，营销部门需要协助电力用户进行故障查找，并向调度部门申请紧急事故处置。

同时，营销部门也是电力用户的监督管理部门，对于用户的不安全行为和违规操作行为进行监督和管控。

运行单位和施工单位是调度机构的手和脚

◎ 运行单位，调度部门的“手和脚”

当新建线路和变电站投入运行后，电网设备就处于带电状态，或者一经合闸即为带电状态。这些新投的线路和变电站就纳入调度管辖范围，也纳入了运行单位的操作管理范围。

运行单位按照线路和变电设备划分运行操作管理范围，包括有输电运检室、变电运检室、配电运检室。也可以按照不同单位属性划分运行操作管理范围，包括有检修公司、地级市供电公司、县级市供电公司的运行单位。

杜小小梳理了一下自己所辖电网范围内的运行单位的职责范围。首先按照电压等级由高到低，检修公司负责220kV电压等级及以上变电站和线路设备的运行维护，自己所在供电公司负责110kV电压等级及以下变电站和线路设备的运行维护。

杜小小所在供电公司的运行单位分为以下三个主要的部门。

（1）变电运检室：负责辖区内所有110kV和35kV变电站设备的运行维护。

（2）输电运检室：负责辖区内所有110kV和35kV输电线路设备的运行维护。

（3）配电运检室：负责辖区内所有10kV配电线路设备的运行维护。

其中配电运检室划分为城网片区和农网片区两个大片区。原因是10kV配电线路设备众多，地理分布范围广，划分成为若干个小片区来进行管理和运维，是一种高效的管理方式。而且运维人员对于自己所辖范围内的10kV线路的设备运行状况，以及设备运行操作也会更加熟悉。

如图7-3所示，在220kV及以上的区域中，出现了两个“代运维”，意思是指220kV部分变电和线路设备的运行维护工作并不是检修公司，而是由供电公司代为运行维护。这里的关键点在于将电网设备的资产属性与运维属性进行了分离。220kV电网设备资产仍然属于检修公司，但是将其电网设备的运行维护工作委托给供电公司代为负责管理。其本质是给检修公司减负，同时也方便供电公司的运维操作。

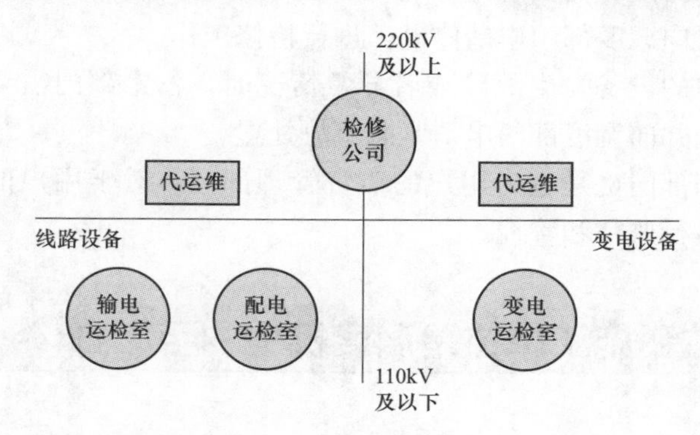

图7-3　运维部门的划分图

杜小小所在地调管辖范围内有8座220kV变电站，其中有两座220kV变电站和所有辖区内的220kV输电线路的运维工作已经由检修公司交由供电公司负责运行操作。

运行单位与调度部门的关系是最为紧密的。调度作为电网设备的“大脑”，可以发出指令。这些“指令”就必须通过运行单位来得以实施，所以运行单位相当于“手脚”。例如，一项检修工作，首先由相应的运行单位值班人员向当值调度员申请工作，然后当值调度员下达调度指令，将检修设备停电，最后当值调度员向值班人员许可工作。检修工作完毕时，由相应值班人员向当值调度员汇报工作已结束，由当值调度员下达调度指令，恢复检修设备送电。

调度部门是不直接接触到电网设备，除了远方遥控设备操作之外，所有的电网设备均由现场值班人员进行操作。而值班人员也只是对电网设备进行倒闸操作，也就是改变电网设备的运行状态，分别是设备运行、设备热备用、设备冷备用、设备检修四种状态，而真正进行检修工作的是施工单位。

◎ 施工单位，电网设备的“检修官”

不管是建设部门、运检部门、营销部门，它们都只是项目的管理者，而真正对电网设备进行检修、消缺、预试、定检等工作的是施工单位。

如图 7-4 所示，调度部门与施工单位之间是没有直接联系的，是通过运行单位作为中间纽带。假设，一条 10kV 线路需要停电进行检修工作。施工单位首先向运行单位申请停电，然后由运行单位向调度申请停电。调度判断申请停电范围的正确性和合理性后，向运行单位下达设备停电的调度指令。运行单位对检修设备进行停电操作。操作完毕后，由运行单位汇报调度，再由调度判断满足检修要求后，许可运行单位工作。最后由运行单位许可施工单位进行停电检修工作。送电与停电的流程相反。

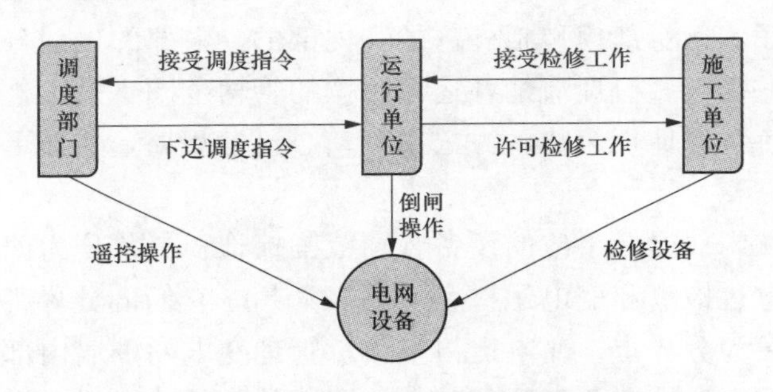

图 7-4　调度部门、运行单位与施工单位之间的关系图

将运行单位与施工单位划分开来，也就是将设备的运行维护与设备的检修工作独立开来，目的是为了保障电网的安全。一件复杂的事情由一个人来完成，会容易出错。如果把这件复杂的事情分解为若干个相对简单的事情，再由不同的人分别完成这些简单的事情，就不容易犯错。而且不同的人之间还可以相互监督和制约。虽然这样拆分开来，会导致工作流程上的复杂化，但是电网安全是第一位，一切优先级都要让位于电网安全。

施工单位按照电压等级来划分可以分为一次设备施工单位和二次设备施工单位。比如变电运检室的检修班组属于一次设备施工单位，变电运检室的二次班组就属于二次设备施工单位。施工单位若按照供电公司的属性，可以分为内部施工单位和外部施工单位。内部施工单位包括供电公司的各运检工区检修班组、试验班组、二次班组、带电班组。外部施工单位是非供电公司的施工班组。

外部施工单位必须经过安监部门考核通过，并有资质实施检修的施工单位，方可在电网设备范围内进行施工。若发生违章违纪，不利于安全的外部施工单位，将不再被批准入围施工名单中。这是为了保证电网的安全，采取的必要的组织措施。

对于电力用户申请的检修停电工作，其工作的施工单位也需要经过安监部门的审核才能批准其工作，仍然是为了保证电网安全来考虑。所有的电网设备都是连接在一起的，若有一个不安全的危险点存在，都会对整个电网带来冲击。

电网是一个复杂的系统，调度部门仅仅是电网设备的指挥官，想要将电网运行维护良好，就需要各个职能部门的通力配合和协作。其目的就是让电网更加安全可靠运行，为电力用户提供更为优质的电能。

◎ 内部运行单位的“势力范围”

杜小小学习了这么多职能部门的知识后，发现与调度部门最为紧密联系的便是运行部门了。运行部门包括外部的和内部的，内部的也划分为多个运行单位，实在是有些复杂。梳理清楚各运行单位的管辖范围也是一件细致活，杜小小现在已经熟练掌握使用表格的方式来理清自己的思路，这样更加方便自己的记忆和理解。

杜小小先从内部运行单位的设备管辖范围梳理，一共分为四大类，输变电运行单位是输电运检室和变电运检室（见表 7-1）。它们的分界都非常明显，以线路测隔离开关为分界点。变电运检室负责管理变电站围墙内部的变电设备运行维护工作，输电运检室负责管理变电站围墙外部的输电线路设备的运行维护工作。

表 7-1 内部运行单位的管辖范围

序号	运行单位	设备属性	电压等级	管辖范围
1	输电运检室	线路	35kV 及以上	输电线路
2	变电运检室	变电	35kV 及以上	变电站设备
3	城网配电运检室	线路	10kV	配电线路
4	农网配电运检室	线路	10kV	配电线路

变电运检室与配电运检室的分界点在 10kV 出线的下桩头处。变电运检室负责管理 10kV 出线间隔回路的变电设备运行维护工作，配电运检室负责管理 10kV 配电线路设备的运行维护工作。

配网运行单位主要分为城网配电运检室和农网配电运检室。其中，城网配电运检室分为三个班组，分别管辖城网三个不同的片区。农网配电运检室分为五个班组，因为农网片区地理面积比较大，划分的班组比较多。

特别注意的是，各个配电运检室划分管辖范围并不是以某一条 10kV 线路为基本单位，而是按照行政管辖区域进行的划分。有可能一条 10kV 线路会被划分为两个部分，分别由城网配电运检室管辖一部分，由农网配电运检室管辖另一部分。

杜小小发现这种情况的10kV线路有10多条，也逐一进行了梳理，并写明了10kV线路运维管辖范围的分界点。

◎ 外部运行单位的“代运维范围”

检修公司负责管理所有220kV电压等级设备的运行维护。不过由于存在“代运维”情况，所以220kV设备的运行范围也被三个单位瓜分了，分别是检修公司、变电运检室和输电运检室。

杜小小梳理之后，发现有2座220kV变电站的运行维护工作由变电运检室“代运维”管理，所有220kV输电线路的运行维护工作由输电运检室“代运维”管理，检修公司负责6座220kV变电站的运行维护工作（见表7-2）。听说后续还会有一些220kV变电站的运行维护工作会移交给变电运检室负责。

表7-2　外部运行单位的管辖范围

序号	运行单位	设备属性	电压等级	管辖范围
1	检修公司	变电	220kV	6座220kV变电站
2	变电运检室	变电	220kV	2座220kV变电站
3	输电运检室	线路	220kV	所有220kV输电线路

◎ 电力系统的各个机构之间的关系如何

杜小小学习了调度与电力用户、发电厂站、各职能部门之间的关系，机构太多，思路有点混乱。如何将它们串联在一起呢？

首先，我们以调度部门为核心，知道“统一调度、分级管理”的模式，就可以清楚地了解到省调、地调、配调和县调的关系，如图7-5所示，它们构成了一个“金字塔”结构。

在调度部门的周围分别是发电厂站、电力用户和运行单位。它们三者是与调度最为紧密联系的三家单位。调度与发电厂站、电力用户是通过“调度协议”的方式来规范彼此的权责，而运行单位是调度部门的“手和脚”，对实际设备进行操作。这里的发电厂站和电力用户对应着专用设备，运行单位对应的是公用设备。

在图7-5的中间是施工单位，它们负责真正设备的检修、消缺、事故处理，而运行单位只负责设备的运行状态的改变。

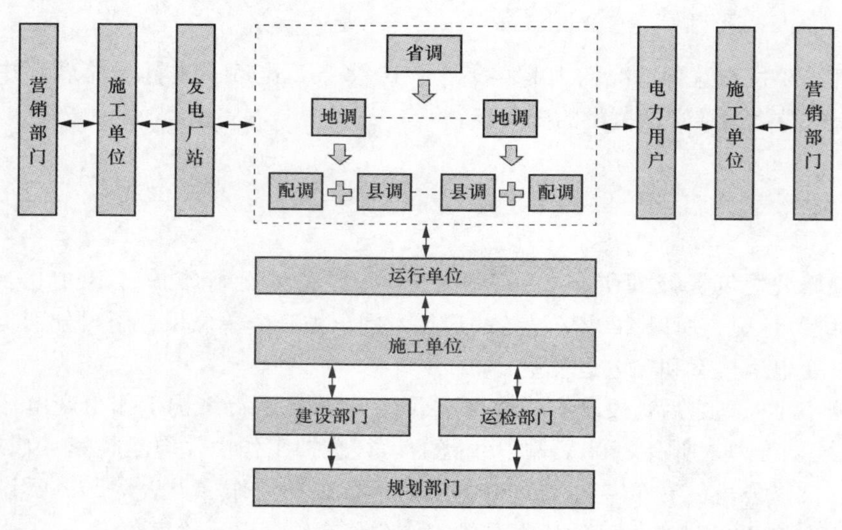

图 7-5　各个电网机构的关系图

最后在图 7-5 的最外围便是各个职能部门，分别是营销部门、建设部门、运检部门和规划部门，它们是各个项目的管理方，在项目中起到管理、监督、协调的作用。

所有的职能部门、施工单位、运行单位、调度部门相互配合，协同工作，目的都是一个，为了给用户提供更可靠的电力来源。

第三部分

电网运行篇

前面两个部分分别讲解了电网结构和电网机构。电网就好比是一部汽车，我们了解了这部“汽车”的内在构造，也了解了“汽车”上路之前需要知道的“交通规则”，也就是电网机构的运作关系。现在我们就要开始将这部“汽车”开上路进行“试驾”了。这部“汽车”如何能够顺利运转起来呢？就是第三部分电网运行篇将要给大家讲解的主题了。

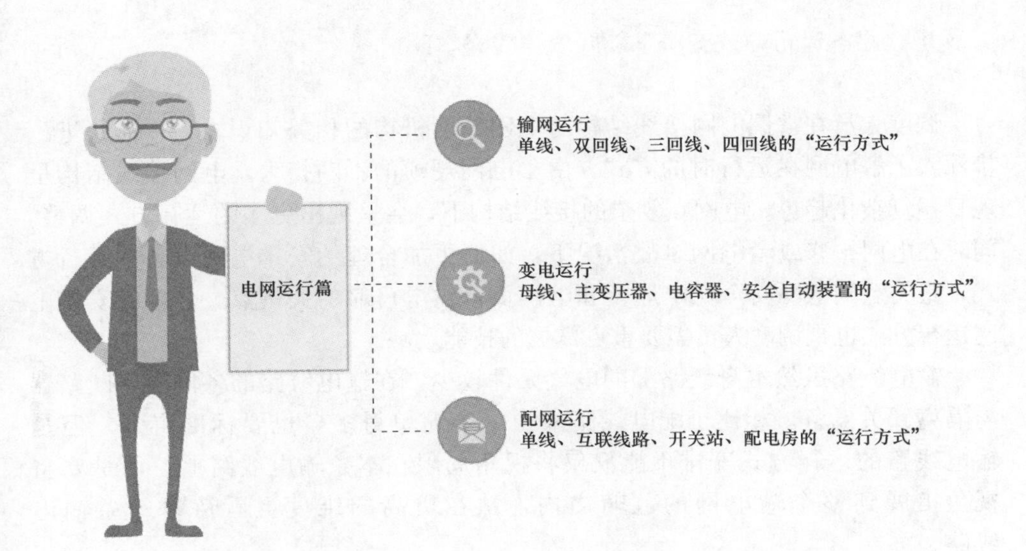

第八章

输网运行：单线、双回线、三回线、四回线的“运行方式”

按照线路与变电设备的划分，可以将电网设备划分为两个大类。线路按照电压等级又可以划分为35kV及以上的输网部分和10kV的配网部分。本章介绍了35kV及以上的输网运行的若干种情况，按照线路的回数来说明，分别为单线、双回线、三回线、四回线的运行方式安排。

输电线路的运行方式从整体入手

◎ 输电线路的运行方式安排不能局限在线路本身

调度人员在掌握电网接线结构与电网调度机构的相关知识之后，需要进一步深入了解电网在运行时的方式。由于电网规模的不断扩大，电网接线结构呈现日益复杂化趋势。电网在复杂的接线结构下，会呈现出更多的运行方式调整。同时在电网检修或者电网事故情况下，如何更加合理的安排电网设备的运行方式，是关系到电网安全稳定运行和电网负荷供电可靠的关键点。合理的安排电网运行方式也是调度人员需要重点掌握的技能之一。

输电线路虽然本身线路上的电气元件较少，在输电线路的各侧会有断路器与隔离开关设备。相比于配电线路来说，要简单得多，也要标准得多。但是输电线路的运行方式安排不能仅仅将视角局限在本条输电线路上，而是要将视角扩展到整个输电网的范畴之内，站在更高的维度上看待每一条输电线路。

从最开始的电网接线结构，到之后的电力机构，再到现在的输电网运行方式，它们都有一个共同的特征，便是需要有全局观的思维方式。调度人员在修炼自己技能水平的同时，需要不断地提升自己的全局观念，才能让自己在调度岗位上发挥更大的作用。

◎ 杜小小的疑惑，“干嘛要安排在凌晨来调整进线电源线路的运行方式？”

杜小小经过了一段时间的实习之后，已经开始跟着调度值班员进行调度值班了。这一天杜小小是夜班，从晚上 8 点开始上班，直到第二天早上 9 点才下班。

值班长刘老师在接班后，开始安排工作。告知当班调度员，明天凌晨会对 110kV 鸿台站进行运行方式的调整，具体安排的时间是在明天凌晨的 00：00 点到 00：30 之间。

杜小小这是第一次遇到这种情况，为什么调整电网运行方式需要有明确的时间限制呢？之前都是有检修停电的工作事项，才会有非常明确的停电时间和送电时间要求。

要把这个事情弄清楚。

“刘姐，110kV 鸿台站的运行方式调整安排在凌晨是有什么特殊情况吗?”

“小小，这座变电站是我们电网中比较特殊的一座变电站，因为进线电源线路不能合环换电，只能选择停电换电。因此在到调整电网运行方式时，会引起 110kV 鸿台站短时停电。由于 110kV 鸿台站有不少重要的二级电力用户，需要避开在白天高峰负荷时段进行倒闸操作，所以只能放在凌晨时段来进行。”

“原来是因为 110kV 鸿台站不能合环换电，所以才有这样的安排。那为什么 110kV 鸿台站不能进行合环换电呢?”

“这个问题，你可以明天下班后去跟我们的运行方式专责王老师咨询学习。”

◎ 电网运行方式的安排本质上是负荷传递路径的选择

电网就像是一个大型复杂的“水渠”系统，由大大小小、长长短短的“管道”所构成。水渠的构架越复杂，也就是说水渠中管道的连接方式越复杂，那么水在管道中流动的路径就会越多。可以在管道中选择一条最长路径，也可以在管道中选择一条最短路径。

电网设备的复杂程度越高，也决定了负荷在电网中传递的路径会越复杂。电网运行方式调整和安排，其实就是安排负荷在电网设备中，以何种渠道进行传递，如何选择路径将电能传递给电力用户。

电网运行方式安排得合理，可以让电力用户获得更加稳定可靠的电能。在极端情况下，比如设备停电检修，或者电网事故发生时，电网的运行方式安排，同样可以让电力用户感受不到扰动，或者扰动很小，就说明此时电网的运行方式安排是合理的。

电网结构的复杂程度与电网运行方式安排，就像是一个“跷跷板”。电网接线结构越复杂，电网运行方式安排的方法就会更加多种多样，考验调度人员安排电网方式的能力也越高。如果电网接线结构简单，极端情况下，电网运行方式只有一种情况，那么调度人员没有更多的选择余地，进行电网运行方式安排也变得简单了。

不过随着电网越来越庞大，电网复杂程度一定是越来越高，因此对于调度人员的电网运行方式安排能力也一定水涨船高。调度人员更应该关注的是自身调度能力的提升，而不是期待电网结构越简单越好。

接下来，我们就按照输电线路的条数来进行划分，分别讲述单线、双回线、三回线和四回线的电网运行方式安排，看哪种情况下更加合理。

◎ 电网设备的四种状态"运行"、"热备用"、"冷备用"和"检修"状态

在讲述输网运行方式安排之前，需要首先说明电网设备的四种状态，分别是"运行"、"热备用"、"冷备用"和"检修"状态。

设备处于"运行"状态时，设备回路中的断路器和隔离开关都处于"合"位，设备属于带电状态。

设备处于"热备用"状态时，设备回路中的断路器是处于"分"位，而隔离开关处于"合"位，设备一经合闸即可处于带电状态。

设备处于"冷备用"状态时，设备回路中的断路器和隔离开关均处于"分"位，设备有明显的断开点，可以确定设备为不带电状态。

设备处于"检修"状态时，设备回路中的断路器和隔离开关均处于"分"位，而且在设备的各侧会有接地线或者接地刀闸处于"合"位。此时设备处于检修状态，可以许可工作给施工单位，进行设备的检修工作。

如图 8-1 所示，设备的运行状态跟三种设备元件有关系，分别是断路器、隔离开关、接地装置。接地装置包括有接地线或者接地刀闸。

断路器的最大特点就是可以拉合电流负荷。在设备运行状态时，可以由"合闸"状态转为"分闸"状态，也就是使得设备由"运行"状态转为"热备用"状态。在设备热备用状态时，可以由"分闸"状态转为"合闸"状态，也就是使得设备由"热备用"状态转为"运行"状态。设备有电流负荷或者无电流负荷，都可以进行操作。缺点是断路器一般处于封闭状态，并不能明显的观察到断路器的状态。

而隔离开关的优点便是可以明显地观察到它的状态，是处于"合闸"状态，还是处于"分闸"状态。但是隔离开关是不能对电流负荷进行拉合的。也就是说，当设备处于"运行"状态时，是不能直接拉开隔离开关，不能改变设备的运行状态。而是需要先经过断路器的"分闸"功能，然后再拉开隔离开关，使得设备有明显的断开点。

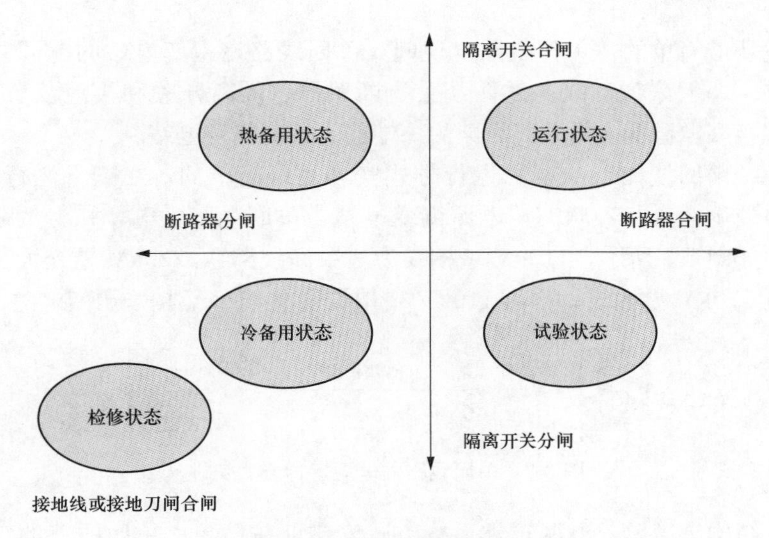

图 8-1　设备的四种运行状态

接地装置也是有要求的，只有在设备处于“冷备用”状态，才能验电接地。当设备处于“运行”状态或者“热备用”状态，都是不能进行接地。设备处于“运行”状态时，接地会引起短路事故。设备处于“热备用”状态，其实设备本身并不带电，但是也不能进行验电接地，这是因为设备一经合闸即可带电，如果此时挂接电线，是十分危险的行为。

此外设备处于“热备用”状态时，并没有明显的断开点，仅凭断路器的分合闸指示并不能确认设备到底是处于“运行”状态还是“热备用”状态，所以也需要在隔离开关拉开时，才能挂接地线。

因此设备的四种状态是有先后顺序的，不能跳步，需要一步步地进行操作。例如，将设备由“运行”转“检修”，需要先将设备由“运行”状态转为“热备用”状态，再由“热备用”状态转为“冷备用”状态，最后由“冷备用”状态转为“检修”状态。也就是说，先拉开断路器，再拉开隔离开关，最后接地。设备由“检修”转“运行”的操作步骤如此正好相反。

单线、双回线、三回线和四回线的运行方式

◎ 单回线的电网运行方式安排最简单

说完设备的四种运行状态后，来看看输网运行方式的安排。

首先从最简单的“单回线路”说起，单回线路是指变电站的电源线路只有一回线路。一般来说，线路的两端会有断路器、隔离开关和接地装置等设备。线路一端接入电源侧变电站，线路另一端接入负荷侧变电站。

因此“单回线路”的电网运行方式安排是最简单的，在正常运行方式下，单回线路处于“运行”状态，电源侧变电站为单回线路供电，并为负荷侧变电站供电。如图 8-2 所示，110kV 星柏线为“单回线路”，220kV 星光大道变电站出线供电 110kV 星柏线，再由 110kV 星柏线供电 110kV 柏子洞变电站。

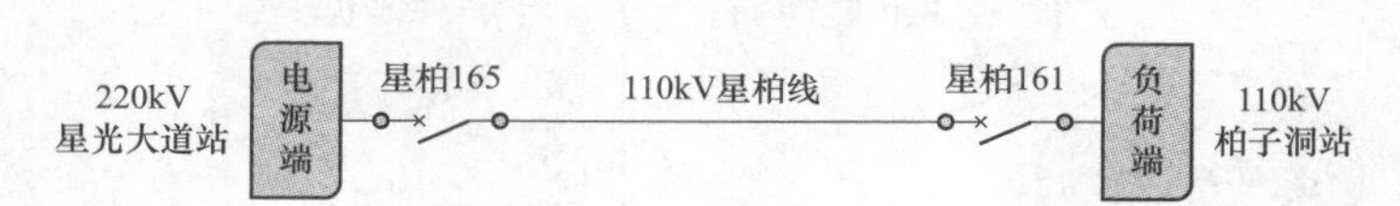

图 8-2　单回线路的电网运行方式安排

接线结构越简单，电网正常运行方式安排就越简单。单回线路的正常运行方式即为“运行”。但是在设备检修时，或者设备故障时，运行方式的安排就会显得异常困难。如图 8-2 所示，当 110kV 星柏线需要进行检修停电，或者当 110kV 星柏线故障跳闸时，110kV 柏子洞变电站将会全站失电。110kV 柏子洞变电站的 10kV 出线将会全部失电，影响该变电站供电范围内的用户正常用电。如果，10kV 线路可以由相邻 10kV 线路互带供电，那么可以保障该 10kV 线路上的电力用户正常供电。不过需要对该 10kV 线路进行倒闸操作，增加配电运检室的运维操作量。而且并不能保证变电站所有的 10kV 线路都有相邻线路，可以进行负荷的转移。

此时，如果 110kV 星柏线是双回线路，对 110kV 柏子洞变电站供电，那么就可以解决“单回线路”运行方式安排不灵活的缺点了。

◎ 双回线的电网运行方式安排包括三种类型

双回线路是指变电站的电源线路增加至了两回线路。如图 8-3 所示，110kV 柏子洞变电站有两回供电线路，分别是 110kV 星柏Ⅰ线和星柏Ⅱ线。从电网接线结构上来看，双回线路相比较于单回线路要复杂，因此在电网运行方式的安排上也要复杂于单回线路的运行方式安排。

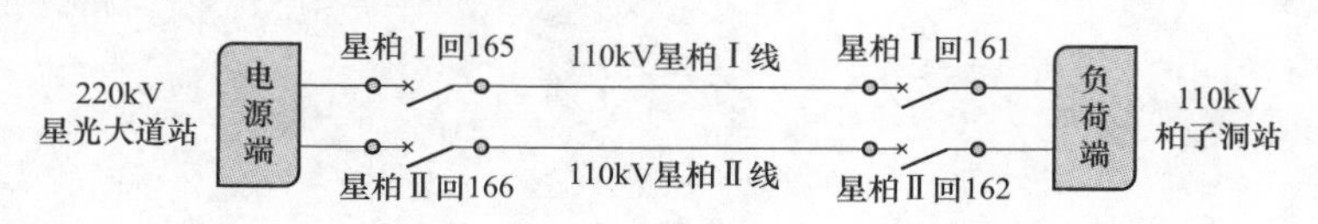

图 8-3　双回线路的电网运行方式安排

双回线路的正常运行方式安排包括有三种类型，分别是双回线路并列运行，双回线路分列运行，双回线路一主一备运行。

双回线路的并列运行方式安排

双回线路并列运行，是指双回线路两侧的电源侧变电站和负荷侧变电站的母联或者分段回路为“运行”状态。如图 8-4 所示，我们将视角延伸至变电站的母线接线结构上。220kV 星光大道变电站 110kV 母联 112 路为“运行”状态，将 110kV 两段母线连接在一起。110kV 柏子洞变电站的 110kV 分段 120 路为“运行”状态，也将 110kV 两段母线连接在一起。此时 110kV 星柏Ⅰ线与 110kV 星柏Ⅱ线为并列运行状态。

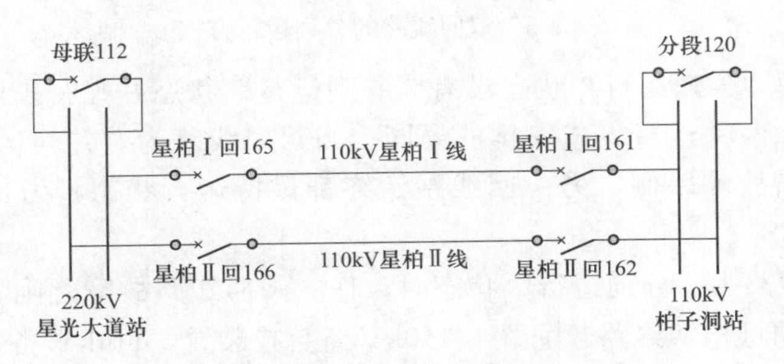

图 8-4　双回线路的并列运行方式

双回线路并列运行是有一些必要条件的。一般情况下，双回线路配置了快速保护，比如光差保护，可以将双回线路并列运行。在任一线路故障跳闸时，故障线路都可以通过快速保护，断开两侧断路器，不至于影响到另一回线路的正常运行。

当任一线路检修停电时，可以直接将线路由“运行”状态转为“检修”状态。另一回线路可以对负荷侧变电站正常进行供电，只需要满足运行线路不至于重载运行即可。

因此双回线路接线结构中，并列运行的电网运行方式安排是最为合理的，但是有些双回线路并不能并列运行，而只能分列运行。

双回线路的分列运行方式安排

双回线路分列运行，是指双回线路两侧的电源侧变电站或者负荷侧变电站的母联或者分段回路为“热备用”状态。如图 8-5 所示，220kV 星光大道变电站 110kV 母联 112 路为“运行”状态，将 110kV 两段母线连接在一起。110kV 柏子洞变电站的 110kV 分段 120 路为“热备用”状态，将 110kV 两段母线分开。此时 110kV 星柏Ⅰ线与 110kV 星柏Ⅱ线为分列运行状态。

双回线路分列运行时，一般来说，都是因为双回线路没有配置快速保护。一旦并列运行，在任一线路故障时不能快速切除故障，因此只能退而求其次，选择分列运行的方式安排。

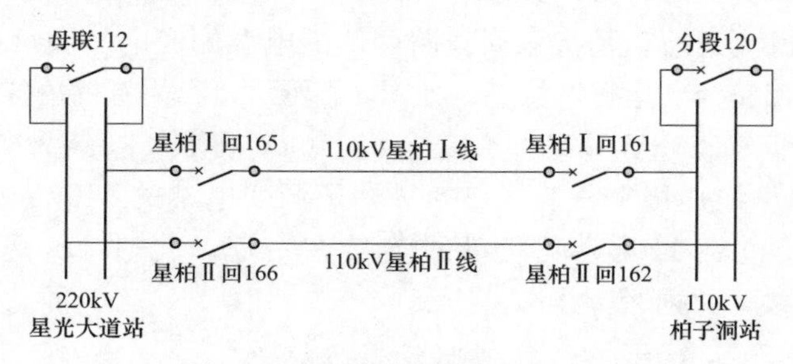

图 8-5　双回线路的分列运行方式

为什么说“分列运行”状态没有“并列运行”状态好呢？我们看看在线路发生故障时，两种运行方式安排的异同。当双回线路为“并列运行”状态时，任一一回线路故障跳闸，另一回线路始终都保持运行状态，为负荷侧变电站供电。

当双回线路为“分列运行”状态时，任一一回线路故障跳闸，负荷侧变电站的110kV进线电源线路若配置了110kV备自投装置，110kV备自投装置会动作，失电侧负荷会自投至运行线路。但是在此过程中，失电侧负荷会有短时停电的情况发生。

若负荷侧变电站没有110kV备自投装置，有10kV备自投装置，则10kV备自投装置动作，失电侧负荷自投至运行主变压器供电。在此过程中，失电侧负荷仍然会有短时停电的情况发生。因此从这个角度来看，“并列运行”比“分列运行”更好。

当任一线路需要检修停电时，“分列运行”状态的负荷侧变电站需要进行倒闸操作，保证对外供电不中断。如图8-5所示，110kV星柏Ⅰ线需要停电检修，需要先将110kV柏子洞变电站110kV分段120由热备用转运行，再对110kV星柏Ⅰ线停电。而“并列运行”时，可以直接将110kV星柏Ⅰ线停电操作。因此“分列运行”时的倒闸操作会比“并列运行”状态时的倒闸操作更为复杂。

从事故处理和倒闸操作两个维度来看，“并列运行”方式安排都会比“分列运行”方式安排更加科学和可靠。因此如果线路配置了快速保护，就可以将双回线路“分列运行”的电网运行方式设置为“并列运行”的电网运行方式。

双回线的一主一备运行方式安排

双回线路“一主一备”运行方式，是指双回线路中，一回线路作为负荷侧变电站的主供电源线路，另一回线路作为负荷侧变电站的备用电源线路。如

图 8-6 所示，220kV 星光大道变电站供电的 110kV 星柏线，作为 110kV 柏子洞变电站的主供电源线路，并供电站内所有出线负荷。220kV 玉山变电站供电的 110kV 玉柏线，作为 110kV 柏子洞变电站的备用电源线路。

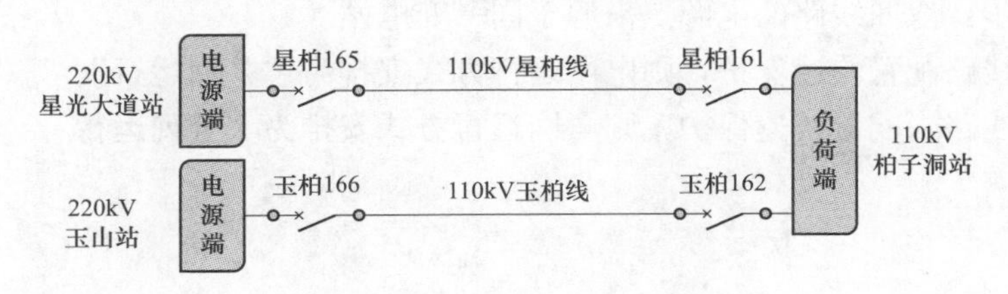

图 8-6 双回线路的一主一备运行方式

双回线路为“一主一备运行”一般都为供电点来源不是同一个变电站，而是不同的两个变电站。因此双回线路不能设置为“并列运行”，如图 8-6 所示，如果 110kV 星柏线与 110kV 玉柏线为并列运行，会让 220kV 星光大道变电站和 220kV 玉山变电站形成电磁环网。倒闸操作过程中可以短时合环，电磁环网也发生在短时间内。但是长期并列运行，电磁环网是一定不允许的。

再来看看，如果双回线路设置为“分列运行”，会如何呢？110kV 星柏线与 110kV 玉柏线分列运行，供电 110kV 柏子洞变电站的 110kV 两段母线。假设 220kV 星光大道站与 220kV 玉山站分属于两个不同的电网片区，那么 110kV 柏子洞站供电的 10kV 母线上的出线也属于不同的电网片区，不能进行合环换电。只能进行停电换电，会导致 10kV 出线在倒闸操作过程中，存在短时停电。

如果双回线路设置为“一主一备”，那么 110kV 星柏线会供电 110kV 柏子洞变电站所有出线负荷。因此出线负荷一定属于同一个电网片区。当需要倒换负荷时，可以采取合环换电的方式，就不会导致 10kV 出线存在短时停电情况的发生。

所以“一主一备”运行方式安排，一般都会出线在变电站的两回进线电源线路来自不同的两个上级变电站的情况下。那么在“一主一备”运行方式下，如何来确定那一条线路为主供电源线路，哪一回线路为备用供电线路呢？

一般来说，会将主供电源放在负荷较轻的上级变电站来供电。比如 220kV 星光大道变电站负荷较轻，主变压器满足 $N-1$ 要求，则可以将 110kV 柏子洞变电站负荷由 110kV 星柏线供电，110kV 玉柏线作为备用电源线路。

如果上级变电站分属于不同供电公司范围内变电站，一般会让自己管辖范围内的变电站作为主供变电站，这就叫做“自己家的孩子，自己管”。当然在进行运行方式安排时，负荷的均衡分配仍然是优先要考虑的因素。

双回线路的运行方式安排可以按照如下原则来设定。

第一步：双回线路的电源点来源不同的变电站。

如果双回线路的电源点来源于两个不同的变电站。则原则上，安排将负荷侧变电站由负荷较轻的电源侧变电站供电，形成“一主一备”运行方式。

第二步：双回线路的电源点来源于同一变电站。

双回线路配置快速保护，则电网运行方式安排为“并列运行”。

双回线路未配置快速保护，则电网运行方式安排为“分列运行”。

◎ 三线两站的电网运行方式安排重点考虑断开点位置

三回线路一般是指“三线两站”的接线结构，两座变电站拥有三条电源线路的接线结构。如图 8-7 所示，两座 110kV 负荷变电站分为 110kV 柏子洞变电站和 110kV 南街变电站，为它们供电的一共有三条 110kV 线路，分别是 110kV 星柏线、玉南线和柏南线，构成了“三线两站”的接线结构。

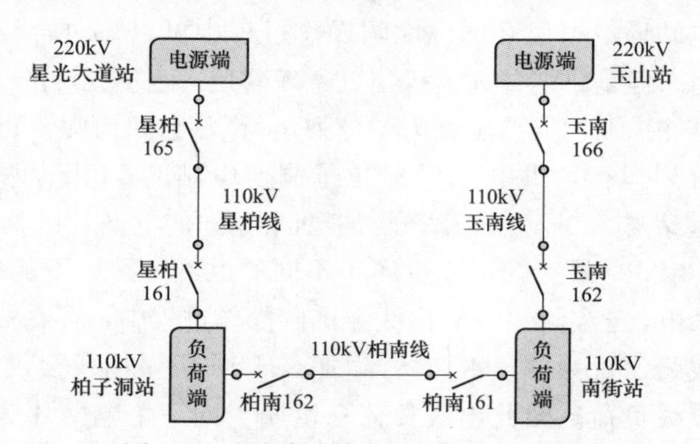

图 8-7　三回线路的电网运行方式安排

首先，两个电源点来自于不同的变电站，因此三回线路不能并列运行。否则会形成电磁环网，影响电网安全运行。三回线路需要开环运行，在某个断路器处于“分”位。比如，110kV 柏子洞变电站的柏南 162 路为热备用状态，其余断路器均在“合”位。110kV 星柏线为 110kV 柏子洞变电站的主供电源线路，110kV 柏南线为 110kV 柏子洞变电站的备用电源线路。110kV 玉南线为 110kV 南街线主供电源线路。这种电网运行方式，其实就是在第一部分讲述的一种电网薄弱环节，“假双回”电网接线结构。

“假双回”电网接线的运行方式如何安排呢？上述已经阐明了，两站三线不能并列运行，因此只能分列运行。分列运行有两种选择，第一种分列运行是在 110kV 柏子洞站 110kV 柏南 162 回路为热备用状态，另一种分列运行是在 110kV 南街站柏南 161 回路为热备用状态。具体选择哪一种更加合理呢？

首先优先考虑有 110kV 备自投装置的变电站，进线回路为热备用状态。例如 110kV 柏子洞站配置有 110kV 备自投装置，110kV 南街站未配置 110kV 备自投装置。则应在 110kV 柏子洞站柏南 162 回路为热备用状态。当 110kV 星柏线故障跳闸，可以利用 110kV 柏子洞站 110kV 备自投装置，自投至 110kV 柏南线供电。而由于 110kV 南街站未配置 110kV 备自投装置，即使将分列运行的断开点设置在 110kV 南街站的 110kV 柏南 161 回路上，也没有作用。当 110kV 玉南线故障时，110kV 南街站并不能自投至 110 柏南线供电。

其次考虑负荷端变电站的负荷性质，优先考虑有重要电力负荷的变电站，进线回路设置为热备用状态。假设 110kV 柏子洞站和南街站，均配置了 110kV 备自投装置。因此理论上，在两个负荷端变电站进线回路设置为断开点，都是可行的。

此时就必须要比较两个变电站所供电的出线负荷。若 110kV 柏子洞站所供负荷更加重要，则需要将断开点设置在 110kV 柏子洞站柏南 162 回路。

故障情况一：当 110kV 星柏线故障跳闸，则 110kV 柏子洞站的 110kV 备自投装置动作，110kV 柏子洞站自投至 110kV 柏南线供电，停电换电时间约为 10 秒。

故障情况二：当 110kV 玉南线故障跳闸，则 110kV 南街站全站失电，需要人工手动进行电网运行方式的调整，将 110kV 柏南线供电 110kV 南街站负荷，停电换电时间一定会大于备自投装置自投的 10 秒的时间。

因此出线负荷更重要的变电站，则需要充分利用其配置的 110kV 备自投装置，进行负荷供电的快速切换。

综上所述，两站三线接线结构属于“假双回”接线结构，在电网运行方式安排时，需要首先考虑负荷端的备自投装置配置，如果只有一个站配置了备自投装置，则分列运行的断开点需要设置在此变电站的进线回路。如果两这个站均配置了备自投装置，则需要考虑负荷侧变电站的出线负荷的重要程度。分列运行的断开点需要设置在变电站出线负荷较为重要的金进线回路上。

◎ 四回线的电网运行方式安排简单明了为宜

四回线路一般是指一座变电站拥有四回供电线路。如图 8-8 所示，110kV 柏子洞变电站有四条电源线路，分别是来自 220kV 星光大道变电站供电的 110kV 星柏Ⅰ回线和 110kV 星柏Ⅱ回线，以及来自 220kV 玉山变电站供电的 110kV 玉柏Ⅰ回线和 110kV 玉柏Ⅱ回线。这个接线结构是之前讲过的“链式”电网接线结构，也是最可靠的一种接线方式，同时也是最为灵活的一种接线方式。

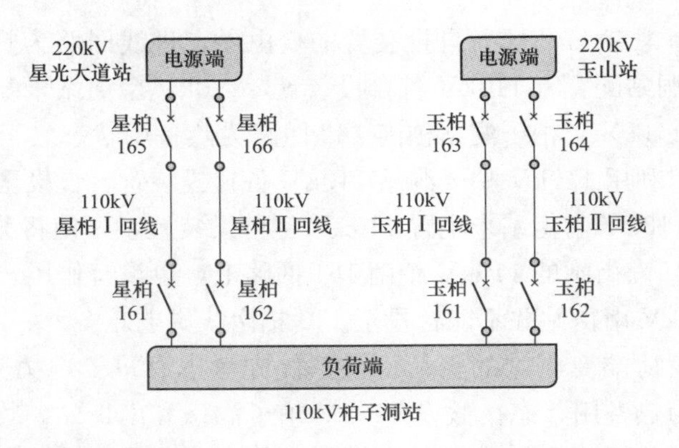

图 8-8　四回线路的电网运行方式安排

那如何来安排四回线路的电网运行方式呢？我们可以来头脑风暴一下所有的可能情况。

方式安排一：110kV 星柏Ⅰ回线和星柏Ⅱ回线作为 110kV 柏子洞变电站的主供电源线路，110kV 玉柏Ⅰ回线和玉柏Ⅱ回线作为备用电源线路。

方式安排二：110kV 星柏Ⅰ回线和星柏Ⅱ回线作为 110kV 柏子洞变电站的备用电源线路，110kV 玉柏Ⅰ回线和玉柏Ⅱ回线作为主供电源线路。

方式安排三：110kV 星柏Ⅰ回线和星柏Ⅱ回线供电 110kV 柏子洞变电站部分负荷，110kV 玉柏Ⅰ回线和玉柏Ⅱ回线供电 110kV 柏子洞变电站的其余负荷。

方式安排四：110kV 星柏Ⅰ回线或星柏Ⅱ回线供电 110kV 柏子洞变电站部分负荷，110kV 玉柏Ⅰ回线或玉柏Ⅱ回线供电 110kV 柏子洞变电站的其余负荷。

其实还可以列举出更多可能的运行方式安排。这里充分说明了，电网接线结构越复杂，电网运行方式安排就越复杂，同时电网运行方式的调整也更加的灵活多变。

那究竟选择何种运行方式更加合理呢？

其实电网运行方式安排越简单越好，在众多可行的电网运行方式安排中，选择最简单实用的那一种就可以了。

链式接线结构中，负荷端变电站可以运行在任一电源端变电站下，优先选择负荷较轻的变电站。如图 8-8 所示，假设 220kV 星光大道变电站负荷较轻，则安排 110kV 星柏Ⅰ回线星柏Ⅱ回线供电 110kV 柏子洞变电站，110kV 玉柏Ⅰ回线和玉柏Ⅱ回线作为备用电源线路。

当 110kV 星柏Ⅰ回线需要检修停电，则安排 110kV 玉柏Ⅰ回线和玉柏Ⅱ回线运行供电 110kV 柏子洞变电站，110kV 星柏Ⅱ回线作为备用电源线路。这样的运行方式安排是最简单，结构也是最清楚的。

其实 110kV 星柏线与 110kV 玉柏线还是 220kV 星光大道变电站和玉山变电

站之间的 110kV 联络线。因此 110kV 星柏线与 110kV 玉柏线还可以作为应急救援通道，为 220kV 变电站的 110kV 出线负荷进行转移，让 220kV 变电站可以通过这个应急救援通道互带负荷。

上述分别从单回线路、双回线路、三回线路和四回线路的角度来讲述了电网运行方式的安排原则。概况一下，首先需要区分是否需要并列运行，还是分列运行。并列运行需要线路配置快速保护，并不能形成电磁环网。分列运行时最好配置有备自投装置，可以通过装置自动转移负荷。其次需要区分哪些是主供电源线路，哪些是备用电源线路。尽量使得上级变电站的负荷能够均衡分配。如果是自己管辖范围内的变电站，优先考虑作为主供电源变电站。

电网接线结构越复杂，电网运行方式安排的可能性也越多。电网运行方式安排越复杂，电网运行方式的调整也更加灵活。只需要掌握上述运行方式安排的原则，再将复杂的电网接线结构进行适当拆分，就可以得到合理的电网运行方式安排。

确定输电线路正常、检修和故障时的运行方式

◎ 首先梳理输电网线路的正常运行方式

杜小小弄清楚了输网线路常见的运行方式安排后，决定将管辖电网范围内所有的输电网线路的运行方式安排都梳理一遍。只有自己亲自梳理一遍输电网线路的运行方式安排，才能够更加直接地了解到管辖电网的具体运行情况。

输电网线路的正常运行方式是在输电网线路正常运行供电时，输电网线路的方式安排，包括有并列运行、分列运行、一主一备运行，三种运行方式安排。按照电压等级分别梳理 110kV 线路和 35kV 线路的运行方式安排（见表 8-1），输电线路两端分别是电源侧变电站和负荷侧变电站，重点梳理输电线路的运行方式。

表 8-1　　　　输电网线路正常运行方式安排

序号	电源侧变电站	输电线路	正常运行方式	负荷侧变电站
1	220kV 星光大道站	110kV 星柏Ⅰ回、110kV 星柏Ⅱ回线	并列运行	110kV 柏子洞站
2	220kV 玉山站	110kV 玉南Ⅰ回、110kV 玉南Ⅱ回线	分列运行	110kV 南街站
3	…			

◎ 其次确定输电网线路检修时的运行方式

输电网线路原则上按照线路回数可以划分为单回线路、双回线路、三回线路和四回线路。考虑输电线路在检修时，各种情况的运行方式安排如何，可以进一步认识到电网在检修时的薄弱环节，以及应对措施。

单回线路，当线路检修时，必定会导致所供变电站全停。运行方式调整就只能是针对变电站的10kV出线负荷，优先考虑将10kV出线负荷全部转移至相邻线路供电。前提是相邻线路带两条10kV线路时，不会发生线路重载和过载情况。

双回线路，当任一线路检修时，另一回线路将单线供电变电站负荷。双回线路属于两个不同的电网片区，倒闸操作过程中，需要“停电换电”，则倒闸操作的时间需要安排在负荷低谷时，或者安排在对电力用户影响最小的时间段。双回线路属于同一个电网片区，则倒闸操作过程中，可以“合环换电”，不会影响电力用户的正常用电。

三回线路，当任一线路检修时，两座负荷变电站都会是单线供电的状态，或者形成“串接”的供电方式，或者形成“辐射式”供电方式。若上级的电源点属于同一电网片区，在倒闸操作过程中，可以“合环换电”，不影响电力用户的正常用电。若上级电源点属于不同电网片区，则在倒闸操作过程中，需要“停电换电”，因此在安排倒闸操作的时间时，应该注意选择对电力用户影响最小的时段进行。

四回线路，当任一线路检修时，负荷变电站都仍然会有三条线路为其供电，所以运行方式的调整是最为灵活的。

杜小小在梳理检修状态下的电网运行方式安排过程中（见表8-2），发现了电网的接线结构越简单，在设备检修时就会碰到很多麻烦。比如单线供电的一座35kV变电站，一旦35kV线路有检修工作，35kV变电站会全停，所供电的10kV出线有大部分线路都没有联络线路，无法转移负荷，所以接线结构应该逐渐完善，趋于合理。

表8-2　输电网线路检修时的运行方式安排

序号	输电线路	所供变电站	正常运行方式	线路检修	倒闸操作方式	检修时运行方式安排
1	110kV星柏Ⅰ回、110kV星柏Ⅱ回线	110kV柏子洞站	并列运行	任一线路	合环换电	运行线路单线供电柏子洞站
2	110kV玉南Ⅰ回、110kV玉南Ⅱ回线	110kV玉南站	分列运行	任一线路	停电换电	运行线路单线供电玉南站
3	…					

杜小小还发现了，在所辖电网中，大部分的输电线路都是双回线路，满足最基本的线路 N-1 检修时的要求，不会发生对外停电的可能。不过一些 110kV 变电站的两个电源点分别属于不同的 500kV 电网片区，需要在倒闸操作时选择“停电换电”的方式，因此这类型的倒闸操作的时间都安排在凌晨时段进行。

如果双回线路需要两回线路同时停电检修时，就会比较麻烦，会涉及变电站全站停电，影响面积很大，因此四回线路的接线结构就显示出其优势了，可以很方便地安排其中的两回线路停电，而不会发生对外停电情况。

◎ 最后确定输电网线路故障时的运行方式

输电线路发生故障时，本质上是有一回线路停电，但是与检修停电不一样，发生故障时，会涉及到相关保护动作，可能会与检修停电时的运行方式不一样。

单回线路，当线路故障时，必定会导致所供变电站全停。需要尽快将变电站的 10kV 出线负荷进行转移。当然，前提是相邻线路带两条 10kV 线路时，不会发生线路重载和过载情况。

双回线路，当任一线路故障时，需要分三种情况讨论。第一种情况是双回线路并列运行，任一线路故障跳闸，另一回线路将继续供电变电站负荷。第二种情况是双回线路分列运行，任一线路故障跳闸，110kV 备自投装置动作，自投至运行线路供电，变电站仍然不会失电。第三种情况是一主一备，当备用电源线路故障跳闸，不会对所供变电站有影响。而当主供电源线路故障跳闸时，110kV 备自投装置动作，互投至运行线路供电。

三回线路，当任一线路故障时，需要分两种情况讨论。第一种情况是“假双回”变电站的主供电源线路故障跳闸时，变电站将全站失电。第二种情况是非“假双回”变电站的主供电源线线路故障跳闸时，变电站将自投至运行线路供电。

四回线路，当任一线路故障时，需要分两种情况讨论。第一种情况是备用线路故障跳闸，不会影响所供变电站正常运行。第二种情况是主供电源线路故障跳闸，若是并列运行，则变电站不会失电；若是分列运行，则变电站 110kV 备自投装置动作，自投至运行线路供电。

杜小小在梳理线路故障停电的电网运行方式安排过程中（见表 8-3），发现电网的一次接线结构和电网的二次保护同等重要。在线路有故障时，坚强的电网接线结构可以保障设备的正常运行供电。同时，保护装置和安全自动装置同样可以将故障点快速切除，并恢复失电负荷。

表 8-3　　输电网线路故障时的运行方式安排

序号	输电线路	所供变电站	正常运行方式	线路故障	保护动作情况	故障时运行方式安排
1	110kV 星柏Ⅰ回 110kV 星柏Ⅱ回线	110kV 柏子洞站	并列运行	任一线路	光差保护动作	运行线路单线供电柏子洞站
2	110kV 玉南Ⅰ回 110kV 玉南Ⅱ回线	110kV 玉南站	分列运行	任一线路	备自投装置动作	运行线路单线供电玉南站
3	…					

杜小小还发现了一个规律，双回线路并列运行时，线路都配置了快速保护。双回线路分列运行时，负荷端变电站都配置有备自投装置。

◎ 110kV 双回线路配置了快速保护，是否还可以选择“分列运行”的方式安排

杜小小梳理了所有输电线路的电网运行方式安排，但是仍然有一些疑问，比如，110kV 双回线路配置了快速保护，还可以选择“分列运行”的方式安排吗?

这个问题其实需要从电网的短路容量上来做分析。当双回线路并列运行时，线路的阻抗值会减少一半。当线路发生故障时，短路电流就会增大一倍。短路电流增大，就会对电网设备造成更大的冲击。在这个过程中，会有一些负荷经受不了冲击而跳闸。因此在双回线路并列运行时，当任一线路发生故障跳闸时，仍有另一回运行线路供电变电站。理论上讲，所供变电站的出线负荷没有发生停电。但是在此类故障下，我们查看负荷曲线图，就会发现，在这些时候，负荷曲线有一个明显的下降突变。这个下降突变就反映了低压负荷在受到电网故障冲击时，会跳闸，损失负荷。

因此当电网规模发展越来越大时，在大电流接地系统中，电网的结构越简单越好。能够分列运行的尽量就分列运行，将电网切分成为更小的电网片区。这样当某个小电网片区发生故障时，不会影响到相邻的电网片区。所以说 110kV 双回线路配置了快速保护，其实也是可以选择“分列运行”的运行方式。

在选择“分列运行”方式时，负荷侧变电站就必须配置备自投装置，以便更快速地将失电负荷自投至运行线路供电，缩短对外停电的时间。现在越来越多的 110kV 变电站，尽管 110kV 母线是双母线接线结构，也会相应地配置 110kV 备自投装置，这样就可以灵活的选择“并列运行”或者“分列运行”的运行方式。

以上便是输电线路的运行方式安排的内容。在我们谈论到输电线路运行方式安排时，提到了多次关于负荷侧变电站配置备自投装置。这个备自投的主要目的，是为了将失电负荷快速自投至运行线路上。那么备自投装置的基本原理到底是如何实现的呢？请接着往下阅读变电设备的运行方式安排。

第九章

变电运行：母线、主变压器、电容器、安全自动装置的“运行方式”

电网设备中按照大原则，可以划分为线路和变电设备。其中变电站是电网中最为重要的电压变换的枢纽设备。变电站的特点是设备数量多，构造复杂。对于电网运行方式的调整，大部分都是需要对变电站内的设备进行倒闸操作。本章主要介绍变电站的运行方式安排，分别从母线、主变压器、电容器、站用变压器、安全自动装置等设备讲述各个电气元件的运行方式安排。

变电站的运行方式从细节入手

◎ 变电站的设备这么多，运行方式安排很复杂

变电站是电网中最为复杂的电气设备元件组合体。变电站内的电气设备元件包括各个电压等级的母线、主变压器组、断路器、隔离开关、电容器组、站用变压器等。其中最为重要、最为核心的电气元件是主变压器，主变压器的作用就是转换电压等级，可以将高电压等级转换为低电压等级，也可以将低电压等级转换为高电压等级。

变电站中的母线是同一电压等级设备的汇集元件。在同一段母线上，所有的电气元件都属于同一电压等级。因此主变压器涉及到几种电压等级的变换，与之对应的母线就有相同数量的母线设备。比如一个三圈变压器，高压侧为110kV，并将其转换为中压侧35kV和低压侧10kV，因此对应的母线有110kV母线、35kV母线和10kV母线。

正是因为变电站内的电气元件众多，对应的保护装置和安全自动装置也是特别多，特别复杂。线路保护、母线保护、主变压器保护、备自投装置、低频低压装置，它们的设置都是为了快速切除故障，保障运行设备的正常运行。

变电站的一次设备和二次设备数量如此众多，构造如此复杂，对应的变电

站内电气设备的运行方式安排和调整也会比输电线路要复杂得多。调度人员在了解和掌握变电站运行方式时，需要花费更多的时间和精力，从细节入手，掌握各个电气元件的运行方式。同时也需要向上关注输电线路的运行方式，向下关注配电线路的运行方式，全方位更加合理的安排全网设备的运行方式。

因此对于调度人员，不仅仅需要站在变电站内看设备的细节，也需要站在输电和配电的角度看全网的运行方式安排。设备元件多，设备构造复杂，就逐个攻破，能力的提升不是一蹴而就，在实际工作需要不断的反馈和完善。

◎ 杜小小“不是说电磁环网不好吗，怎么主变压器一直并列运行？”

杜小小整天在调度室呆着，耳濡目染也听熟悉了不少调度术语和业内行话，跟着值班长不断学习，杜小小也懂得了凡事都需要弄清楚，不要仅仅停留在表面上。最近听得最多的便是“电磁环网”这个词了。杜小小赶紧在百度上查找了官方解释，电磁环网亦称高低压电磁环网，是指两组不同电压等级的线路通过两端变压器磁回路的连接而并联运行，高低压电磁环网中高压线路断开引起的负荷转移很有可能造成事故扩大、系统稳定破坏。

一般来说，变电站内的变压器，在中压侧母线和低压侧母线为分列运行。比如一座 110kV 变电站，主变压器是三圈变压器组，中压侧母线为 35kV 单母线分段接线结构，低压侧母线为 10kV 单母线分段接线结构。那么正常运行方式为 35kV 两段母线分列运行，10kV 两段母线分列运行。目的是防止在任一母线有故障时，两台主变压器的低后备保护均有可能动作跳闸，导致整座变电站中压侧母线或者低压侧母线失电，造成对外大面积停电。

所以，在杜小小的心中就种下了一颗种子，“电磁环网”就是万恶之物，一定是不好的，一定是不能要的。这一天，杜小小在巡视变电设备时，就发现了 35kV 路石变电站的两台主变压器竟然是并列运行，10kV 分段 920 路为运行状态。杜小小脑中闪现的第一个想法，就是监控信号有问题。不过断路器的电流值一直在发生变化，监控信号没有问题。难道是断路器“偷合”了？杜小小听说过断路器有过偷偷“合闸”的案例，联想到会不会是这个原因呢？

“刘姐，我发现一个问题，35kV 路石变电站的 10kV 分段 920 是在‘合’位，这不就形成‘电磁环网’了吗？是不是哪里有问题？”

“小小，观察得很仔细哦。正常运行方式下，35kV 路石变电站的低压侧母线都是分列运行状态，也就是说 10kV 分段 920 路为热备用。不过最近迎峰度夏期间，降温负荷逐渐增加，35kV 路石变电站的两段 10kV 母线负荷越来越不均衡了。一台主变压器所带负荷已经发生重载情况了，所以才选择短时并列运行，使得两台主变压器所带负荷能够再次均衡，重载的变压器也能够得到一定的缓解。”

原来变电站的运行方式也不是一成不变的，需要根据具体的情况，具体分析，找到关键核心点，所有运行方式调整和安排都是建立在保障电网正常稳定运行的基础之上，不能死板的生搬硬套。

◎ 变电站是“中枢转换装置”，其运行方式的本质是负荷的分配方式

变电站在电网中的作用举足轻重，如果把电网比作一个大型复杂的“水渠”系统，那么变电站就是水渠系统中链接各个管道的“水闸”。水闸可以控制水量大小，也可以控制水流方向，它们可以将上游管道的水分配至下游管道中。因此降压变电站就是将高电压等级通过变电设备，转换为低电压等级，并且可以控制各个回路的闭合状态，从而控制电网潮流的走向。

这些“控制器”的控制功能，其实就是变电站运行方式安排，它对变电站各个断路器和隔离开关的运行状态进行调整，通过变电站的断路器的“合闸”和“分闸”就可以对整个电网的潮流进行分配。

变电站内设备多，不过变电站是一个相对比较标准的电气元件组合体，可以大致划分为三个部分。第一个部分是高压侧母线设备，母线上一端连接着输电线路，另一端连接着主变压器的高压侧总路开关。第二个部分是主变压器，主变压器各侧与不同电压等级母线相连。第三个部分是中压侧母线设备和低压侧母线设备。母线上一端连接着配电线路，另一端连接着主变压器的中压侧总路开关和低压侧总路开关。

这样划分之后，就可以分别对变电站每个部分的运行方式做分析。此外变电站的运行方式是基于变电站的接线结构的基础之上，变电站的接线结构不同，其运行方式安排也会有些许的差异。接下来我们就分别从这三个部分来分析变电站的运行方式应该如何来安排。

主变压器、母线、旁路母线的运行方式

◎ 内桥式的运行方式安排大多数为分列运行

在分析变电站高压侧母线的运行方式安排之前，需要先来明确变电站高压侧母线的三种接线结构，分别是内桥式接线结构、单母分段接线结构和双母线

接线结构。每种接线结构都对应着不同的运行方式安排。

先来说说内桥式接线结构的运行方式安排。如图 9-1 所示，就是一个典型的内桥式接线结构。1 号主变压器和 2 号主变压器高压侧仅仅是一把隔离开关，就是内桥式接线结构的典型特征。内桥式接线结构的运行方式安排，就是对于母线上三个断路器的运行状态的改变。

如图 9-1 所示，此座 110kV 变电站的运行状态就是 110kV 花长北 121、花长南 122、内桥 120 回路的断路器变位状态，可以分为三种运行方式。

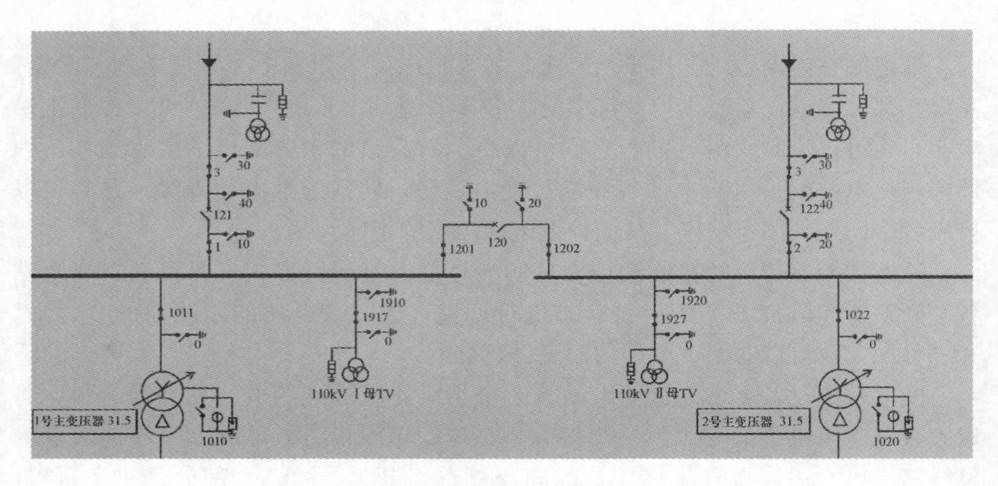

图 9-1 内桥式接线结构的电网运行方式安排

第一种是并列运行状态，110kV 花长北 121、花长南 122、内桥 120 回路均为运行状态。在上一章有讲到线路如果配置了快速保护，即可以使双回线路并列运行。

第二种是分列运行状态，110kV 花长北 121、花长南 122 回路为运行状态，110kV 内桥 120 回路为热备用状态。此时会投入 110kV 备自投装置，当任一线路跳闸，可以自投至另一回运行线路供电。

第三种是一主一备运行状态，110kV 花长北 121、花长南 122 任一回路为运行状态，另一回为热备用状态，110kV 内桥 120 回路为运行状态。此时会投入 110kV 备自投装置，当任一线路跳闸，可以自投至另一回运行线路供电。

一般来说内桥式接线结构的变电站都是终端站，每段母线上只有一回进线电源线路，没有出线回路。作为终端站的内桥式接线变电站，进线电源线路并列运行的情况不多见。常见的是进线电源线路分列运行，投入 110kV 备自投装置，或者是一主一备运行方式，投入 110kV 备自投装置。这里的 110kV 备自投装置是能够在线路故障跳闸后，快速恢复变电站负荷供电的一种安全自动装置。

假设进线电源线路为并列运行，那么任一线路跳闸，下属供电变电站都不会失电。假设进线电源线路为分列运行或者一主一备运行，且没有备自投装置，那么任一线路跳闸，都会引起下属变电站一半负荷失电。加装备自投状态，就可以通过安全自动装置，自动将失电负荷投切至运行线路供电，缩短负荷失电的时间。

因此对于内桥式接线结构母线来说，配置备自投装置是非常必要且重要的一个环节。那备自投装置的基本原理是如何呢？下面来简要介绍一下。如图 9-2 所示，110kV 星柏Ⅰ线与星柏Ⅱ线为分列运行状态，110kV 柏子洞变电站投入 110kV 备自投装置。

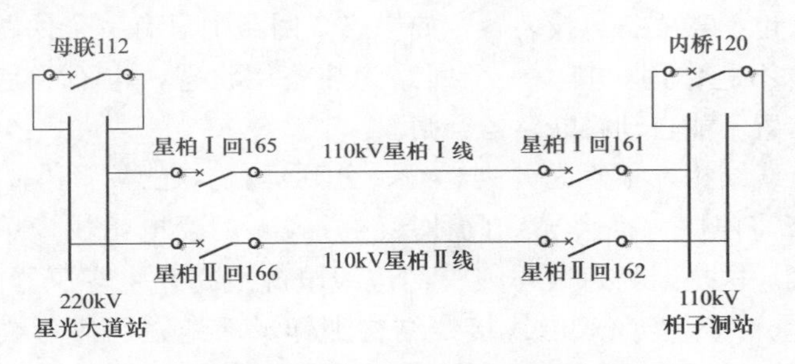

图 9-2　分列运行方式下的备自投装置原理

当 110kV 星柏Ⅰ线故障时，220kV 星光大道站的星柏Ⅰ回 165 跳闸，此时 110kV 星柏Ⅰ线失电。110kV 柏子洞站 110kV 备自投装置，检测到 110kV 星柏Ⅰ线无电压，110kV 星柏Ⅱ回线路有电压，则 110kV 备自投装置会先跳开 110kV 柏子洞站的星柏Ⅰ回 161，合上 110kV 内桥 120，此时 110kV 星柏Ⅱ线运行供电 110kV 柏子洞站 110kVⅠ母和 110kVⅡ母。

如图 9-3 所示，110kV 星柏Ⅰ线与星柏Ⅱ线为一主一备运行状态。110kV 星柏Ⅰ线为 110kV 柏子洞站主供电源，110kV 星柏Ⅱ线为 110kV 柏子洞站备用电源，110kV 柏子洞变电站投入 110kV 备自投装置。

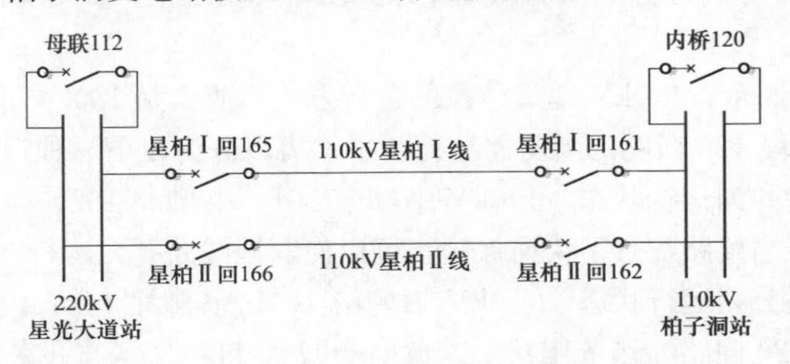

图 9-3　一主一备运行方式下的备自投装置原理

当110kV星柏Ⅰ线故障时，220kV星光大道站的星柏Ⅰ回165跳闸，此时110kV星柏Ⅰ线失电，110kV柏子洞变电站全站失电。110kV柏子洞站110kV备自投装置，检测到110kV星柏Ⅰ线无电压，110kV星柏Ⅱ回线路有电压，则110kV备自投装置会先跳开110kV柏子洞站的星柏Ⅰ回161，合上110kV柏子洞站的星柏Ⅱ回162。此时110kV星柏Ⅱ线运行供电110kV柏子洞站110kVⅠ母和110kVⅡ母，110kV柏子洞变电站恢复送电。

因此，备自投装置可以正常发挥其功效，必须具备以下条件。负荷端变电站的两个进线电源回路和一个内桥回路中，只能有两个是运行状态，一个是热备用状态。如果三个回路均为运行状态，备自投装置是不起作用的。此时线路为并列运行，也不需要备自投装置。如果三个回路中只有一个回路为运行状态，备自投装置也不起作用。其中一个回路为热备用状态，也不能是冷备用状态，否则备自投装置不能自动将断路器合闸。

内桥式接线结构，不管是并列运行、分列运行，还是一主一备运行，任一一段母线检修需停电，都会导致此种接线方式下的变电站成为单线、单母线、单变运行方式。这是因为每段母线上的进线电源线路和主变压器回路都唯一接入这段母线上。并不能像双母线接线结构那样灵活地在两段母线上进行调整。因此很多情况下，会将内桥式接线结构的进线电源线路、高压侧母线，以及主变压器回路一起停电检修，达到“一停多用”的目的。

◎ 单母分段式的运行方式安排比内桥式更加灵活

讲完内桥式接线结构的运行方式安排，再来看单母分段接线结构的运行方式安排。如图9-4所示，就是一个典型的单母分段式接线结构。它与内桥式接线结构不同的地方在于，1号主变压器和2号主变压器高压侧不仅仅是一把隔离开关，还配置有断路器。单母分段接线结构的运行方式安排，跟内桥式接线结构的运行方式安排类似，主要看母线上三个断路器的运行状态的改变。

如图9-4所示，110kV单母分段的运行方式本质上是110kV书柳南161、书柳北162、分段120回路的断路器运行状态，可以分为以下三种运行方式。

第一种是并列运行状态，110kV书柳南161、书柳北162、分段120回路均为运行状态。当线路配置了快速保护，可以使双回线路并列运行。

第二种是分列运行状态，110kV书柳南161、书柳北162回路为运行状态，110kV分段120回路为热备用状态。此时会投入110kV备自投装置，当任一线路跳闸，可以自投至另一回运行线路供电。

第三种是一主一备运行状态，110kV 书柳南 161、书柳北 162 任一回路为运行状态，另一回为热备用状态，110kV 分段 120 回路为运行状态。此时会投入 110kV 备自投装置，当任一线路跳闸，可以自投至另一回运行线路供电。

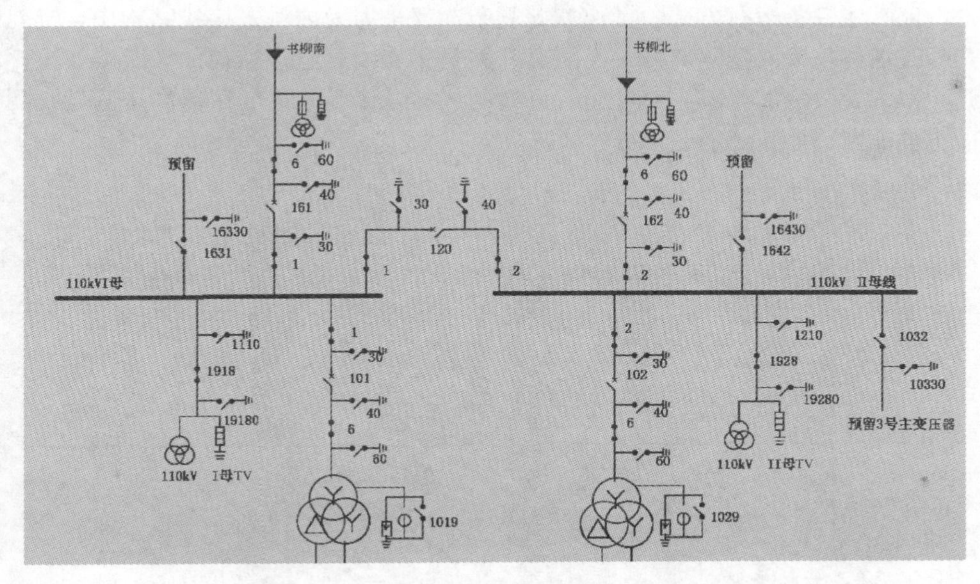

图 9-4　单母分段式接线结构的电网运行方式安排

一般来说单母分段式接线结构的变电站不一定都是终端站，每段母线上可以接入多回线路。因此单母线分段式接线结构的变电站可以成为串接式网络中的非终端负荷变电站，也可以成为链式网络中的任一负荷变电站，比内桥式接线结构要灵活许多。

同样当单母分段式接线结构为分列运行或者一主一备运行方式下，会配置备自投装置，并投入备自投装置，可以使得在线路没有并列运行时，能够在线路故障跳闸后，快速恢复变电站负荷的损失。

单母分段与内桥式接线结构相比，最大的优势在于主变压器的运行方式比较容易进行运行方式的调整。如图 9-4 所示，当 1 号主变压器需要停电检修，只需要将 1 号主变压器低压侧负荷进行转移后，直接将 1 号主变压器由运行转检修即可。

但是内桥式接线结构，主变压器检修时的运行方式调整就会比较复杂。如图 9-5 所示，内桥式接线下的 110kV 运行方式为一主一备，110kV 花长北线作为主供电源线路，供电全站负荷，110kV 花长南线为备用电源线路，110kV 备自投装置投入。

此运行方式下，若需要将1号主变压器停电检修，首先需将变电站全部负荷转移至110kV花长南线供电。然后拉开110kV花长北121、内桥120回路开关，接着才能将1号主变压器由运行转检修。最后再恢复110kV花长南、花长北线路一主一备运行方式。操作如此复杂，都是因为内桥式接线结构中，主变压器高压侧仅为一把隔离开关，隔离开关是不能断开电流负荷的，所以在拉开这个隔离开关之前，需要通过运行方式的调整，使1号主变压器高压侧母线各个方向的断路器都处于“分闸”状态。

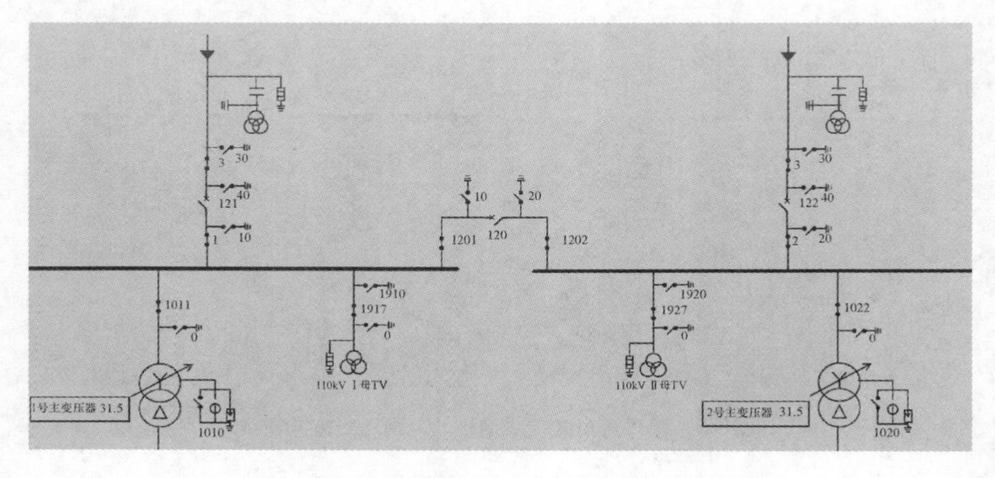

图9-5　内桥式接线结构的主变压器运行方式调整

单母分段式接线结构，不管是并列运行，分列运行，还是一主一备运行，任一一段母线检修需停电，也会导致此种接线方式下的变电站成为单线、单母线、单变运行方式。这是因为单母线分段跟内桥式接线结构类似，每段母线上的进线电源线路和主变压器回路都唯一接入这段母线上，并不能像双母线接线结构那样灵活地在两段母线上进行调整。因此很多情况下，会将单母分段式接线结构的进线电源线路、高压侧母线，以及主变压器回路一起停电检修，达到“一停多用”的目的。

◎ 双母线的运行方式安排最为灵活多变

内桥式和单母分段接线结构的灵活性都有一定的局限，双母线接线结构的灵活性就要大很多，特别是在运行方式调整上。如图9-6所示，就是一个典型的双母线的接线结构。它与内桥式和单母分段接线结构不同的地方在于，进线电源回路和主变压器回路都会同时接入两段母线上，因此进线电源回路和主变压器回路可以在任一母线上运行。比如 110kV 花天 161 可以在 110kVⅠ母运行，也可以在 110kVⅡ母运行，只需要调整回路上对应的隔离开关的运行状态即可。

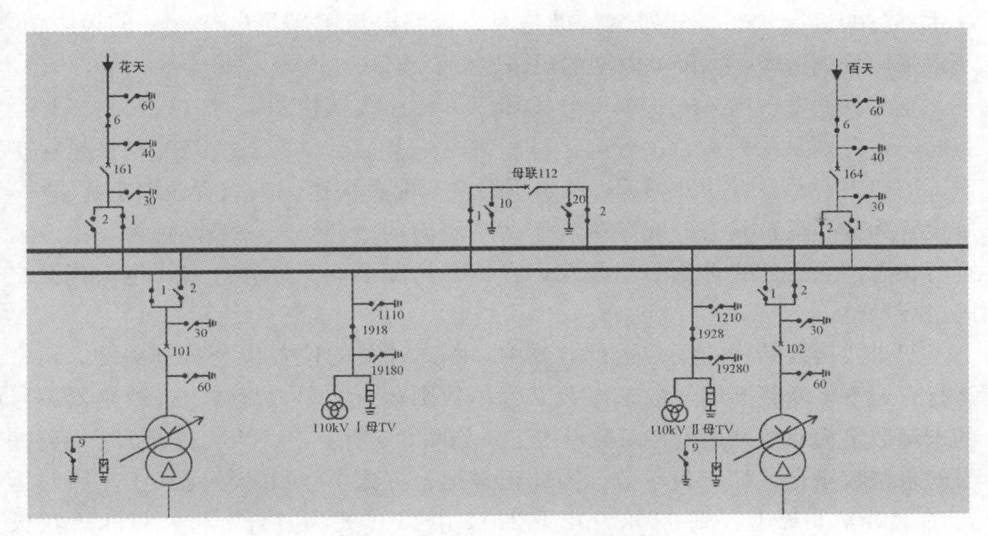

图 9-6　双母线接线结构的运行方式调整

因此当 110kV 任一母线检修停电时，并不会影响进线电源线路和主变压器回路的运行。110kV 花天线和 110kV 百天线可以运行在未检修的母线上，1 号主变压器和 2 号主变压器高压侧回路也可以运行在未检修的母线上，仍然保持双回进线电源线路运行，保持双台主变压器运行。而内桥式和单母线分段接线结构，若任一母线检修停电时，对应的进线电源线路和主变压器都需要陪同停电。

双母线接线结构的运行方式安排主要看母线上三个断路器的运行状态的改变。如图 9-6 所示，110kV 双母线的运行方式本质上是 110kV 花天 161、百天 164、母联 112 回路断路器运行状态，可以分为以下三种运行方式。

第一种是并列运行状态，110kV 花天 161、百天 164、母联 112 回路均为运行状态。当线路配置了快速保护，可以使双回线路并列运行。

第二种是分列运行状态，110kV 花天 161、百天 164 回路为运行状态，110kV 母联 112 回路为热备用状态。此时会投入 110kV 备自投装置，当任一线路跳闸，可以自投至另一回运行线路供电。

第三种是一主一备运行状态，110kV 花天 161、百天 164 任一回路为运行状态，另一回为热备用状态，110kV 母联 112 回路为运行状态。此时会投入 110kV 备自投装置，当任一线路跳闸，可以自投至另一回运行线路供电。

杜小小经过梳理发现，所辖电网中，双母线接线结构的运行方式主要是第一种情况，并列运行状态，有一部分双母线的运行方式是分列运行状态，没有一主一备的运行状态。分列运行也是因为短路电流不满足电气设备的极限值，所以采用分列运行，以降低电网的短路电流。

至此我们发现内桥式、单母分段和双母线接线结构的运行方式都有三种运行状态，分别是并列运行、分列运行、一主一备运行状态。线路配置快速保护时，一般来说都设置为并列运行状态。线路未配置快速保护或者短路电流过大，则设置为分列运行状态。线路来源于两个不同的电源点，一般设置为一主一备运行状态。当然这些都是一般规律，在特殊情况下，三种运行方式也会相互之间进行调整。

双母线接线结构的正常运行方式中，隔离开关的位置也是特别关键。正常运行方式下，断路器编号的末尾数字为单数则运行在单数母线上，断路器编号的末尾数字为双数则运行在双数母线上。如图 9-6 所示，110kV 花天 161 回路编号的末尾数字是“1”，为单数。因此正常运行方式下，110kV 花天 161 回路运行在 110kV Ⅰ 母上，则 110kV 花天 1611 隔离开关为“合”位，110kV 花天 1612 隔离开关为“分”位。再比如 2 号主变压器 102 回路编号的末尾数字是“2”，为双数。因此正常运行方式下，2 号主变压器 102 回路运行在 110kVⅡ母上，则 2 号主变压器 1021 隔离开关为“分”位，2 号主变压器 1022 隔离开关为“合”位。

这样的规则设置，一是方便记忆和安排电网运行方式。正常运行方式下，进线电源线路断路器尾数为单数的均运行在Ⅰ母上，进线电源线路断路器尾数为双数的均运行在Ⅱ母上。1 号主变压器总路均运行在Ⅰ母上，2 号主变压器总路运行在Ⅱ母上。二是让双回线路和双台主变压器分列运行在不同的母线上。当任一母线故障时，仍然有一回进线电源线路和主变压器处于运行状态，保障对负荷的正常供电。

当然上述是在正常运行方式下隔离开关运行状态的安排，但是在特殊情况下，就需要灵活变通了。比如 110kV 花天 161 回路正常运行方式下是运行在 110kVⅠ母上，当 110kV 花天 1611 隔离开关有故障，不能投入运行，此时 110kV 花天线只能运行在 110kVⅡ母上。那么 110kV 百天 164 回路仍然运行在 110kVⅡ母上吗？

不能，因为 110kV 花天 161 回路和 110kV 百天 164 回路均运行在 110kVⅡ母上，当 110kVⅡ母故障时，则双回进线电源线路均会失电，110kV 变电站会全站失电。因此110kV百天164回路不能运行在110kVⅡ母，而应该将110kV百天164回路由110kVⅡ母倒至在110kVⅠ母上运行，仍然保持双回路进线电源线路均运行在不同的两段母线上，满足设备的$N-1$原则，这样的运行方式安排也是最符合电网安全运行的基本要求。

◎ 变电站中主变压器数量越多，运行方式安排越复杂

变电站中如果要选择一个最重要、最关键的电气元件，那一定是变电站中的主变压器了。变电站之所以被称为“变电站”，就在于主变压器所起到的作用，将高电压等级变为低压电压等级。一般情况下，变电站中至少有两台主变压器设备。变压器各侧连接着不同电压等级的母线。如图9-7所示，1号主变压器和2号主变压器各侧分别连接的是110kV母线和10kV母线，因此，主变压器的作用是将110kV电压等级降压为10kV电压等级。为了保证电网的安全运行，以及主变压器设备满足$N-1$要求，两台主变压器设备均为运行状态。

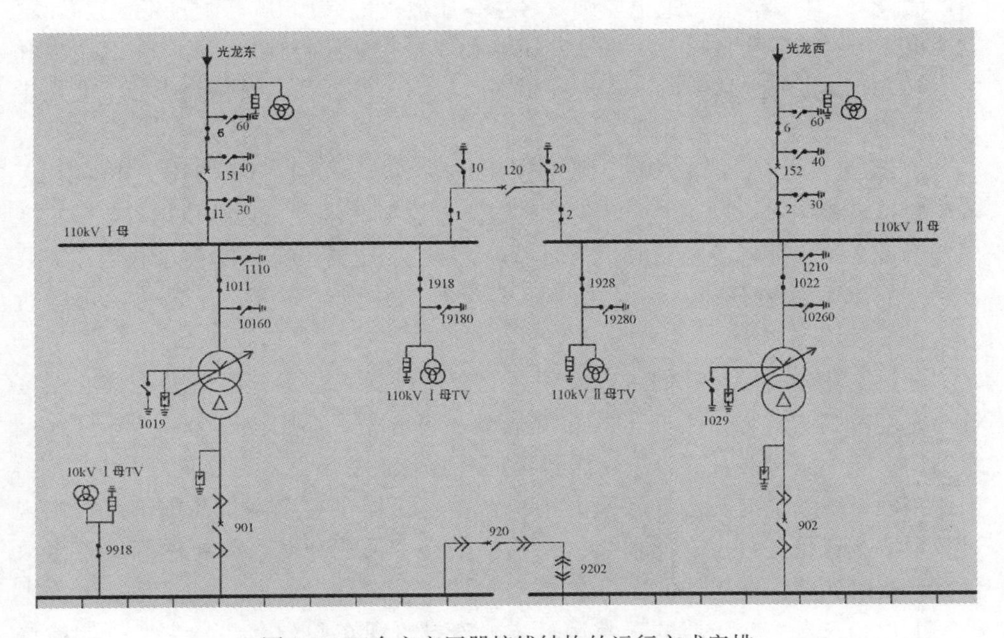

图9-7　双台主变压器接线结构的运行方式安排

当然，考虑电网安全运行是调度部门关注的第一要素，此外经济运行也是考虑的另一点。当变电站为新投运变电站或者变电站10kV出线负荷很少时，可以安排一台主变压器运行，另一台主变压器热备用状态。此时最好主变压器配

置有备自投装置，可以在运行主变压器故障时，自投至备用主变压器运行，缩短对外停电时间。

当任一一台主变压器检修停电时，变电站就只有一台主变压器供电全站负荷。此时首先要考虑的是，单台主变压器是否能够供电全站负荷，是否会出现重过载现象。其次要考虑的是，若运行主变压器再发生故障时，则10kV母线会失电，导致所有出线负荷失电。

那么如果变电站内再多设置一台主变压器，变成三台主变压器是不是就会好一些呢？当变电站内有三台主变压器时，相应的主变压器的运行方式就会比较复杂一些。

如图9-8所示，变电站中有三台主变压器，分别是1号主变压器、2号主变压器和3号主变压器。原则上三台主变压器均为运行状态。正常运行方式下，1号主变压器总路101和3号主变压器总路103均运行在110kVⅠ母上，2号主变压器总路102运行在110kVⅡ母上。

现在假设两种情况。

假设一：110kVⅡ母失电，则2号主变压器失电。10kV若配置备自投装置，则10kV母线负荷会自投至1号主变压器和3号主变压器供电。1号主变压器和3号主变压器将带全站负荷。若主变压器满足$N-1$要求，则主变压器不会发生过载现象。

假设二：110kVⅠ母失电，则1号主变压器和3号主变压器均失电。10kV若配置备自投装置，则10kV母线负荷均会自投至2号主变压器供电。2号主变压器将带全站负荷，若在高峰负荷时段，2号主变压器很有可能会过载运，需要及时恢复1号主变压器、3号主变压器运行，并恢复10kV母线的正常运行方式。

经过上述分析后，我们可以发现，变电站设置三台主变压器多为核心城区负荷密度较高的地方，主变压器的负载率一般情况下都比较高。110kV母线接线结构一般为双母线，三台主变压器必定有两台主变压器运行在同一段母线上。当这一段母线失电时，会导致短时内一台主变压器供电全站负荷的情况，出现过载现象。这是三台主变压器接线结构中的一个薄弱环节，需要做好应急事故预案，及时调整主变压器的运行方式。

上述为三台主变压器的正常运行方式安排。现在假设有2号主变压器检修需要停电，则1号主变压器和3号主变压器运行供电全站负荷。此时需要进行运行方式的调整，1号主变压器和3号主变压器不能都运行在110kVⅠ母上。需要将其中一台主变压器总路由110kV1母倒至110kV2母运行。10kV母线负荷也需要均分在1号主变压器和3号主变压器运行。如果是1号主变压器或者3号主

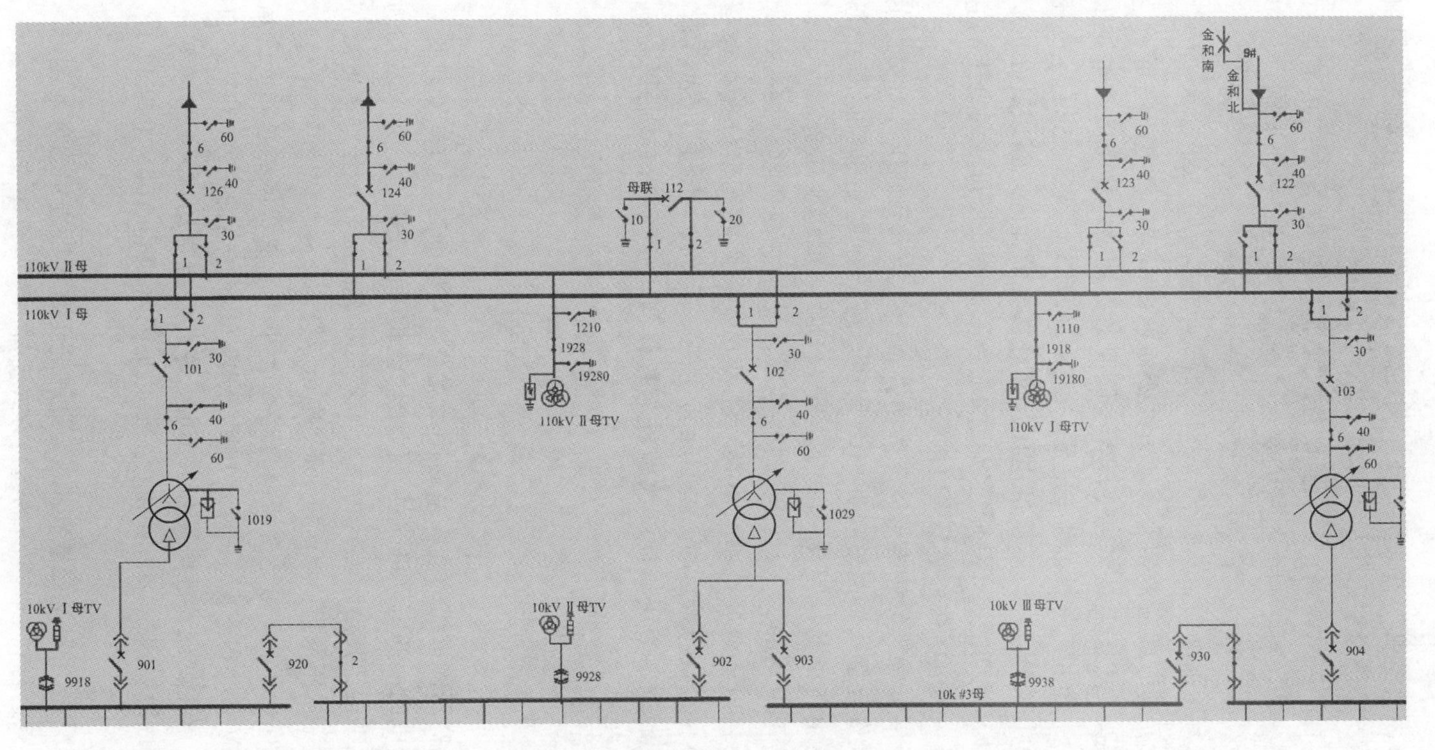

图 9-8　三台主变压器接线结构的运行方式安排

变压器检修需要停电，主变压器高压侧的运行方式可以不用调整，因为运行的两台主变压器已是分别运行在不同的110kV母线上。

主变压器的数量越多，变压器设备的冗余度越高，同时对应的运行方式安排也会更加复杂，对于调度人员的要求也越高。掌握好一个原则，一切以电网安全为第一位，运行方式安排尽量合理。

除了主变压器的数量之外，主变压器的调压装置也是非常重要的。主变压器本质上就是若干线圈的组合，通过线圈匝数的不同，将电压进行转换。主变压器的分接头，本质上是对主变压器线圈匝数的调整，从而微调整变压器的变压比。比如一台主变压器的电压比是115kV/10.5kV，就是说这台主变压器可以将115kV电压降压为10.5kV的电压。而分接头的加入，可以让10kV母线在10kV至11kV之间变换，从而可以更加细致的调整低压母线的电压幅值，以便满足低压母线的电压在合格范围之内。

主变压器分接头的调整可以分为两类，一类是无载调压，需要将主变压器停电才能操作分接头；另一类是有载调压，可以在主变压器运行状态操作分接头，进行电压调整。因此当主变压器为无载调整主变压器时，其运行方式调整是非常不灵活的。一旦需要调整电压，操作主变压器分接头，就需要将此主变压器停电。若变电站只有两台主变压器，则在调整分接头过程中，变电站只有单台主变压器运行，一旦运行主变压器故障，则会引发10kV母线失电。建议无载调压变压器能够改造成为有载调压变压器，从而提高电网运行的安全可靠性。

◎ 变电站中低压侧母线的运行方式安排均为分列运行

变电站高压侧母线的接线结构比较复杂，对应的运行方式安排也会比较复杂。但是变电站中低压侧母线的接线结构就相对比较简单，大多数均为单母线分段的接线结构。其运行方式为主变压器低压总路运行，分别供电对应的低压侧母线。这里低压是指10kV和35kV电压等级。

如图9-9所示，1号主变压器总路601和2号主变压器总路602运行，分别供电10kVⅠ母和10kVⅡ母，10kV分段620为热备用，10kV备自投装置投入。当1号主变压器故障跳闸，10kV备自投装置动作，1号主变压器总路601跳闸，10kV分段620合闸，2号主变压器供电10kVⅠ母和10kVⅡ母负荷。

一般情况下，35kV母线和10kV母线的正常运行方式为分列运行，但是也不排除有并列运行和一主一备的运行方式安排。当两台主变压器的负荷不均衡，

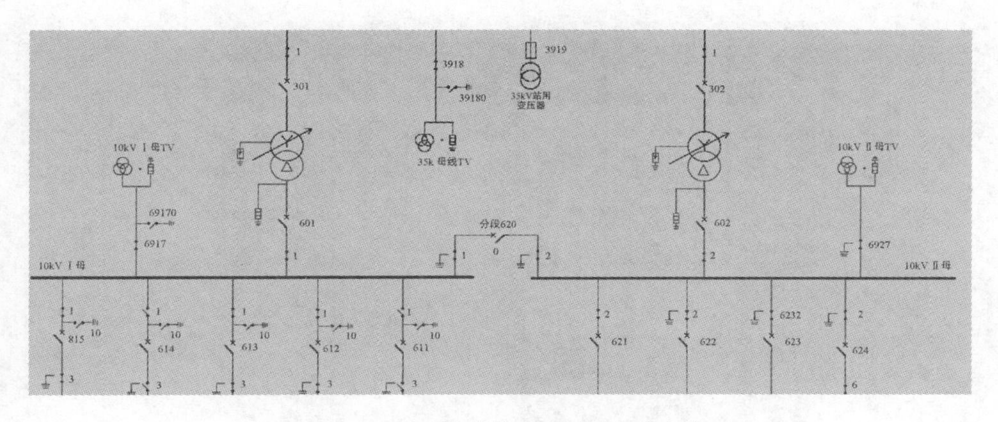

图 9-9　10kV 母线的正常运行方式安排

且其中有一台主变压器负载率已经超过了重载或者过载限值，则可以将两台主变压器并列运行，短时错峰运行。这样既可以解决主变压器负荷不均衡问题，也可以短时解决主变压器重过载问题。如图 9-9 所示，并列运行时，1 号主变压器总路 601、2 号主变压器总路 602、10kV 分段 620 均为运行状态，并需要退出 10kV 备自投装置，此时备自投装置已经不起作用了。

并列运行状态是在极端的情况下使用的一种特殊运行方式，因为当两台主变压器并列运行时，短路电流会增大。当电网有故障时，对于电网的冲击会更大。此外当两台主变压器并列运行时，任一 10kV 母线故障时，有可能导致 1 号主变压器和 2 号主变压器的低后备保护同时动作，导致 1 号主变压器总路 601 和 2 号主变压器总路 602 同时跳闸，造成 10kVⅠ母和 10kVⅡ母失电。因此并列运行的方式可以在主变压器发生重过载时，短时错峰所使用的一种特殊运行方式。当主变压器重过载情况缓解后，需要及时恢复至分列运行状态。

一主一备运行状态也是一种特殊运行方式，主要目的是为了调整主变压器的负荷分配。如图 9-10 所示，变电站的负荷主要集中在 35kV 母线，10kV 母线上的出线负荷相较于 35kV 的要少很多。正常运行方式下，35kVⅠ母和 35kVⅡ母为分列运行状态。此时若 35kV 母线负荷不均衡，35kVⅠ母出线负荷要很多，导致 1 号主变压器负载率发生重载。则可以通过调整 10kV 母线的运行方式，将 10kVⅠ母和 10kVⅡ母都由 2 号主变压器 602 供电，则可以缓解 1 号主变压器的重载问题。此时 10kV 的运行方式则为 2 号主变压器 602、10kV 分段 620 为运行状态，1 号主变压器总路 601 为热备用状态，是典型的一主一备运行方式。

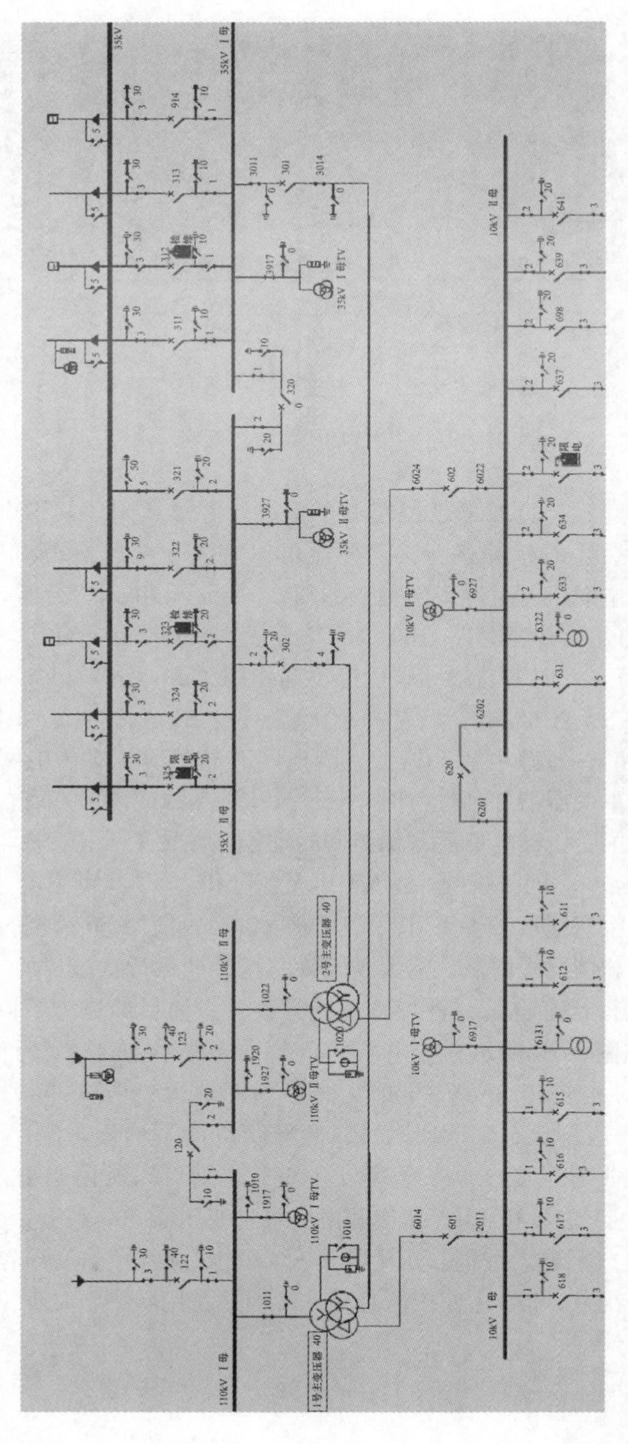

图 9-10　10kV母线的一主一备运行方式安排

◎ 高压侧旁路和旁路母线可以转移负荷

旁路和旁路母线是变电站内的设备冗余元件，在正常运行方式下，旁路和旁路母线都处于热备用状态，当母线上的出线回路停电时会使用到它们。因此旁路和旁路母线运行时，均是特殊运行方式下的状态。只要有母线的地方，就会有旁路母线存在的可能性和意义，所以变电站中会存在高压侧旁路母线、中压侧旁路母线和低压侧旁路母线。

旁路和旁母包括哪些电气元件呢？一共包括三类元件。

第一，旁路回路，包括旁路回路中的断路器和隔离开关。

第二，旁路母线，有些旁路母线为单母接线结构，有些是单母分段接线结构。

第三，母线各个出线回路的旁母的隔离开关，有多少出线回路就有多少旁母的隔离开关。

旁路和旁路母线一般存在于电源侧母线。比如110kV线路两侧连接的母线分别是，电源侧母线，即为220kV变电站的110kV母线。另一端是负荷侧母线，即为110kV变电站的110kV母线。因此，220kV变电站中的110kV母线有可能设置110kV旁路母线。如图9-11所示，为一座220kV变电站的配置有110kV旁路母线的双母线一次接线图。110kV旁路115在正常运行方式下为热备用状态，旁路母线上所有的出线回路的“－5”字号隔离开关、主变压器总路的“－5”字号隔离开关均处于“分”位。

当110kV鸡黑161回路检修需要停电时，可以通过旁路115带路的方式对110kV鸡黑线送电。此时旁路115为运行状态，110kV旁路母线为运行状态，鸡黑1615隔离开关为“合”位。可以保证110kV鸡黑线的正常供电，减少电网的运行风险。

当1号主变压器总路101回路有检修需要停电时，也通过旁路115带路的方式对110kVⅠ母送电。因此，旁路和旁路母线是母线上出线回路和主变压器回路的冗余设备元件。

此外旁路母线还有一个作用，转移负荷。通过旁路母线上的“－5”字号隔离开关的运行方式调整进行出线负荷的转移。如图9-11所示，110kV花鸡南北线为两座220kV变电站之间的110kV联络线。因此110kV花鸡南164、花鸡北163在正常运行方式下为热备用状态。此时便可以通过110kV花鸡南北线上110kV旁路母线，带其他110kV出线负荷，达到转移负荷的目的。

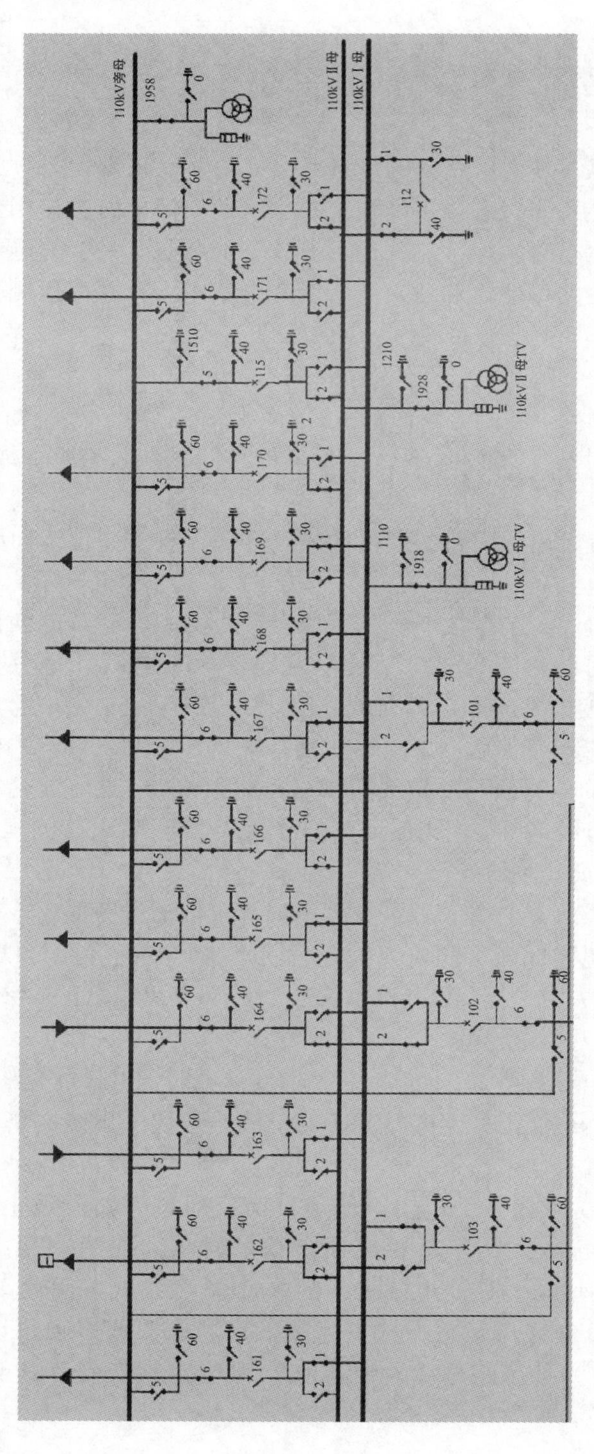

图 9-11　110kV旁路母线的运行方式安排

例如，110kV 花鸡南线通过 110kV 旁路母线带 110kV 鸡黑线负荷，可以合上 110kV 花鸡南 1645、鸡黑 1615 隔离开关，拉开鸡黑 161 回路。对侧 220kV 变电站对 110kV 花鸡南线供电，通过花鸡南 1615 隔离开关对 110kV 旁路母线送电，再通过鸡黑 1615 隔离开关对 110kV 鸡黑线供电。

此种特殊运行方式存在的意义在于，保持 110kV 母线正常运行方式，同时又可以将母线上 110kV 出线负荷转移至相邻 220kV 变电站。从而可以降低本站主变压器的负载率，特别是负荷高峰时期，这是一种转移主变压器负荷的方法之一。

随着 110kV 电网接线结构越来越完善，链式结构和环式结构也越来越普及。当前新投运的 220kV 变电站中的 110kV 母线，几乎没有考虑配置 110kV 旁路母线。这是冗余度的权衡，冗余度可以通过不同种方式来实现，电网选择更加坚强的网络结构化冗余方式，而非单点突破的冗余方式。

◎ 低压侧旁路和旁路母线可以发挥互联线路作用

低压侧旁路和旁路母线是指 35kV 和 10kV 的旁路和旁路母线，也多存在于电源侧变电站母线。比如 110kV 变电站的 35kV 母线，110kV 变电站的 10kV 母线，35kV 变电站的 10kV 母线，都有可能配置旁路和旁路母线。

如图 9-12 所示，变电站的 10kV 母线配置有 10kV 旁路母线。我们可以看到 10kV 母线上有出线回路、站用变回路、电容器回路，但是其中电容器回路并没有配置旁路母线的隔离开关，也就是说电容器组并不能享受到旁路母线的冗余度作用。这是因为一般一座 110kV 变电站会配置 4～6 组电容器组设备，它们本身就是互为备用的冗余设备。

那 10kV 出线回路的冗余设备除了旁路和旁路母线之外，还有 10kV 互联线路。随着电网的不断发展完善，10kV 线路的互联率也越来越高，因此新投运变电站的 10kV 母线也几乎不再配置 10kV 旁路和旁路母线。

正常运行方式下，10kV 旁路母线和旁路 632 为热备用状态。当 10kV 母线上出线回路检修停电时，可以通过 10kV 旁路 632 带路的方式，对 10kV 出线供电。如图 9-12 所示，当 10kV 垭城 633 回路需检修停电时，可以通过 10kV 旁路 632 对 10kV 旁路母线送电，再通过 10kV 垭城 6335 隔离开关对 10kV 垭城线送电。若 10kV 垭城线无联络线路，则可以通过旁路带路，避免 10kV 垭城线停电。

上述情况是 10kV 旁路和旁路旁母线均可以使用的情况。假设 10kV 旁路回路有故障，不可以使用，仅仅只能使用 10kV 旁路母线，这时候如何利用这个冗余储备呢?

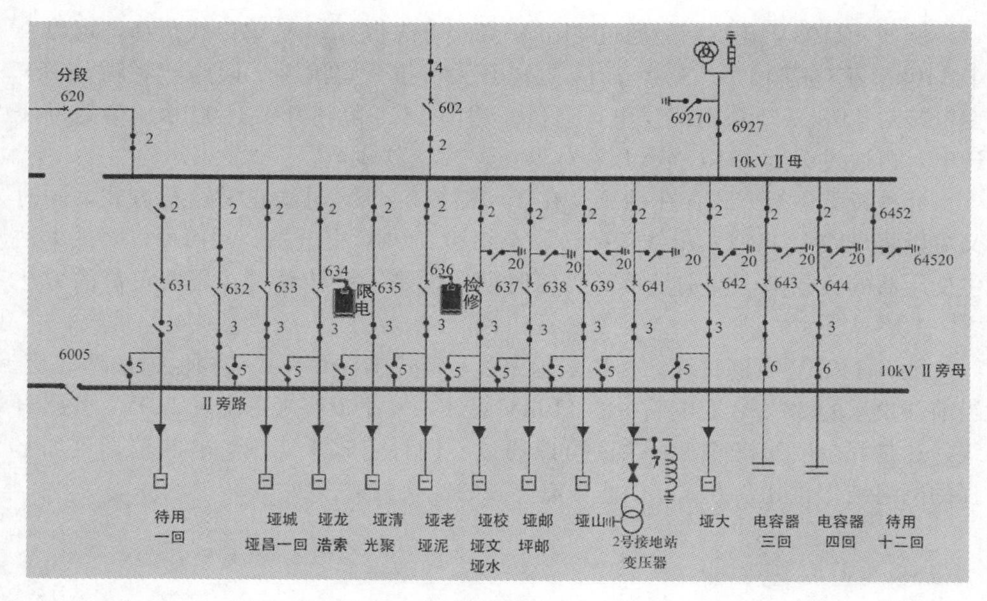

图 9-12　10kV 旁路母线的运行方式安排

例如，10kV 旁路 632 回路有故障不能恢复，10kV 垭城 633 回路有检修需停电，并且 10kV 垭城线无联络线路可以转移。如何保证 10kV 垭城线在此种情况下不失电？

可以通过另一回出线的“－5”字号隔离开关来对 10kV 垭城线送电。比如通过 10kV 垭龙 6345 隔离开关对 10kV 旁路母线送电，再通过 10kV 垭城 6335 隔离开关对 10kV 垭城线送电。

在此种特殊运行方式下，需要注意以下三点要求。

第一，10kV 垭龙 635 回路会带 10kV 垭龙线和垭城线两条 10kV 出线负荷。需要保证 10kV 垭龙 635 回路不发生重过载现象。

第二，10kV 垭龙 635 回路的保护是否匹配带两条 10kV 出线的要求。

第三，在倒闸操作过程中，合上垭龙 6345、垭城 6335 隔离开关，需要停电换电。也就是需要先将 10kV 垭龙线、垭城线转热备用，再合上垭龙 6345、垭城 6335 隔离开关，最后将 10kV 垭龙线、垭城线转运行。操作期间 10kV 垭龙线、垭城线均需要短时停电。

旁路和旁路母线是一种冗余设备元件，在电网特殊运行方式下才会处于运行状态，主要有以下两种作用。

第一，当有母线上出线回路或者主变压器总路检修停电时，可以通过旁路带路，保证出线线路和对应母线的正常供电。

第二，当旁路有缺陷不能投入运行时，可以通过旁路母线和两把“5”字号隔离开关，进行负荷的转移。

确定变电站正常、检修和故障时的运行方式

◎ 第一步梳理变电站的正常运行方式

杜小小发现变电站虽然在电网中只能算是一个“点”，但是这个“点”所涉及的电网设备特别多，也特别复杂，其电网运行方式也特别复杂多变。自己需要好好进行梳理，才能从中找到规律，并掌握好电网运行方式的调整。这也是到目前为止，杜小小所认为的最难也最重要的一个环节。杜小小自制了一张表格，来帮助自己理清思路，见表 9-1。

表 9-1　　母线的正常运行方式安排

序号	变电站	母线电压等级	母线接线结构	正常运行方式	备自投装置	是否有旁母
1	220kV 星光大道站	110kV	双母线	并列运行	无	是
2	110kV 南街站	110kV	单母分段	分列运行	投入	否
3	…					

变电站内母线可以分为高压侧母线、中压侧母线、低压侧母线，各个母线的接线结构会有所差异，特别是 110kV 母线，包括有内桥式、单母分段、双母线。对应的正常运行方式有并列运行、分列运行和一主一备运行方式。35kV 和 10kV 母线的接线结构多为单母分段，其正常运行方式是分列运行。

杜小小发现母线并列运行时，其对应的线路一般都会配置线路快速保护。但是备自投装置不会配置，或者配置备自投装置，不投入运行。母线分列运行或者一主一备运行时，备自投装置会投入运行。

一般投运 10 年以上的变电站，不少电源侧母线都会配置旁路母线，但是新投运的变电站，基本上不会配置旁路母线。

变电站的重要设备是主变压器，一般主变压器的台数是两台。杜小小所辖电网中，有 2 座 110kV 变电站有 3 台主变压器，其余变电站的主变压器均为 2 台。220kV 变电站的主变压器，110kV 侧均为并列运行方式，110kV 变电站的主变压器均为分列运行方式。在所有的 110kV 变电站的主变压器均为有载调压变，只有 2 座 35kV 变电站的主变压器为无载调压变。杜小小同样采用制表方式来梳理自己的思路，见表 9-2。

表 9-2　　主变压器的正常运行方式安排

序号	变电站	主变压器	正常运行方式	调压装置
1	110kV 接龙站	1 号主变压器、2 号主变压器	分列运行	有载调压
2	110kV 南街站	1 号主变压器、2 号主变压器、3 号主变压器	分列运行	有载调压
3	…			

◎ 第二步确定变电站检修时的运行方式

变电站的母线接线结构包括三种，内桥式、单母分段和双母线接线结构。它们有一个共同特征，就是都有两段母线，当任一一段母线检修停电时，都只有一段母线处于运行状态，一旦此段母线故障，势必会引起变电站失电。其中内桥式和单母分段接线结构，当母线检修时，母线上连接的电源线路和主变压器都需要陪同停电，导致变电站为单线、单母线、单变运行状态。而双母线接线结构下，当任一母线检修时，母线上连接的电源线路和主变压器可以倒闸至另一段母线运行，变电站只是单母线运行状态，仍然会保持双线、双变运行方式。

35kV 母线和 10kV 母线检修停电时，由于是单母线分段接线结构，35kV 母线和 10kV 母线上所有出线回路均会停电。只能通过互联线路，进行负荷转移，如果出线没有互联线路，则此出线会对外停电。

杜小小现在终于知道，为什么现在电网的发展要强调互联网络的强化，而不断在弱化旁路母线这样单点突破的冗余设备配置。这是因为当 35kV 母线和 10kV 母线停电检修时，只有强大的互联线路才能彻底将出线负荷进行转移。而旁路母线仅仅只能转移某条回路出线负荷，作用不大。杜小小按照母线元件检修时的各种情况，梳理了对应的运行方式安排，见表 9-3。

表 9-3　　母线检修时的运行方式安排

序号	变电站	母线电压等级	母线接线结构	母线检修	特殊运行方式	备自投装置
1	220kV 星光大道站	110kV	双母线	任一母线检修	单母运行	无
2	110kV 南街站	110kV	单母分段	任一母线检修	单线、单母、单变运行	退出
3	…					

杜小小所辖电网中，只有两座 110kV 有三台主变压器，当任一一台主变压器检修停电时，仍然有两台主变压器运行供电，仍然满足 $N-1$ 要求。而其余的

110kV 变电站和所有 35kV 变电站均只有两台主变压器，当任一一台主变压器检修停电时，仅有一台主变压器运行供电。当这一台运行主变压器故障时，将造成 10kV 母线全部失电。杜小小按照主变压器元件检修时的各种情况，梳理了对应的运行方式安排，见表 9-4。

表 9-4　　主变压器检修时的运行方式安排

序号	变电站	主变压器	主变压器检修	特殊运行方式
1	110kV 接龙站	1 号主变压器、2 号主变压器	任一主变压器检修	单变运行
2	110kV 南街站	1 号主变压器、2 号主变压器、3 号主变压器	任一主变压器检修	双变运行
3	…			

◎ 第三步确定变电站故障时的运行方式

母线检修停电时的特殊运行方式安排与母线故障时的特殊运行方式安排有相似之处，不过当母线故障时，设备是在保护动作下形成的特殊运行方式，与倒闸操作时的特殊运行方式仍有差别。

110kV 母线包括有内桥式、单母分段和双母线接线结构。任一母线故障时，都会断开该段母线上所有回路，导致在故障发生后，变电站处于单线、单母线、单变的运行方式。对于双母线接线结构，在故障发生后，可以将失电的线路和主变压器倒至另一段运行母线上。

35kV 母线和 10kV 母线故障时，主变压器后备保护动作，35kV 母线和 10kV 母线失电，只有通过互联线路进行负荷转移，没有互联线路的出线只能等待来电。

同样的，杜小小按照母线故障时的各种情况，梳理了对应的运行方式安排，见表 9-5。

表 9-5　　母线故障时的运行方式安排

序号	变电站	母线电压等级	母线接线结构	母线故障	保护动作情况	故障时运行方式安排
1	220kV 星光大道站	110kV	双母线	任一母线	母线差动保护动作	运行母线供电所有 110kV 出线
2	110kV 南街站	110kV	单母分段	任一母线	母线差动保护动作	运行母线供电南街站
3	…					

变电站有两台主变压器，任一一台主变压器故障时，另一台主变压器将带全站负荷。此时若运行主变压器再故障，10kV 母线将全部失电。变电站有三台主变压器，任一一台主变压器故障时，仍然有两台主变压器运行供电全站负荷。发生故障后，需要对运行的两台主变压器进行必要的运行方式调整。例如 2 号主变压器故障，剩下 1 号主变压器和 3 号主变压器运行，此时 1 号主变压器总路 101 和 3 号主变压器总路 103 均运行在 110kVⅠ母，需要对其中一回路调整至 110kVⅡ母运行。

同样的，杜小小按照主变压器故障时的各种情况，梳理了对应的运行方式安排，见表 9-6。

表 9-6　主变压器故障时的运行方式安排

序号	变电站	主变压器	主变压器故障	保护动作情况	故障时运行方式安排
1	110kV 接龙站	1 号主变压器、2 号主变压器	任一主变压器故障	单变运行	运行主变压器供电接龙站
2	110kV 南街站	1 号主变压器、2 号主变压器、3 号主变压器	任一主变压器故障	双变运行	运行主变压器供电南街站
3	…				

杜小小花费了两天的时间才将所辖电网中所有变电站中的母线、主变压器的正常运行方式和特殊运行方式梳理清楚。这两天的时间虽然很累，但是却是很有价值。杜小小已经比较清楚输网部分的运行方式安排和调整的规律，也更加深刻理解到电网结构的坚强，对于电网的运行方式灵活安排有多么的重要了。

◎ 电源线路是不是距离负荷端越近越好

案例背景

一座在运的 220kV 变电站，站内设备进行技改工程，其 110kV 母线整体更换为 GIS 设备。在改造升级中，变电站的接线结构并不总是完整的，在过渡阶段，存在着临时的、不完整的接线结构。

当 GIS 设备改造的第一阶段结束后，220kV 变电站的 110kV 母线的接线结构如图 9-13 所示。首先投入运行的是 220kV 变电站的 1 号主变压器 101 回路，安排其在 110kVⅠ母上运行。110kV 母联 112 路为运行状态，为 110kVⅡ母送电。另外 110kVA2 线路安排在 110kVⅡ母上运行，为负荷侧变电站 A 供电。由于是临时过渡阶段，此时变电站 A 的进线电源线路仅有 110kVA2 线路为其供电。

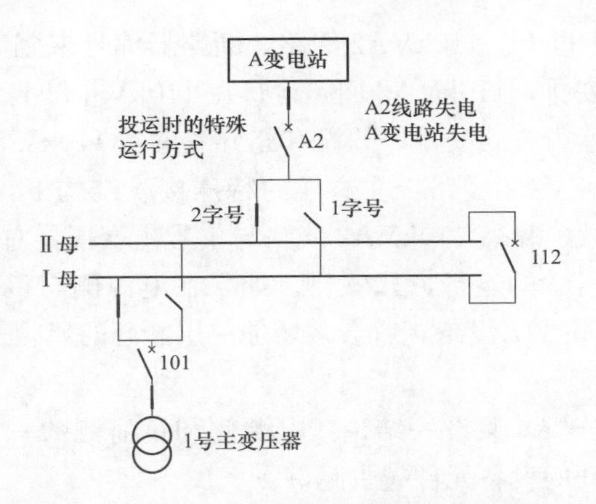

图 9-13　110kV 母线 GIS 设备改造期间的接线结构

故障状况

110kV 母线 GIS 设备仍然在改造中。施工调试人员将 220kV 变电站的 110kV 母联 112 断路器误跳闸。导致 110kV Ⅱ 母失电，110kVA2 线路失电，110kV 变电站 A 全站失电。

案例分析

假设如图 9-14 所示，110kVA2 线运行在 110kV Ⅰ 母，若 110kV 母联 112 跳闸，是不会影响到 110kV 变电站 A 的正常供电。或者假设 1 号主变压器 101 运行在 110kV Ⅱ 母，若 110kV 母联 112 跳闸，也是不会影响到 110kV 变电站 A 的正常供电。实质就是，1 号主变压器总路 101 和 110kVA2 回路都在同一段 110kV 母线上运行，110kV 母联 112 的故障跳闸，是不会影响到 110kV 变电站 A 的正常供电。

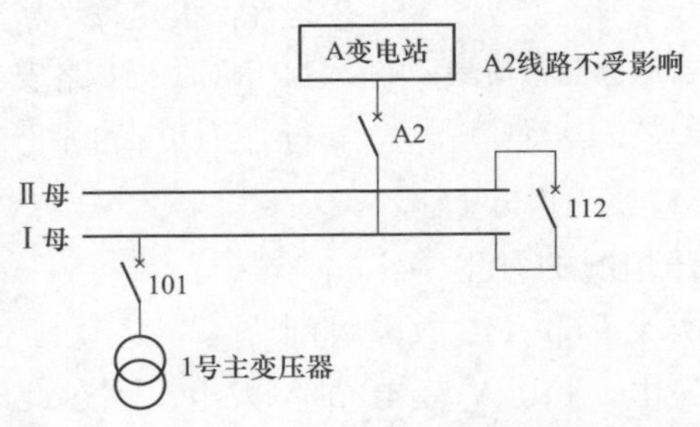

图 9-14　110kVA2 与 1 号主变压器 101 回路运行在同一母线上

为什么当初会将 1 号主变压器总路 101 运行在 110kV Ⅰ 母，110kVA2 回路运行在 110kV Ⅱ 母呢？

根本原因是正常运行方式安排的规律所致。1 号主变压器总路 101 回路，断路器编号末尾数字为“1”，是单数，按照正常运行方式安排，1 号主变压器总路

101 运行在 110kVⅠ母上。110kVA2 回路，断路器编号末尾数为“2”，是双数，按照正常运行方式安排，110kVA2 回路运行在 110kVⅡ母上。

但是，这样的运行方式安排，并没有充分考虑到 110kV 变电站 A 只有一条进线电源线路，110kVA2 线路。在这样的特殊接线结构下，就需要具体情况，具体安排其运行方式。显然 110kVA2 线路与 1 号主变压器总路 101 运行在同一段母线上，是更加科学的运行方式安排。如果在电源侧与负荷侧中间多增加了可开断的 110kV 母联 112 设备，就会多增加一层断开的风险。

假设结论

根据这次案例分析，假设一结论：电源侧和负荷侧的一次设备电气距离越近越好，中间能断开的设备元件越少越好。

验证结论

上述结论是基于案例中的特殊接线方式下得出的，如果接线结构发生变化，此结论是否仍然成立呢？

现在上述案例接线结构中，增加一回线路 110kVB 线，110kVB 线路为另一座 220kV 变电站与本座 220kV 变电站间 110kV 联络线。多了一回备用电源线路，会不会对现有电网运行方式的安排造成影响呢？

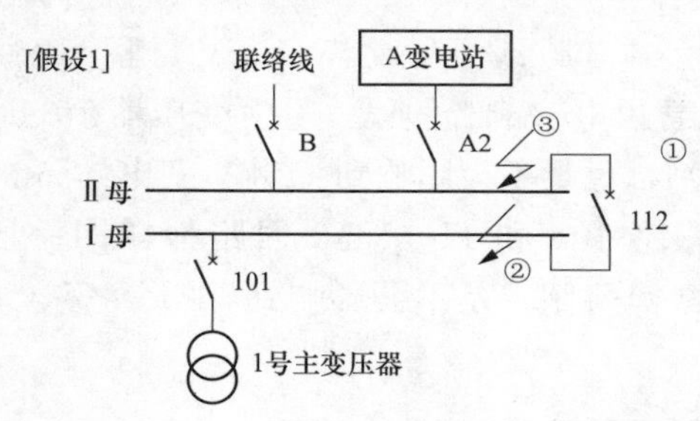

图 9-15　备用电源线路与负荷端安排在另一条母线上运行

情况一：将运行电源安排在一条母线上运行，备用电源线路与负荷端安排在另一条母线上运行。

如图 9-15 所示，220kV 变电站的 1 号主变压器 101 回路运行在 110kVⅠ母上为其供电。110kV 母联 112 路为运行状态，为 110kVⅡ母送电。110kVA2 线路安排在 110kVⅡ母上运行，为负荷侧变电站 A 供电。110kV 联络线路 B 热备用在 110kVⅡ母上。

现在假设三种故障情况的发生。

第一种故障：110kV 母联 112 故障跳闸

110kV 线路 A2 失电，110kV 变电站 A 失电。不过此时可以通过 110kV 联络线路 B，快速恢复对 110kV 线路 A2 送电，恢复 110kV 变电站 A 的正常供电。

第二种故障：110kVⅠ母故障跳闸

此时 1 号主变压器总路 101 跳闸，导致 110kV 线路 A2 失电，110kV 变电站 A 失电。同样，可以通过 110kV 联络线路 B，快速恢复对 110kV 线路 A2 送电，恢复 110kV 变电站 A 的正常供电。

第三种故障：110kVⅡ母故障跳闸

此时 110kV 母联 112 跳闸，导致 110kV 线路 A2 失电，110kV 变电站 A 失电。此时需要将 110kV 线路 A2 倒至 110kVⅠ母运行。

任一元件故障，均将导致 110kV 变电站 A 失电。其中有两种类型的故障，可以通过备用线路迅速恢复对 110kV 变电站 A 送电，有一种类型的故障，需要通过倒闸操作才能恢复对 110kV 变电站 A 送电送电。

情况二：将运行电源与负荷端线路安排在一条母线上运行，备用电源安排在另一条母线上运行。

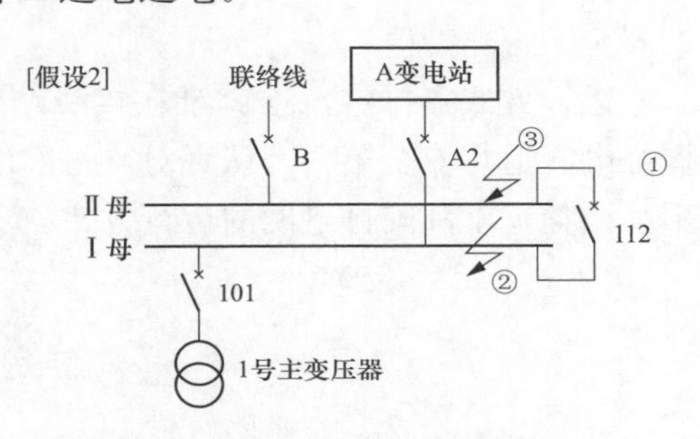

图 9-16　运行电源与负荷端线路安排在一条母线上运行

如图 9-16 所示，220kV 变电站的 1 号主变压器 101 回路运行在 110kVⅠ母上为其供电。110kV 母联 112 路为运行状态，为 110kV Ⅱ 母送电。110kVA2 线路安排在 110kVⅠ母上运行，为负荷侧变电站 A 供电。110kV 联络线路 B 热备用在 110kVⅡ母上。

仍然假设三种故障情况的发生。

第一种故障：110kV 母联 112 故障跳闸

此时 110kVA 变电站不会受到影响，仍然正常运行供电。

第二种故障：110kVⅠ母故障跳闸

此时 1 号主变压器总路 101 跳闸，导致 110kV 线路 A2 失电，110kV 变电站 A 失电。需要将 110kV 线路 A2 倒至 110kVⅡ母运行，由 110kV 联络线 B 为其供电。恢复对 110kV 线路 A2 送电，恢复 110kV 变电站 A 的正常供电。

第三种故障：110kVⅡ母故障跳闸

此时 110kVA 变电站不会受到影响，仍然正常运行供电。

任一元件故障，其中有两种类型的故障，110kV 变电站 A 不会失电。有一种类型的故障，需要通过倒闸操作恢复对 110kV 变电站 A 的送电。

结果比较

假设站内母线故障发生几率均相同，即母联 112 故障、110kVⅠ母故障、110kVⅡ母故障发生几率均相同，均为 1/3 的概率，仍然是第二种情况下的电网运行方式安排较为合理。结论“电气距离越小越好，中间断路器设备越少越好”仍然成立。

案例结论

当有一个运行电源时，负荷线路必须越靠近运行电源越好。当有一个运行电源和一个备用电源时，负荷线路仍然必须靠近运行电源，而非备用电源。当有两个运行电源时，负荷线路可任意运行在任一电源侧，或者运行在更加可靠的电源侧。

双母线的正常运行方式安排是在标准接线结构下的运行方式安排，但是当有临时过渡阶段，产生特殊的接线结构时，需要打破固有的习惯思维模式。认真分析当下更加科学可靠的运行方式安排，才能以电网安全为核心，保证电网的安全运行。

运行方式安排难，难就难在接线结构复杂多变。不过，万变不离其宗，把握好电网运行安全第一，认真对待每次的运行方式安排，就能够做到心中有数，不乱调整，不乱安排电网的运行方式。

第十章

配网运行：单线、互联线路、开关站、配电房的“运行方式”

配网是指 10kV 线路网络，主要的作用是将变电站的电源能量通过配网线路传输给千家万户，因此配网线路数量庞大，网络接线呈现复杂的接线结构。对于配网线路的运行方式安排需要具体情况具体分析。本章主要介绍了配网线路的运行方式安排，分别从单线、互联线路、开关站、配电房等设备讲述各个电气元件的运行方式安排。

配网设备的运行方式更加个性化

◎ 配网设备太不规律了，运行方式安排也太“具体”了

上两章内容讲解了输电线路和变电站的运行方式安排，输电线路的电压等级是 35kV 及以上，线路的接线结构比较简单，最复杂的也就是会有一条“T”接线路。变电站设备的接线结构比输电线路要复杂一些，不过仍然是有较强的规律性。但是说到配网线路，是指从变电站 10kV 母线的出线，电压等级是 10kV 及以下的线路。它们的特点是分布得面积广，线路长度沿着负荷分布而展开，可以说哪里有负荷，哪里就有配网线路的存在。

由于配网线路与电力负荷在物理距离上是最近的，最为相关的。因此配网线路上会接入沿线上所有电力用户的开关站、配电房、配电变压器、箱式变压器等设备，配网线路就会呈现出复杂、不规律的特性，因此配网线路的运行方式安排就会显得特别的复杂、不规律。

调度人员在最开始接触到配网设备时，可能会觉得配网线路的电压等级低，相关保护装置也比较少，或者相对于输网设备的保护设置要简单很多，潜意识中就认为配网设备容易搞定，往往忽视了对于配网设备运行方式的关注度。

在安排配网设备的运行方式时，一定需要具体情况，具体分析。调度人员

会在心中有一个大致的运行方式安排的规律，不过结合实际配网的接线结构，制定出符合当下配网设备的运行方式，才是最稳妥的方式。

◎ 杜小小"为什么专用开关站会设置闭锁装置呢？"

杜小小已经在地调班组一年多时间了，对于输网设备的运行方式安排有了一定的了解。这段时间又轮转到配调班组，进一步熟悉配网设备的调度工作。

电压等级的不同，管辖范围的不同，竟然在调度方面有很多不一样。杜小小来到配调班组，最大的一个感触就是配网设备太多了。虽然每个单独的配网设备都很简单，但是当它们组合起来之后，就会显得特别的复杂。在配网设备的调度工作中，需要更多的是耐心和认真仔细的态度。

这一天，杜小小发现了一个问题，一座专用开关站有两条进线电源线路，这两回进线电源线路来自于不同的两座 110kV 变电站。在调度协议中，明确要求用户专用开关站需要配置闭锁装置，也就是不能进线合环换电，也不能进行并列运行，只能进行停电换电的倒闸方式。

"班长，为什么不能让这座专用开关站进行合环换电呢?"

"一般情况下，通过潮流计算是可以在某些情况下进行合环换电，比如当断面潮流在 50MW 以下时。不过对于用户专用开关站，出于安全的考虑，尽量避免专用开关站进行合环换电。一方面是避免用户私自并列运行，造成电磁环网运行，给电网很大的事故隐患。另一方面也是从用户的角度来考虑。双电源用户的电源切换，是在用户自己知晓情况下进行的。可以在用户可以进行电源切换的时间段内进行，所以对于合环换电的需求没有那么高。"

"班长，是不是所有的专用开关站都这样呢?"

"不一定，需要具体问题，具体分析。有一些对于供电可靠性需求很高的专线用户，需要双回电源线路能够尽可能合环换电。此时，如果用户专用开关站的双回线路都来自于同一座 110kV 变电站的出线，原则上是可以安排专用开关站合环换电。"

杜小小虽然听着有点晕，不过总算知道了一个规律，在配网运行方式的安排时，没有那么严格的硬性规定和要求，一切都需要跟具体实际情况现结合，具体问题，具体分析。

◎ 输网设备像是"主动脉血管"，配网设备更像是"毛细血管"

输网设备包括输电线路和变电站设备，数量相比较配网设备是少很多，它们就像是人体中的主动脉血管，负责将大量的血液在全身进行运输，这样效率更高，速度更快，输网设备起到的作用与“主动脉血管”类似。输网设备通过提高线路的电压等级进行传输，保证电能传输过程中损耗更小，传递能量效率更高。

而毛细血管是依附于主动脉血管，并将血液细致入微地传递给人体的各个器官所用。配网设备就像是“毛细血管”，是将电能降压之后，再传递给终端负荷的管道设备。它们数量众多，电压等级很低，但是它们的作用却很大。如果配网的运行方式安排不当，会对局部范围内的设备造成影响，同时也有可能会对上级输网设备造成的一定影响。

配网设备数量众多，形态各异，其运行方式安排也各有异同。不过我们仍然能够从中找到一些运行方式安排的规律，认识到这些规律，再进行配网设备的运行方式安排，会更加的笃定。下面就来详细的讲解配电网设备的运行方式安排。

单线、互联线路、开关站、配电房的运行方式

◎ 单电源线路的运行方式安排最为简单

10kV 线路最常见的一种是公用线路，也就是一条 10kV 线路从变电站的 10kV 母线出线。在 10kV 线路上会“T”接 10kV 的配电房、变压器、箱式变压器。10kV 线路可能全部是架空线路，或者也存在一些地方是电缆线路。如图 10-1 所示，10kV 鱼市线是一条从 110kV 鱼洞变电站出线的 10kV 公用线路，10kV 鱼市线上有若干支路，支路上会“T”配电变压器。另外 10kV 鱼市线还有一个环网柜，此处 10kV 线路使用的是电缆线路，其余部分都是架空线路。

10kV 公用线路按照联络线路可以划分为两种类型，第一种是 10kV 无互联线路的出线，第二种是 10kV 有互联线路的公用线路。如图 10-1 所示，属于第一种类型，10kV 鱼市线没有互联线路，也就是 10kV 鱼市线只有一个电源点，就是鱼洞站 10kV 出线回路为其供电。

10kV 鱼市线的正常运行方式就特别简单了，全线运行。接线结构越简单，运行方式安排就越简单。10kV 鱼市线在正常运行方式下，线路上所有的隔离开关、熔断器、负荷开关都为“合”位。有一个例外，10kV 鱼市 1 号（市政公司）环网柜的 10kV 待用一回 13 号、待用二回 14 号负荷开关，由于没有出线，为“分”位。

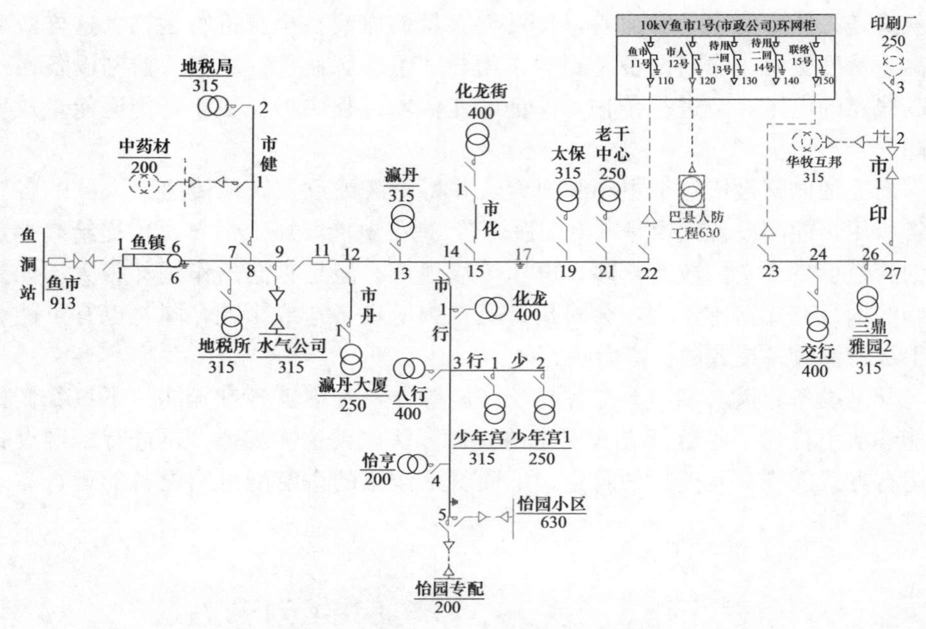

图 10-1　10kV 公用线路一次接线图

10kV 鱼市线若需要检修停电，情况就会比较复杂了，因为 10kV 线路的设备多，断开点也多，检修停电的范围不一样，运行方案的安排也会各异。当 10kV 鱼市线主干线路有检修工作需要停电时，一般来说，停电范围是 10kV 鱼市线全线，直接将鱼洞站内出线回路转检修即可。若 10kV 鱼市线的检修工作仅仅涉及到支路或者支路配电变压器，停电范围就会小很多。比如 10kV 鱼市线支市行线有检修工作，停电范围为 10kV 鱼市线支市行线即可。因此拉开 10kV 鱼市线 14 号支路隔离开关即可满足检修工作要求。

由于隔离开关不能直接拉合电流负荷，因此如何操作 10kV 鱼市线 14 号支路隔离开关呢?

有三种倒闸操作的方法。

第一种方法是先将 110kV 鱼洞站的 10kV 鱼市 913 回路转热备用，再拉开 10kV 鱼市线 14 号支路隔离开关，最后合上鱼市 913 回路断路器。倒闸操作过程中，需要监控人员与配电运维人员协调操作，并且在此过程中 10kV 鱼市线存在短时停电。

第二种方法是先将 10kV 鱼市线 11 号杆断路器拉开，再拉开 10kV 鱼市线 14 号杆支路隔离开关，最后合上 10kV 鱼市线 11 号杆断路器。倒闸操作过程中，短时停电的范围会缩小，10kV 鱼市线 11 号杆后段会短时停电，10kV 鱼市线前段的供电不会受到影响。

第三种方法是先拉开 10kV 鱼市线支市行线上所有的配电房与配电变压器负荷，然后再拉开 10kV 鱼市线 14 号支路隔离开关。倒闸操作过程中，不会导致 10kV 鱼市全线的短时停电。但是如果 10kV 鱼市线支市行线上的配电房和配电变压器个数较多，操作程序就会很复杂，也会耽误倒闸操作的时间。

因此上述三种方法比较之后，得出了一个结论。支路的配电变压器个数如果较少，比如 2 个以下，就可以采取第三种倒闸操作的方式，直接停用负荷后拉开支路熔断器或者隔离开关。如果之路的配电变压器个数较多，比如 3 个以上，就可以采取第一种或者第二种倒闸操作的方式，先将线路转热备用，再拉开支路熔断器或者隔离开关。

那应该是直接断开整个 10kV 鱼市线，还是断开隔离开关前段设备中最近的断路器呢？如果直接断开整个 10kV 鱼市线，那么 10kV 鱼市线会全线停电。短时停电的范围会扩大。此种倒闸操作方式下，监控人员可以直接遥控操作鱼洞站 10kV 鱼市 913 回路，倒闸操作的速度是很快的。如果是拉开 10kV 鱼市线 11 号杆断路器呢？短时停电的范围会缩小，但是此种倒闸操作方式下，配电运维人员需要到现场进行设备操作，如果配电运维人员人手不足，倒闸操作的时间就会延长。

这是在对外负荷影响与配电运维人员操作量之间权衡的问题，没有一个统一的死板规则，一定是保证对外负荷的正常运行更重要，或者是保证配电运维人员的操作量合理更重要。需要具体问题，具体分析。如果此段线路负荷特别重要，那么一定要优先考虑保证用户的正常供电，尽量减小对用户的短时停电影响，如果当天配网运检室工作特别多，则需要考虑配电运维人员的操作量。

上述是检修时对于 10kV 线路的运行方式安排，那么 10kV 线路故障时的运行方式又如何安排呢？如图 10-1 所示，10kV 鱼市线故障跳闸，则鱼洞站 10kV 鱼市 913 路保护动作跳闸，10kV 鱼市线会全线停电。需要对 10kV 鱼市线进行巡线，隔离故障点，然后再对其他正常的 10kV 线路恢复供电。

10kV 线路的保护装置一般来说都比较简单，只会设置变电站出线回路一个点上的保护，因此 10kV 线路上任一一个点存在故障，都会造成 10kV 线路全线跳闸失电。在查找故障后，对线路分段送电的运行方式调整。

◎ 配网互联线路之间方便线路负荷转移

10kV 公用架空线路除了单回线路之外，大部分线路都是有互联线路。有的线路还不止一回互联线路，有可能有两条或者三条以上的互联线路。互联线路越多，运行方式安排就会越复杂。不过先搞清楚一回互联线路的运行方式安排，以此类推，就可以知道多回互联线路的运行方式安排。

如图 10-2 所示，仍以 10kV 鱼市线为例，在图中 10kV 鱼市线不再是单回线路了，在 10kV 鱼市线路的尾端与 10kV 竹商线路形成联络。这两条 10kV 线路在正常运行方式下，断开点位于 10kV 鱼市线 29 号杆处的断路器和隔离开关。也就是说，10kV 鱼市线 29 号杆前段线路负荷均由鱼洞站出线供电，而 10kV 鱼市线 29 号杆后段的 10kV 竹商线由金竹站出线供电。

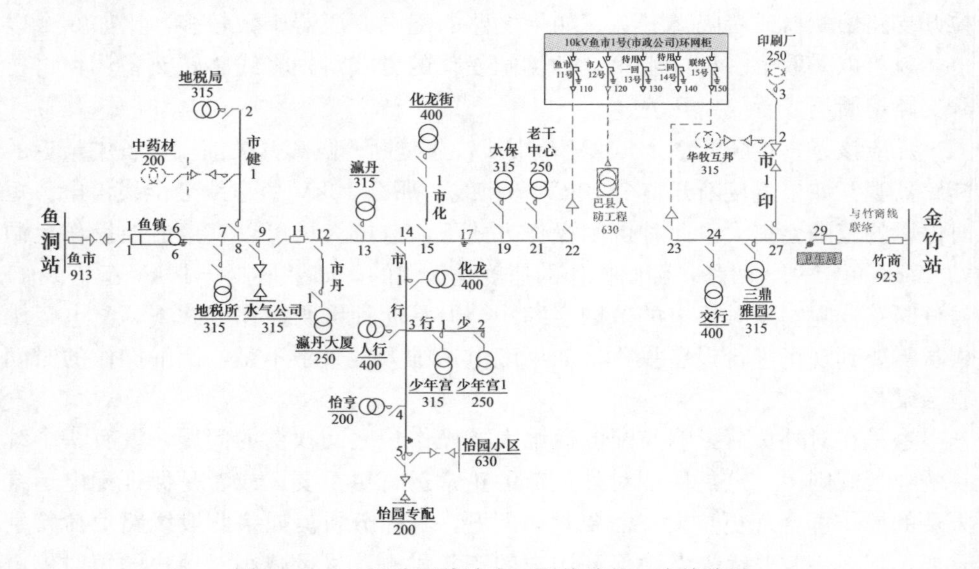

图 10-2　10kV 公用线路有互联线路的一次接线图

因为有了联络线，10kV 的运行方式安排就比单线回路要复杂。当 10kV 鱼市线负荷过重，可以通过运行方式调整来降低 10kV 鱼市线的负载率。比如将鱼市线 22 号杆隔离开关后段负荷倒至由 10kV 竹商线供电，此时 10kV 鱼市线只供电了 22 号杆隔离开关前段负荷。

在负荷调整期间，需要注意三点。第一是互联线路不能发生重过载问题，10kV 竹商线不能因为减轻 10kV 鱼市线的负载率，而使得自身线路发生重过载现象。第二是需要考虑低电压问题，如果 10kV 竹商线带了 10kV 鱼市线部分负荷后，造成了用户低电压问题，那就得不偿失了。第三是倒闸操作时尽量使用断路器作为线路切分点，比如 10kV 鱼市 1 号（市政公司）环网柜的鱼市 11 号负荷开关和联络 15 号负荷开关、10kV 鱼市线 11 号杆断路器，这样可以避免短时停电的范围扩大。若将 10kV 鱼市线 22 号杆隔离开关作为负荷切分点，那么在操作 10kV 鱼市线 22 号杆隔离开关时，就需要将前段的 10kV 鱼市线 11 号杆断路器或者鱼洞站的 10kV 鱼市 913 断路器拉开，将会扩大停电范围。

◎ 配网互联线路的常断点应包含有断路器设备

10kV 互联线路的常断点设置在哪里，其实是有讲究的。如果常断点设置的合理，将会对 10kV 线路的运行维护带来很多便利。

首先 10kV 两条线路的负荷要均衡，不能一条 10kV 线路负荷特别重，另一条 10kV 线路负荷特别轻。当负荷高峰时段，一旦其中一条 10kV 线路达到重过载，就需要通过特殊方式调整，将负荷转移至另一条轻载线路上供电。与其这样，还不如在设置 10kV 联络线路的常断点时，就将负荷考虑清楚，让两条 10kV 线路负荷均衡。

其次 10kV 互联线路的常断点设备应该包含有断路器设备，即可以拉合电流负荷的电气设备。我们先来看一张接线图，来分析为何要这样设置。如图 10-3 所示，10kV 鱼市线与 10kV 竹商线之间的常断点设备只剩下一把隔离开关。例如，需要将 10kV 鱼市线 22 号杆后段倒至 10kV 竹商线供电，则需要将 10kV 鱼市线和 10kV 竹商线转热备用后，再合上 10kV 鱼市线 29 号杆隔离开关，扩大的停电范围会更大。

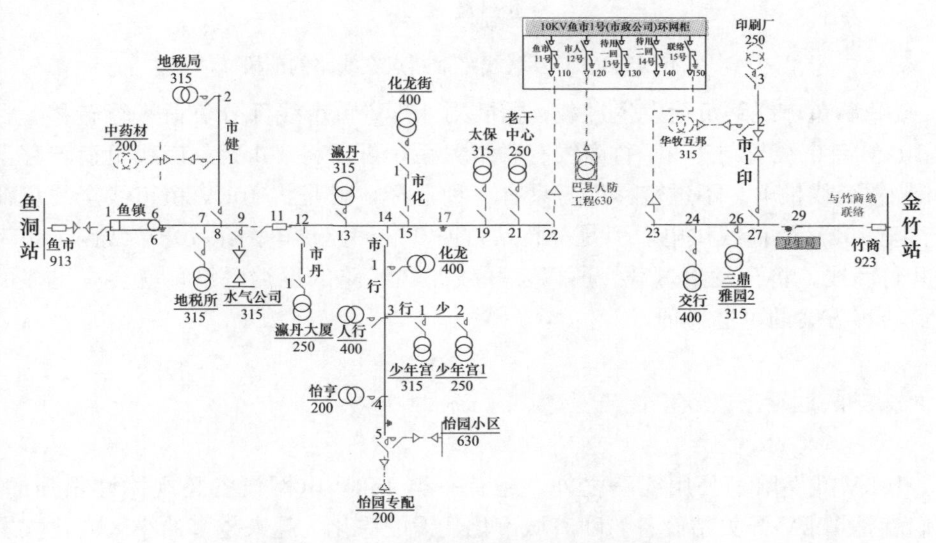

图 10-3　10kV 互联线路常断点只有隔离开关

因此，常断点位置的设备最好是断路器、负荷开关等可以拉合电流的设备，而不要是隔离开关、熔断器等不能拉合电流的设备。

最后 10kV 线路常断点最好设置在线路的尾端，而不要是线路的头端。我们再来看一张接线图。如图 10-4 所示，10kV 鱼市线的联络线路仍然是 10kV 竹商线，但是联络点从 10kV 鱼市线的尾端变为了 10kV 鱼市线的头端。为什么联络线路在头端会不好呢？举个例子大家就明白了。

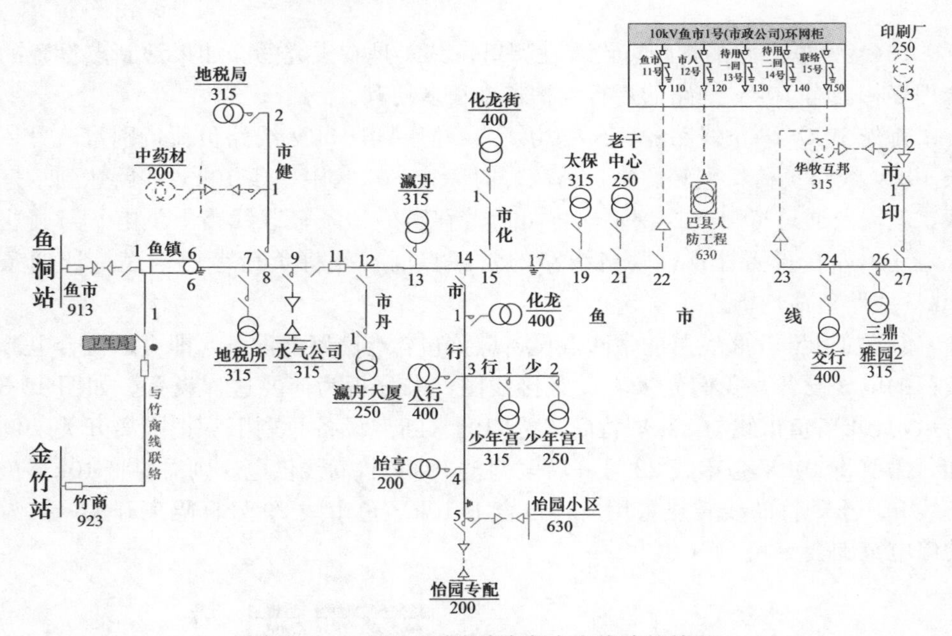

图 10-4　10kV 互联线路常断点在线路的前段

10kV 鱼市线路负荷发生过载，需要对 10kV 鱼市线部分负荷进行转移。目前 10kV 鱼市线只与 10kV 竹商线有联络关系，可以将 10kV 鱼市线负荷转移至 10kV 竹商线供电。不过转移负荷只有一种选择，就是将 10kV 鱼市线全线负荷转移至 10kV 竹商线供电。但是金竹站竹商 923 回路供电两条 10kV 线路，鱼市线和竹商线，将会发生过载。所以互联线路在线路的尾端联络，就会有更多的负荷转移方案的可选择项。

◎ 开关站的运行方式安排优先考虑负荷分配

10kV 线路除了公用线路之外，还有一类 10kV 电网设备是规律性很强的，它们就是 10kV 开关站设备。随着城市化建设的深化，越来越多的小区内建立了开关站。开关站其实是一个类似于环网柜或者分支箱的线路分配的电网设备，其特点是开关站的电源进线侧与出线侧的电压等级相同。因此开关站与配电房或者变压器是有本质区别的，配电房和变压器是起到降压的作用，电源进线侧与出线侧的电压等级不同。

开关站一般来说都具备双电源线路，单电源线路的情况会比较少。如图 10-5

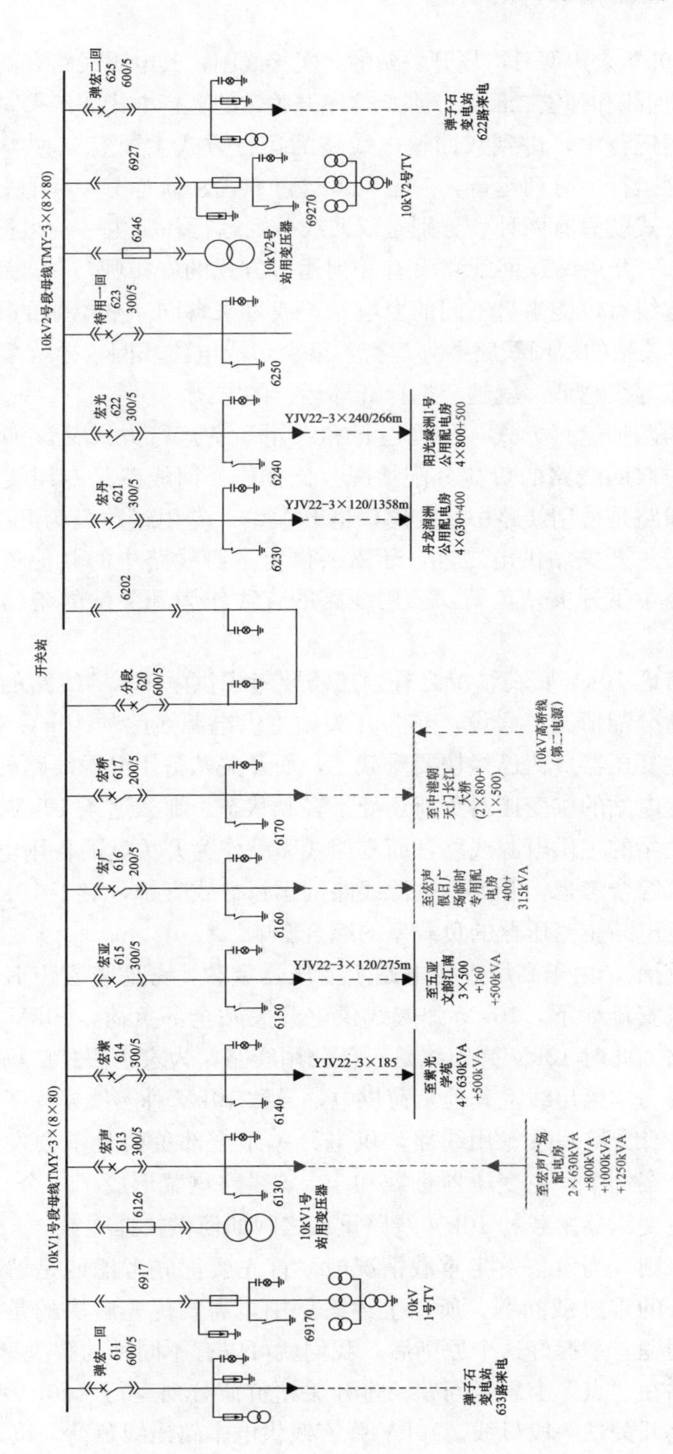

图10-5 10kV开关站的一次接线图

所示，为一座10kV宏声假日广场开关站的一次接线图，其电源线路有两回，分别是10kV弹宏一回线和弹宏二回线，那么这座开关站的运行方式如何来安排呢？

我们在输网运行中，讲到双回输电线路的运行方式主要有三种类型，分别是双回线路并列运行、分列运行、一主一备运行方式。针对10kV开关站具有双回线路的运行方式就只有两种，分别是双回线分列运行和一主一备运行方式。

为什么10kV开关站双回线路没有并列运行方式的安排呢？一般来说10kV开关站的双回进线有可能来自不同的变电站，或者来自同一变电站的不同母线。如果将10kV开关站的双回线路并列运行，就会形成电磁环网，导致系统的不稳定性。所以电压等级越低，就越会选择开环运行的方式。

那么剩下的两种运行方式，分列运行和一主一备运行方式又该如何做选择呢？首先要考虑双回线路的负荷分配情况。比如，一回线路是专用线路供电开关站，另一回线路是公用线路中的支路供电开关站。专用线路只为开关站供电，而公用线路除了为开关站供电之外，还需要供电本身线路中的其他负荷。因此设置为专用线路主供开关站负荷，公用线路的支线作为开关站的备用电源线路会比较好。

当然除了考虑10kV负荷情况之外，还需要考虑供电10kV线路的上级变电站主变压器负荷分配情况。假设，作为开关站主供电源线路的10kV专用线路，上级变电站的主变压器负荷已经快要重载了，而开关站备用电源线路的10kV公用线路，上级变电站的主变压器负荷还处于轻载状态。那么这条10kV公用线路就可以作为开关站的主供电源线路，而专用线路就作为开关站的备用电源线路。

最后还需要综合考虑，开关站电源线路的运行方式安排，对于10kV线路的负载率和上级变电站主变压器的负载率的综合影响。

如图10-6所示，由于高峰寺变电站主变压器重载，考虑将宏声假日广场开关站的运行方式安排如下，10kV弹宏线供电开关站全部负荷，10kV高宏线作为备用电源线路。此时10kV弹宏线是一条公用线路，为宏声假日广场开关站供电之外，还需要为本路出线上其他负荷供电，导致10kV弹宏线发生了重过载现象。而10kV高宏线是一条专用线路，供电开关站全部负荷是不会发生重载现象。所以在这个案例中，主变压器重载和10kV线路重载形成了一个“跷跷板”效应。那么在主变压器重载和10kV线路重载之间如何做抉择呢？

给出一个原则，当设备发生重载情况时，首先要优先考虑的是解决电压等级相对较高设备的重过载问题。所以上述案例中，需要优先解决的是变电站主变压器的重载问题。掌握好这个原则后，我们就可以有不同种的解决思路。

思路一：站在“点”上思考问题。将开关站负荷分列运行，10kV弹宏线和高宏线分别供电开关站一段母线。10kV弹宏线供电本路出线负荷，以及宏声假

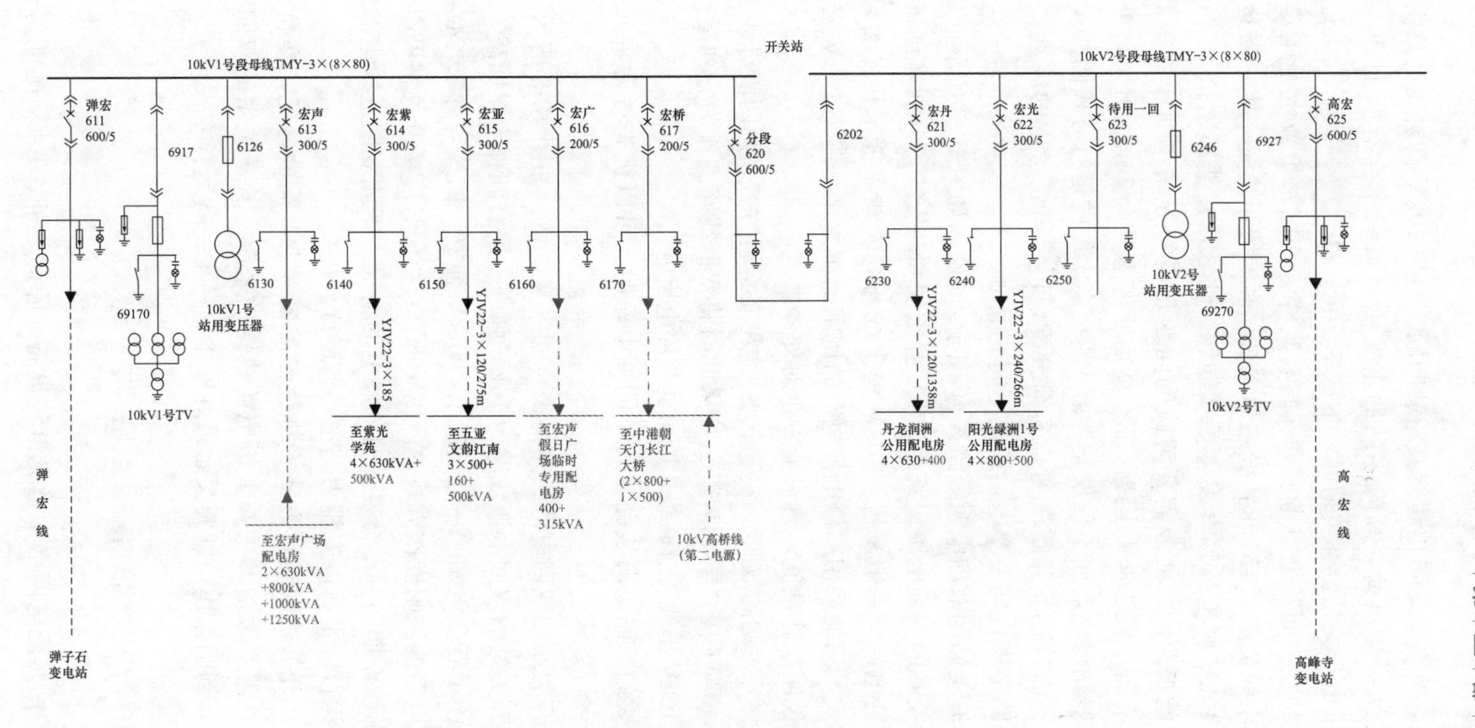

图 10-6 10kV开关站的运行方式安排

日广场开关站一半负荷，可以缓解其重载问题。另外 10kV 高宏线也只供电宏声假日广场开关站一半负荷，高峰寺站的主变压器负载率会有所上升，但是比 10kV 高宏线供电开关站全部负荷时，负载率会低一些。

思路二：站在“面”上思考问题。转移高峰寺变电站重载主变压器所供电的其余 10kV 出线负荷。当 10kV 线路弹宏线和高宏线不论是一主一备运行，还是分列运行。10kV 弹宏线均会发生重载问题。那么就需要跳出这个“点”，看到更大“面”的视角。当前最需要解决的问题是高峰寺站主变压器重载问题，主变压器供电有若干条 10kV 出线。那么就需要考虑其余 10kV 出线是否可以转移负荷至相邻线路供电，而不仅仅是考虑 10kV 高宏线的运行方式调整。

开关站运行方式的安排优先考虑负荷分配，再者需要考虑的因素，是开关站双回电源线路是来自同一变电站还是不同变电站。

情况一：开关站的双回电源线路来自不同变电站。如图 10-6 所示，10kV 宏声假日广场开关站的双回电源线路为 10kV 弹宏线和高宏线，分别来自高峰寺变电站和弹子石变电站。一般来说，10kV 弹宏线与高宏线不能采用“合环换电”的倒闸操作方式，只能采用“停电换电”的倒闸操作方式，那么 10kV 宏声假日广场开关站在倒闸操作期间，有可能发生对外停电。

如果此时将开关站的双回线路安排为一主一备运行方式，则两段母线上 10kV 出线若有联络，则可以“合环换电”。如果此时将双回线路安排为分列运行方式，则两段母线上 10kV 出线若有联络，则只能“停电换电”。

因此，开关站双回电源线路来自不同变电站时，可以优先考虑将开关站安排为一主一备运行方式。

情况二：开关站的双回电源线路都来自同一变电站。如图 10-5 所示，10kV 宏声假日广场开关站的双回电源线路为 10kV 弹宏一回线和弹宏二回线，均来自同一座变电站弹子石变电站。一般情况下，10kV 弹宏一回线与弹宏二回线可以采用“合环换电”的倒闸操作方式，所以 10kV 宏声假日广场开关站可以“合环换电”，在倒闸操作期间，不会发生对外停电的情况。因此双回进线电源线路可以安排为分列运行，也可以安排为一主一备运行。

小结一下，开关站的运行方式安排优先需要考虑负荷的分配，在负荷分配满足要求之后，需要考虑开关站上级电源线路的来源。若开关站的双回线路只能“停电换电”倒闸操作，则开关站最好安排为一主一备运行方式。

◎ 双电源配置的配电房优先由主供线路供电

10kV 开关站是配电网络中常见电气设备，除此之外，10kV 配电房也是配电网络中常见的电气设备。10kV 配电房的作用与开关站的作用不同，它是将 10kV 电压等级降压为 380 伏和 220 伏电压等级的电气设备，然后将电源连接至千家万户。

10kV 公用线路上连接的最多的电气设备便是配电房或者箱式变压器，10kV 开关站的出线连接的也是配电房或者箱式变压器。大多数的配电房都只有一个电源点为其供电，少数配电房由于重要程度高，会有两个电源点为其供电。

对于配电房的运行方式安排，单电源的配电房其实很简单，正常情况下都为运行状态。复杂的是双电源的配电房，其运行方式安排需要考虑负荷分配以及线路专属情况。

如图 10-7 所示，10kV 长江索道配电房配置了双回电源线路，分别来源于 10kV 垭龙线和 10kV 浩索线。由于 10kV 垭龙线负荷较 10kV 浩索线轻一些，因此将 10kV 垭龙线作为长江索道配电房的主供电源线路，10kV 浩索线作为备用电源线路。当然同样也需要考虑上级变电站主变压器的负载情况。分析过程与上述的开关站的过程一样。

负荷分配考虑之后，还需要考虑的是电源线路是否为专用线路。假设 10kV 垭龙线为 10kV 长江索道配电房的专用线路，10kV 浩索线为公用线路，则可以优先考虑将 10kV 垭龙线作为配电房的主供电源线路。

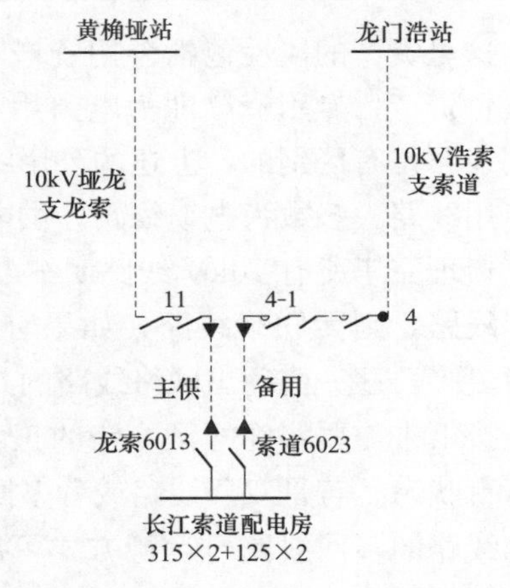

图 10-7 10kV 配电房双回电源线路的运行方式安排

配电网络与输电网络相比较，电气元件种类更多，接线结构更加复杂，运行方式安排也会呈现多样化，具体运行方式的安排需要考虑诸多细节问题。因此配电网运行方式安排需要在调度工作中，不断积累经验，熟悉当地配电网接线结构，做到因地制宜，安排合理。

细节化安排配网设备的运行方式

◎ 配网线路的运行方式安排梳理需要认真仔细

杜小小自从来到了配调班组就变成了名副其实的“表哥”了，虽然配电网络设备都比较简单，没有那么多复杂的保护装置和安全自动装置，但是配电网络的设备数量就比输电网设备的数量多少好多倍，不熟练掌握表格的使用方法，还真的是会浪费更多的精力和时间。因此杜小小将配调工作类比于“绣花”工作，每一针都会简单，但是需要重复无数遍，考验着调度人员的耐心与精细度。

表 10-1 杜小小作为“表哥”的一张表便是 10kV 线路的运行方式安排表，这张表仅仅是制表完成基础数据，就需要花费好几天的时间，之后每天还需要不断的维护。首先将所有变电站的 10kV 出线的基础信息列出，包括 10kV 出线的电源侧变电站、线路名称、资产属性。

表 10-1　10kV 线路的运行方式安排表

序号	变电站	线路	资产	有无联络	联络线	正常运行方式安排	常断点	换电方式
1	花溪站	花商二回	公用	有	花商一回	招商依云开闭所分列运行	招商依云开闭所分段 920	合环换电
2	黄桷垭站	垭文	专用	无	—	运行	—	—
3		…						

这里资产的属性包括公用资产和专用资产，公用资产即为供电公司所有电气设备资产，专用资产即为电力用户所有的电气设备资产。与上述公用线路和专用线路是有区别的，上述的公用线路大多数为架空线路，连接众多配变压器，而专用线路大多数为电缆线路，供电开关站。

梳理完毕所有 10kV 线路明细之后，需要明确的是线路是否有联络。如果是单回线路，则无联络线路，如果有联络线路，则此线路至少有一条联络线路，或者更多，逐一梳理出联络线路的具体名称。

接下来需要明确的是线路的正常运行方式。若是单回线路，正常运行方式为运行状态。若是双回线路或者多回线路，则正常运行方式是需要明确下来的。配网线路的多回线路，运行方式可以是分列运行，或者一主一备运行，没有并列运行的情况。因此正常运行方式便是明确此条线路是主供电源线路，还是备用电源线路。明确了正常运行方式后，其线路之间的常断点也会确定下来，常断点如果仅仅是一把隔离开关，没有可拉合电流的电气设备，则应该重点关注。

最后需要明确的是有互联线路的倒闸操作换电方式，分为停电换电和合环换电方式。停电换电方式，在倒闸操作期间会有对外停电发生，合环换电方式，在倒闸操作期间不会涉及到对外停电。

◎ 重点关注双电源配置配电房的正常运行方式

具有双回电源线路的 10kV 配电房设备，在 10kV 电网中有，但是数量不算特别多。杜小小发现这类设备很多隐藏在10kV线路中，不主动梳理，很容易忽略。但是双回电源线路的配电房，其实是存在一定安全运行风险的设备，一旦停电范围漏掉是一件很严重的事情。

首先按照表10-2梳理具有双回电源线路配电房的明细。明确配电房的双回线路名称，以及双回线路的电源变电站。然后梳理配电房的资产情况，分为专用资产和公用资产，若是专用资产，双回线路配电房是需要签订调度协议。接着梳理配电房的正常运行方式，明确主供电源线路和备用电源线路，以及正常运行方式下的常断点设备。

表10-2　10kV双回电源线路配电房的运行方式安排表

序号	电源变电站	双回电源线路	配电房	资产	运行方式类别	正常运行方式安排	常断点	换电方式
1	黄桷垭站、龙门浩站	10kV垭龙、浩索线	长江索道配电房	专用	一主一备	10kV垭龙线主供线路，10kV浩索线备用线路	长江索道配电房索道6023刀闸	停电换电
2	10kV台平开关站	10kV平裕一回、平裕二回线	裕丰配电房	公用	分列运行	10kV平裕一回、平裕二回线分列运行供电裕丰配电房	裕丰配电房分段920回路	合环换电
3			…					

双回线路配电房的换电方式一般来说均为停电换电，因为双回线路大多都是不同的10kV电源线路，对于配电房来说停电换电是最为安全可靠的倒闸操作的方式。若双回线路均来自同一条10kV线路，这种情况大多发生在配电房的两条电源线路，来自于同一开关站的两段母线，可以采用合环换电的方式。

◎ 如何将“停电换电”方式升级为“合环换电”方式

杜小小发现，在配电网络中存在着非常多停电换电的倒闸操作方式，停电换电方式就势必引起对外停电的可能性。那么如何将“停电换电”方式升级为“合环换电”方式，就是一个在配电网络中重要的课题。

如图10-8所示，宏声假日广场开关站的双回电源线路来自不同变电站的两条10kV线路，分别是10kV弹宏线和10kV高宏线。一般来说不同的110kV变电站的10kV线路原则上是不会进行“合环换电”操作，具备合环换电操作的第一条件是，在潮流计算满足电气设备的要求。

10kV宏声假日广场开关站的运行方式有以下三种。第一种，10kV弹宏线主供，10kV 高宏线备用，断开点在宏声假日广场开关站的高宏 625 回路。第二种，10kV 高宏线主供，10kV 弹宏线备用，断开点在宏声假日广场开关站的弹宏 625 回路。第三种，10kV 弹宏线和高宏线分列运行供电开关站负荷，断开点在宏声假日广场开关站的分段 620 回路。

因此合环换电时，可能会涉及合环的回路就包括有宏声假日广场开关站的高宏 625 回路、弹宏 611 回路、分段 620 回路。在合环换电时，合环电流不能超过此时三个设备允许电流的极限值。

当然我们也可以采取“曲线救国”的合环换电方式，开关站的回路与变电站的回路相比，允许电流的极限值会小一些，那么就可以将合环点安排在变电站回路处进行。

例如，10kV 弹宏线主供，10kV 高宏线备用，断开点在宏声假日广场开关站的高宏 625 回路。可以将高峰寺站的高宏出线回路断开，再合上宏声假日广场开关站的高宏 625 回路，最后在变电站侧进行合环操作。

解决了设备运行电流极限值问题后，需要考虑的便是配网设备的并列装置的配置。合环操作过程中，设备两端的电压差和相角差都不能超过一定范围，因此如果有并列装置的加持，合环换电会更加可靠。

最后，如果配网设备可以远方控制，就可以规避就地操作导致人身安全的风险问题。

上述我们讨论的是配电网络中最规范、也是最经常使用合环换电方式的配网设备——开关站设备，接下来我们要讨论的是 10kV 公用线路。

10kV 公用线路在配网设备中也占据一席之地，由于 10kV 公用线路的电气设备元件数量多，种类也各异，倒闸操作方式的安排也是比较复杂。一般来说 10kV 公用线路进行“合环换电”的操作很少，均采用的是“停电换电”的方式。

如图 10-9 所示，10kV 鱼市线与 10kV 竹商线有联络关系，常断点在 10kV 鱼市线 29 号杆断路器和隔离开关处。若 10kV 鱼市线与 10kV 竹商线需要合环换电操作，首先，需要满足的是常断点处设备的允许电流值必须大于合环电流值。其次，常断点处设备需要配置并列装置。最后，常断点处设备最好具备有远方控制的功能。目前来说，这些条件对于一条 10kV 公用线路来说，都是达不到的。

然而上述只是描述了 10kV 线路的正常运行方式，10kV 线路会有很多种运行方式，比如 10kV 鱼市线供电本路 11 号杆前段负荷。10kV 竹商线供电本路负荷及 10kV 鱼市线 11 号杆后段负荷。此时断开点为 10kV 鱼市线 11 号杆处断路器和隔离开关。若需要进行合环换电操作，则合环点是 10kV 鱼市线 11 号杆处断路器，此处的断路器设备也必须具备允许电流值，并列装置和远方控制功能。

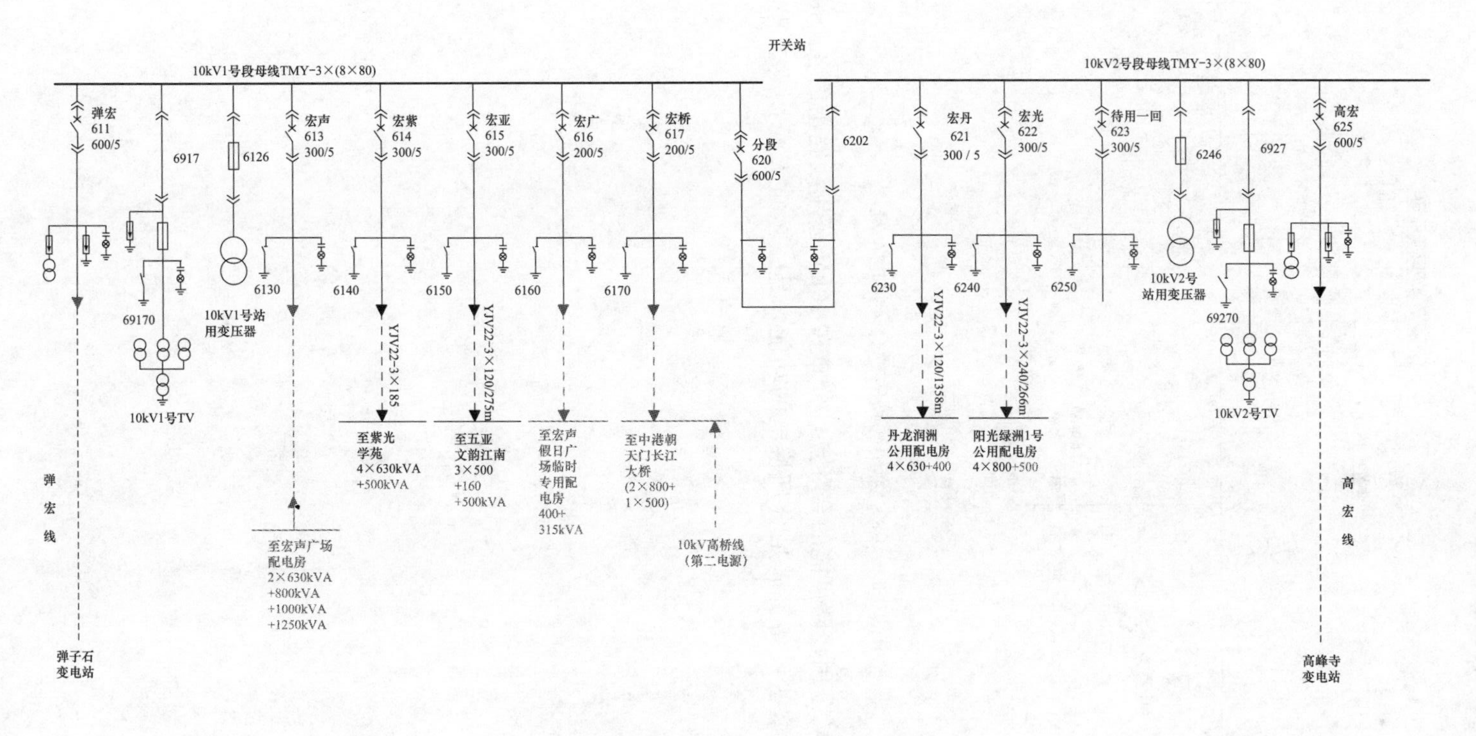

图 10-8 “停电换电”升级为“合环换电”方式

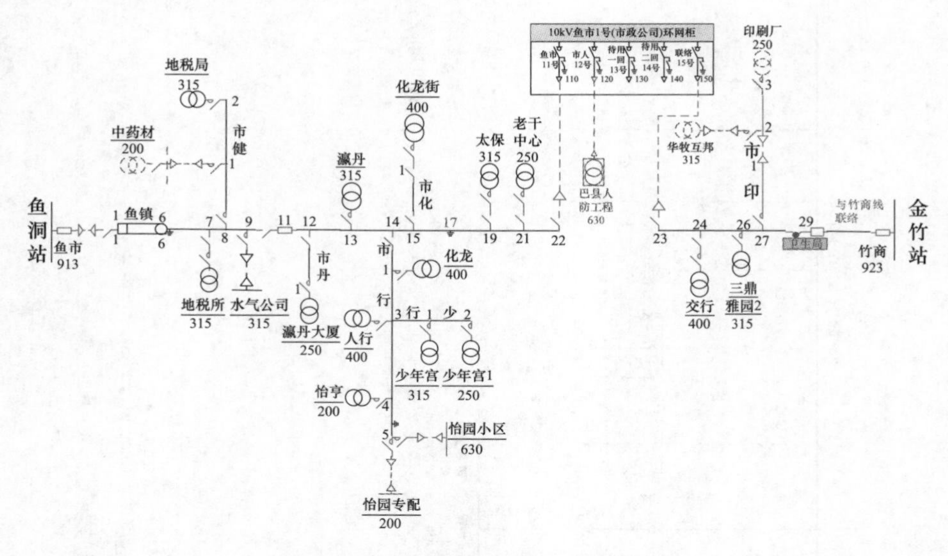

图 10-9　10kV 公用线路的“合环换电”难度

所以 10kV 公用线路可能的合环点，分布在 10kV 公用线路上的各个断路器设备处，需要这些设备都满足合环换电的功能，是一项重大的技改工程项目，任重而道远。

第四部分

电网风控篇

前面三个部分分别讲解了电网结构、电网机构、电网运行。电网就好比是一部汽车，当这部汽车投产后，会被驾驶员操控，运行在马路上。而在行驶的过程中，汽车的目的是将乘客运送到目的地。但是在运送的过程中，最重要的、也是最根本的就是汽车行驶的安全性。电网在运行的过程中，最重要的同样是安全。安全第一，预防为主。第四部分将要给大家讲解的是电网风险控制篇章。

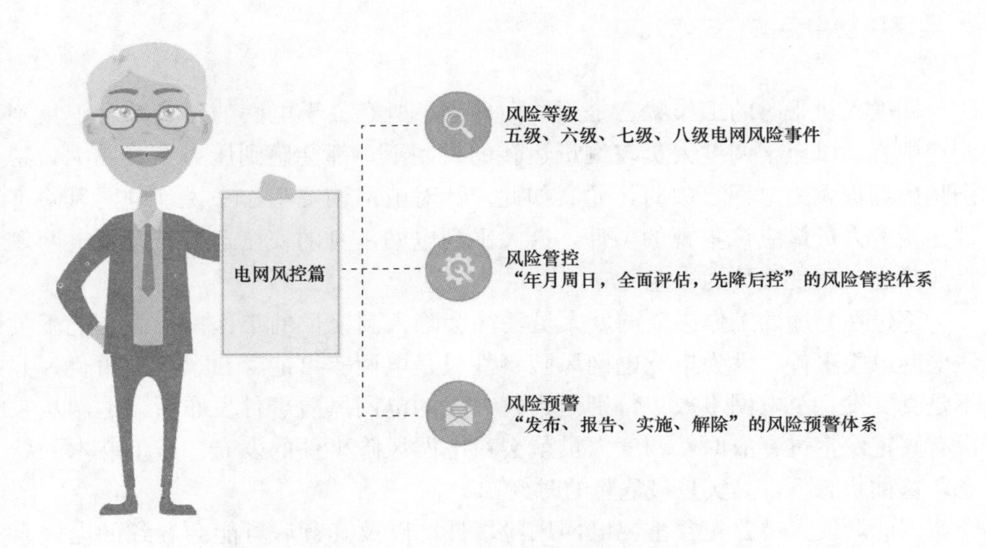

第十一章

风险等级：五级、六级、七级、八级电网风险事件

电网安全是在电网运行中最核心的关注点，要想电网安全就必须掌握电网可能面临的风险。只有尽量控制电网风险，才能够做到保障电网的安全运行。电网风险事件有等级之分，根据电压等级的高低和损失负荷的大小，可以将电网风险事件划分为从一级到八级，一共八个风险等级。本章重点讲解对于地区电网特别重要的五级、六级、七级、八级电网风险事件。

划分电网风险事件的重要意义

◎ 电网风险事件的“三六九等”

调度人员平时的工作状态是繁忙而琐碎，所有关于电网的信息都会汇集到调控中心，以至于调度人员在倒班运转的机制下，都会感到压力十分巨大，特别是碰到重大的电网事故时，尤其如此。针对电网调度工作来说，电网风险事件是调度人员最应该重视的事件，这关乎到电网本身的安全运行，以及电网发生故障之后调度人员的快速反应。

不过在繁琐的工作中，调度人员往往会陷入到繁忙的工作中，而忘记了关注电网风险事件。因为毕竟电网风险事件只是电网有可能存在风险的事件，并不是真实发生了电网事故。特别是当每一次的电网风险事件发布后，电网从来没有真正发生过事故时，调度人员就会对电网风险事件的发布，产生麻木的状态，这种状态下，其实是最危险的时刻。

因此调度人员首先要重视电网风险事件，以及其背后可能会导致的电网事故，做到心中有数，才能在电网事故发生时，快速响应，灵活应变。

当建立了电网安全防范意识后，需要再具体对电网风险事件的等级有所了解。针对地区电网来说，最为重要的便是从五级到八级电网风险事件，每个等

级下的电网风险事件分别对应着哪些情况，这些都是调度人员必须掌握的基本常识。

◎ 杜小小“什么？100MW？风险事件？五级？”

杜小小最近迷上了研究电网的特殊运行方式，每次上班就开始搜寻电网中的特殊运行方式。杜小小觉得每一个特殊运行方式安排的背后，都会有一个电网的“故事”等待着他去发现。这一天当班值长正在交接调度工作，杜小小敏锐地发现了一座 220kV 变电站的 110kV 母线并不是平时的并列运行，而是分列运行状态。

杜小小一下子来了劲，坐下来好好地研究了一番。发现这座 220kV 变电站有一台主变压器正在检修，目前只有一台主变压器运行供电 110kV 母线负荷和 10kV 母线负荷。110kV 母线分列运行，其中一段母线由运行的主变压器供电，另一段母线由相邻的 110kV 联络线供电。

百思不得其解，杜小小只好赖着班长询问起来。

“这种特殊运行方式安排其实是为了减少可能的损失负荷，当损失负荷超过 100MW 时，就会被定级为五级电网风险事件。”

“什么？100MW？风险事件？五级？班长我好像从来还不知道有什么电网风险事件啊。”

“这是你现在的重点任务了，从今天开始，必须弄明白什么是电网风险事件，什么是五级至八级电网风险事件。一周后，我要来检查你的学习进度。”

杜小小不问不知道，一问就知道自己有多么的无知，自己还需要学习更多的知识和技能，一定完成班长交办的任务。

◎ 划分风险等级是为了确定风险事件的大小

电网风险事件按照电压等级的不同以及损失负荷的大小，可以划分为从一级电网风险事件到八级电网风险事件。地区电网作为电网的终端电网，涉及到的是五级电网风险事件到八级电网风险事件，每一级别的电网风险事件都对应着不同的风险事件。按照等级来划分，是为了让大家建立一套电网风险事件大小的标准，并按照从大到小的划分等级，来区别对待不同风险等级事件，以及布置相应的管控措施。

风险等级越高，涉及的电网风险越大。比如一级电网风险事件就是最为严重的级别，如果发生了电网故障，会导致非常严重的后果。而八级电网风险事件在八个级别中，是最为轻量的级别。如果发生了电网故障，只会引起局部小范围的电网事故。

因此电网风险事件的划分也是针对不同调度机构来设置的等级划分机制。一级电网风险事件至四级电网风险事件，跟国家电网调度、区域电网调度机构相关，因为所管辖的电网规模足够大，可能引发的电网事故也会更为严重。而五级电网风险事件至八级电网风险事件，跟省级电网调度、地区电网调度、县级电网调度机构相关，所管辖的电网规模本来就不大，可能引发的电网事故的严重程度也只可能是局部的。

调度人员需要熟悉掌握每种电网风险事件的划分原则，以便准确判断各个等级的电网风险事件，并准备好相应的风险管控措施和应急预案。

五级电网风险事件

◎ 减供负荷 100MW 属于五级电网风险事件

杜小小找到了最新版的《国家电网公司安全事故调查规程》，里面详细介绍了一级电网事件到八级电网事件的所有细节，不过很多条款并不适用于地区电网的实际情况。杜小小将其中与地区电网相关的条款拿出来，与同事进行分析讨论。

《国家电网公司安全事故调查规程》中关于五级电网事件，与地区电网相关联的包括以下四条（见图 11-1）：

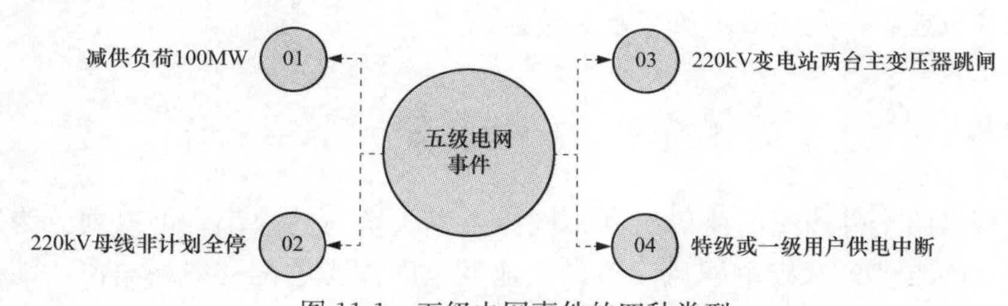

图 11-1　五级电网事件的四种类型

第一，造成电网减供负荷 100MW 以上者。

第二，变电站内 220kV 及以上任一电压等级母线非计划全停。

第三，220kV 及以上系统中，一次事件造成同一变电站内两台以上主变压器跳闸。

第四，地市级以上地方人民政府有关部门确定的特级或一级重要电力用户电网侧供电全部中断。

符合五级电网事件的第一条是“造成电网减供负荷100MW以上者”。这里需要首先对减供负荷做一个说明，“减供负荷”就是指减少的供电负荷。比如在检修停电时或者电网故障时，减少供电负荷达到100MW以上，就属于五级电网事件。这里的减供负荷不包括备自投装置转移的负荷，因为备自投装置转移的负荷，虽然也存在短时停电，但是会在较短时间内（比如10s左右）恢复供电。

地区电网常见的最高等级电网事件就是五级电网事件了，这是由地区电网的负荷特性所决定的。目前地区电网中220kV变电站中主变压器容量有180MVA和240MVA等，220kV变电站的负荷达到100MW还是特别容易，因此当220kV变电站发生全停事件时，都会达到五级电网事件的标准。

220kV变电站的负荷其实主要集中在110kV母线上，都会有若干条110kV出线供电下属的110kV变电站负荷。10kV母线上多为电容器组，若有10kV出线，其负荷量占比也不大。因此当220kV变电站的110kV母线发生全停时，也有可能导致减供负荷达到100MW，为五级电网事件。

110kV变电站中主变压器容量有40MVA、50MVA、63MVA等，一般会有两台主变压器，有的变电站会有三台主变压器。当一座110kV变电站拥有三台主变压器，每台容量均为63MW，那么此座变电站的负荷在高峰时段会达到100MW以上。当变电站发生全停事件时，达到五级电网事件的标准。

35kV变电站中主变压器容量都比较小，一般是8MVA、10MVA、12.5MVA，一般会有两台主变压器，总容量都不会达到100MVA，因此35kV变电站全停时，不会是五级电网事件。

另外一些串接式变电站也有可能发生五级电网事件。例如双回线供电两座110kV变电站，这两座变电站有四台主变压器，若每台主变压器容量是50MVA，四台主变压器的总容量为200MVA，负荷达到100MW也是很轻松的。因此串接式变电站当负荷达到高峰值时，双回供电线路发生停电，也会导致发生五级电网事件的可能。

综上所述，220kV和110kV电压等级电网中，都有可能发生五级电网事件，能够达到100MW减供负荷的情况有：

（1）220kV变电站全站失电。

（2）220kV变电站的110kV母线失电。

（3）110kV变电站全站失电。

（4）110kV两座以上串接变电站失电。

减供负荷如此关键，在风险管控中，对于减供负荷量的减少是非常重要的一个控制措施，下一章会重点讲解如何减少减供负荷量。

◎ 220kV 母线非计划全停属于五级电网事件

符合五级电网事件的第二条是“变电站内 220kV 及以上任一电压等级母线非计划全停”。地区电网涉及到的 220kV 电压等级，只是 220kV 变电站的 220kV 母线，因此这里可以进一步缩小范围，仅指 220kV 变电站的 220kV 母线非计划全停。

首先回顾一下 220kV 变电站的 220kV 母线有三种接线结构，分别是双母线、单母分分段、内桥式接线结构。220kV 变电站一般都是地区电网比较重要的电源点，其 220kV 母线几乎不存在单母线的接线结构，因此其 220kV 母线均有两段母线。变电站 220kV 母线非计划全停，可以分为两种情况来讨论，一种是在正常运行方式下导致非计划全停，另一种是在检修状态下导致非计划全停。

正常运行方式下，220kV 变电站的 220kV 母线均为两段母线并列运行，若任一一段母线发生故障，仍有另一段母线运行，不会导致五级电网事件。只有当 220kV 两段母线同时发生故障，才会使得母线非计划全停，导致五级电网事件。此种几率很小，但是也是有可能会发生的事件。比如，220kV 变电站开关场发生了特别严重的破坏事件，或者 220kV 母联回路发生故障，导致 220kV 母差保护同时动作。

检修状态下，当 220kV 母线任一一段检修，此时只有一段 220kV 母线运行。当运行的 220kV 母线故障跳闸，会引起变电站 220kV 母线非计划全停。此种情况的几率要比两段 220kV 母线同时故障跳闸的几率高很多。也是常规检修工作，在风险等级划分时，此类检修工作均属于五级电网事件。

当 220kV 母线 TV 工作时，需要将两段 220kV 母线通过隔离开关进行“硬连接”，此时两段 220kV 母线实质上就是一段母线。当任一母线故障时，两段母线均为跳闸失电，导致 220kV 母线非计划全停，属于电网五级事件。

还有一种情况，当 220kV 变电站在检修状态下，只有一回 220kV 电源线路为其供电，虽然 220kV 母线没有检修工作，但是当运行线路故障跳闸，220kV 两段母线也会非计划全停，属于电网五级事件。

220kV 母线上有新间隔投运，需要倒闸操作，腾空其中一段母线。也就是说，电源线路都运行在其中一段母线上，当这段母线故障跳闸时，220kV 母线非计划全停，属于电网五级事件。

其实在检修状态下，还会有更多种情况会导致 220kV 母线非计划全停。我们只要掌握了判断风险等级的基本原则，就可以灵活地进行等级区分。这里的关键点在于 220kV 母线全停，如果是计划停电，就不算五级电网事件。必须是非计划停电，比如故障就属于非计划类型。风险等级的区分就是让我们主动进行事故预想，看看在当前的检修状态下，如果发生了相关联的故障，会不会导致减供负荷的损失。如果是，那么就需要引起重视了，再来根据电压等级和负荷损失量来定级。

◎ 220kV 变电站两台及以上主变压器跳闸属于五级电网事件

符合五级电网事件的第三条是“220kV 及以上系统中，一次事件造成同一变电站内两台以上主变压器跳闸”。我们将视角局限在地区电网的范围之内，220kV 及以上系统就是指 220kV 变电站，220kV 变电站中，一次事件造成两台以上主变压器跳闸，就属于五级电网事件。

先来看看 220kV 变电站中主变压器的个数，一般 220kV 变电站配置两台主变压器，有一些 220kV 变电站会配置三台主变压器。

若是配置两台主变压器的变电站，一次事件造成两台主变压器跳闸，才能构成五级电网事件。在正常运行方式下，两台主变压器均分别运行在 220kV 不同母线上，想要在一次事件中，两台主变压器跳闸，其实是一件概率比较小的事情。不过也会有此类特殊事件，比如 220kV 变电站遭到了严重的外力破坏。

若是在检修状态下，两台主变压器在一次事件中跳闸的几率就会比较高一些。比如，两台主变压器同时运行在一段 220kV 母线上时，此段母线故障，两台主变压器会跳闸，构成五级电网事件。

变电站配置三台主变压器时，一次事件造成两台主变压器跳闸，机会就会更高一些。在正常运行方式下，三台主变压器中，其中有两台主变压器会运行在 220kVⅠ母上，有一台主变压器运行在 220kVⅡ母上。当 220kVⅠ母故障，会导致在此段母线上的两台主变压器跳闸，构成五级电网事件。在检修状态时，若三台主变压器均运行在同一段 220kV 母线上，此段母线故障，会导致三台主变压器跳闸，220kV 变电站将失电，构成五级电网事件。

从上述分析中可以看出五级电网事件跟两个因素有很大关联。第一个是减供负荷量 100MW，超过这个数值就会被定级为五级电网事件。第二个因素是电压等级，五级电网事件跟 220kV 电压等级强相关联。220kV 母线非计划全停，或者 220kV 两台及以上主变压器同时跳闸，就被定级为五级电网事件。

除此之外，电力用户的重要级别也跟电网事件的等级划分有关。

◎ 特级或一级重要电力用户电网侧供电全部中断属于五级电网事件

符合五级电网事件的第四条是“地市级以上地方人民政府有关部门确定的

特级或一级重要电力用户电网侧供电全部中断”。

首先来看看重要电力用户的供电电源配置标准。特级重要电力用户具备三路电源供电条件，其中的两路电源应当来自两个不同的变电站，当任何两路电源发生故障时，第三路电源能保障独立正常供电。一级重要电力用户具备两路电源供电条件，两路电源应当来自两个不同的变电站，当一路电源发生故障时，另一路电源能保障独立正常供电。

两个不同的变电站，又可以区分为两种情况。第一种情况是这两个不同的变电站，均由同一座更高电压等级的变电站供电。此时如果高电压等级变电站失电，则会导致这两个不同变电站同时失电。中断重要电力用户的供电，构成五级电网事件。

第二种情况是这两个不同的变电站，由不同的更高电压等级变电站分别供电。此时电力用户的供电可靠性更高，因为两座不同的高电压等级变电站同时失电的可能性是极小的。

上述情况都是在正常运行方式下的讨论结果。如果一级重要电力用户的一回电源线路处于检修状态，另一回电源线路故障跳闸，则会构成五级电网事件。特级重要电力用户的两回电源线路处于检修状态，第三回电源线路故障跳闸，则也会构成五级电网事件。可以看出电源线路回数越多，电力用户的供电可靠性越高。

六级电网风险事件

◎ 减供负荷在 40MW 与 100MW 之间就是六级电网事件

《国家电网公司安全事故调查规程》中关于六级电网事件，与地区电网相关联的包括以下四条（见图 11-2）：

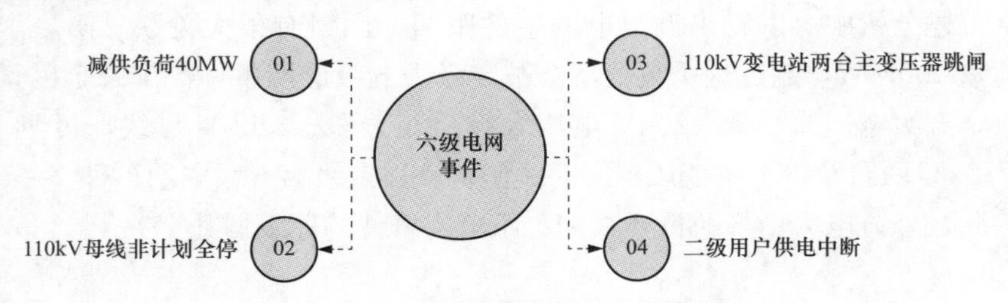

图 11-2　六级电网事件的四种类型

第一，造成电网减供负荷 40MW 以上 100MW 以下者。

第二，变电站内 110kV 母线非计划全停。

第三，一次事件造成同一变电站内两台以上 110kV 主变压器跳闸。

第四，地市级以上地方人民政府有关部门确定的二级重要电力用户电网侧供电全部中断。

可以看出这四条是在五级电网事件的基础上进行了降维。减供负荷由 100MW 降维至 40MW，电压等级由 220kV 降维至 110kV，电力用户由特级和一级降维至二级。下面我们来详细的剖析六级电网事件的细枝末节。

符合六级电网事件的第一条是“造成电网减供负荷 40MW 以上 100MW 以下者”，首先要分析一下，哪些情况下，减供负荷可以达到 40MW 以上。

35kV 变电站一般会配置两台主变压器，主变压器容量一般都在 10MVA 左右，两台主变压器的总计容量在 20MVA 左右。针对某一座 35kV 变电站来说，减供负荷是不能超过 40MW 的。两座 35kV 变电站串接，满打满算，其主变压器总计容量也刚刚达到 40MVA，减供负荷也很难超过 40MW。那么三座 35kV 变电站串接时，六台主变压器总计容量达到 60MVA，减供负荷是有可能超过 40MW。这种存在薄弱环节的“葫芦串”式接线结构，在一些偏远地区是存在的。这里提及此种特殊情况，是让大家注意 35kV 电压等级网络中，是有可能达到六级电网事件。

110kV 变电站一般会配置两台或者三台主变压器，主变压器容量一般配置有 40MVA、50MVA、63MVA。其主变压器的总计容量均会大于 80MVA，因此 110kV 变电站负荷超过 40MW 是很轻松的。因此减供负荷在 40MW 与 100MW 之间，大多数都是针对 110kV 变电站来说的。

220kV 变电站的主变压器容量会更大，其变电站负荷超过 100MW 也是很轻松的。那么如果将 220kV 变电站的负荷降低至 100MW 以下，那么其减供负荷也会随之降低，电网事件等级就会有五级下降为六级。这里就隐藏了一个重要的理念叫做“先降后控”，我们会在下一章来细说。

综上所述，220kV、110kV，乃至 35kV 电压等级电网中，都有可能发生六级电网事件。能够达到 40MW 至 100MW 减供负荷的情况有：

（1）220kV 变电站降低负荷量后失电。

（2）110kV 变电站失电。

（3）至少有三座串接式 35kV 变电站失电。

◎ 110kV 母线非计划全停属于六级电网事件

符合六级电网事件的第二条是“变电站内 110kV 母线非计划全停”。涉及地区电网中 110kV 母线有两种情况，第一种是 220kV 变电站的 110kV 母线非计划全停，第二种是110kV变电站的110kV母线非计划全停。

首先来看看220kV变电站的110kV母线非计划全停事件。220kV变电站大多数为三圈变压器，对应着三个电压等级的母线，220kV母线、110kV母线和10kV母线。220kV母线连接着电源线路，110kV母线上供电的是若干条110kV出线，对侧都是各个110kV变电站。10kV母线上大多数为电容器组，有一些变电站会有若干条10kV出线负荷。但是10kV出线负荷与110kV出线负荷相比较，要小得多。因此220kV变电站的负荷主要集中在110kV母线上。当220kV变电站的110kV母线非计划全停，一般都会引发大量的减供负荷的发生。如果此时减供负荷达到100MW以上，那么属于电网五级事件。如果减供负荷在100MW以下，则为电网六级事件。

在正常运行方式下，220kV变电站的110kV母线大多数都为双母线接线结构，运行方式为并列运行。因此能够达到非计划全停，一般都是110kV母线处遭到严重的外力破坏。或者是110kV母线的母联回路有故障，导致两段110kV母线跳闸失电。

在检修状态下，220kV变电站的110kV母线其中有一段母线检修，则仅剩下一段运行母线供电110kV出线负荷。当运行母线故障时，则会引起110kV母线非计划全停，导致110kV出线失电，下属供电的各个110kV变电站失电。此外还有其他若干检修类型，也会导致110kV母线非计划全停。这些检修类型跟220kV母线非计划全停时所分析的类型相似，这里就不再赘述了。

其实220kV变电站的110kV母线非计划全停时，导致的减供负荷一般都是比较多的。涉及其供电的110kV变电站失电，减供负荷超过100MW的可能性也是比较大，所以对于110kV出线负荷的转移就成为了关键点。如何将这些110kV出线负荷转移至其他变电站供电，是“先降后控”的重要思路。

第二种情况是110kV变电站的110kV母线非计划全停。当110kV母线非计划全停时，只会导致本站变电站失电，或者若是串接式接线结构中的第一座110kV变电站的110kV母线非计划全停，则也只会导致串接的两座110kV变电站失电，都要比220kV变电站的110kV母线非计划全停情况要好得多。

110kV变电站的110kV母线一般有三种接线结构，分别是内桥式、单母分段式、双母线接线结构，它们的共同点都有具备两段母线。

在正常运行方式下，两段110kV母线同时运行，达到非计划全停的几率很小。在检修状态下，当110kV母线有一段检修时，另一段运行母线一旦故障失电，就会导致110kV母线非计划全停，属于电网六级事件。总的来说，当设备处于检修状态时，由于设备的冗余度下降，电网的风险升高，发生电网风险事件的几率也成倍的增加了。

110kV 变电站若是三圈变压器，则其负荷主要集中在 35kV 母线的出线负荷和 10kV 母线的出线负荷。110kV 变电站若是两圈变压器，则其负荷就是 10kV 母线的出线负荷。为了达到“先降后控”的风险管控措施，就必须从可以转移的负荷入手，但是 10kV 出线负荷并不像 110kV 出线负荷或者 35kV 出线负荷那么容易进行转移，这也是下一章要重点讨论的问题。

◎ 110kV 变电站两台及以上主变压器跳闸属于六级电网事件

符合六级电网事件的第三条是“一次事件造成同一变电站内两台以上 110kV 主变压器跳闸。”。一般来说，110kV 变电站大多数都会配置两台主变压器，还有一些变电站会配置三台主变压器。

首先来看 110kV 变电站配置两台主变压器的情况。需要在一次事件中造成两台 110kV 主变压器跳闸，才能够被定义为六级电网事件。在正常运行方式下，两台 110kV 主变压器都分别运行在不同的 110kV 母线上，若是两台主变压器同时跳闸，大概率是变电站遭受到严重的外力破坏。

在检修状态下，比如两台主变压器均运行在一段 110kV 母线上，当运行的 110kV 母线故障时，会导致两台主变压器跳闸，此时构成六级电网事件。

变电站配置三台主变压器时，一次事件造成两台主变压器跳闸，机会就会更高一些。在正常运行方式下，三台主变压器中，其中有两台主变压器会运行在 110kVⅠ母上，有一台主变压器运行在 110kVⅡ母上。当 110kVⅠ母故障，会导致在此段母线上的两台主变压器跳闸，构成六级电网事件。在检修状态时，若三台主变压器均运行在同一段 110kV 母线上，此段母线故障，会导致三台主变压器跳闸，110kV 变电站将失电，构成六级电网事件。

当然如果在上述情况发生时，减供负荷达到 100MW，就会被定级为更高级别的电网事件，五级电网事件。

从上述分析中，同样可以看出六级电网事件跟两个因素有很大关联。第一个是减供负荷量 40MW 至 100MW，超过 100MW，会被定级为五级电网事件。第二个因素是电压等级，六级电网事件跟 110kV 电压等级强相关联。110kV 母线非计划全停，或者 110kV 两台及以上主变压器同时跳闸，就被定级为六级电网事件。

◎ 二级重要电力用户电网侧供电全部中断属于六级电网事件

符合六级电网事件的第四条是“地市级以上地方人民政府有关部门确定的

二级重要电力用户电网侧供电全部中断”。

二级重要电力用户的供电电源配置标准是“二级重要电力用户具备双回路供电条件，供电可以来自一个变电站的不同母线段”。它的标准比一级重要电力用户要略低一些，可以来自同一个变电站。假设供电变电站失电，则二级重要电力用户的电网侧供电将会全部中断，构成六级电网事件。

虽然可以来自于同一变电站，但是供电线路需要从不同的母线段来源。假设变电站的两段母线，若其中一段母线故障，还有另一段母线运行，为其二级用户供电。

上述我们分析了五级电网事件和六级电网事件，它们之间的区分标志之一便是减供负荷的量。当达到 100MW 减供负荷时，定级为五级电网事件。当减供负荷小于 100MW，大于 40MW 时，定级为六级电网事件。因此要降低电网风险事件的等级，第一个手段就是从降低减供负荷入手。

区分标志之二便是电压等级。五级电网事件跟 220kV 电压等级强相关联，六级电网事件跟 110kV 电压等级强相关联，因此电压等级越高，越应该引起我们的重视。这里有一个很大的误区，在于 220kV 电压等级设备是属于省级调度机构在负责管辖，但是其风险事件却跟地区调度机构管辖的电网息息相关。地区调度机构必须重视自身管辖的电网，110kV 及以下电网风险事件，此外也必须高度重视 220kV 电网风险事件。它们不是绝对分开的，电网都是一个整体，需要上下级调度机构积极配合，共同维护好电网风险的管控手段执行和措施的落实。

七级电网风险事件

◎ 35kV 输变电设备导致的减供负荷者属于七级电网事件

《国家电网公司安全事故调查规程》中关于七级电网事件，与地区电网相关联的包括以下四条（见图 11-3）：

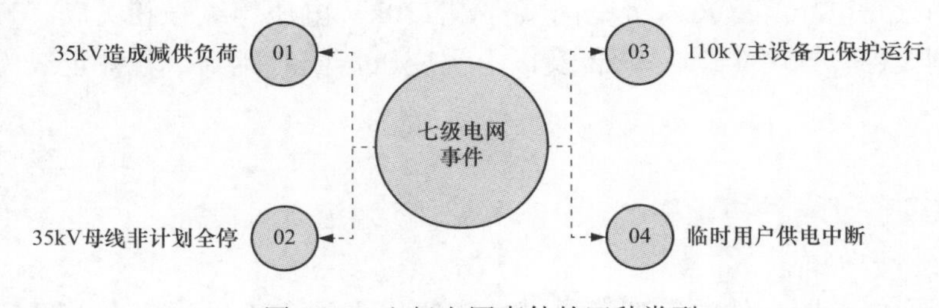

图 11-3　七级电网事件的四种类型

第一，35kV 以上输变电设备异常运行或被迫停止运行，并造成减供负荷者。

第二，变电站内 35kV 母线非计划全停。

第三，110kV 变压器等主设备无主保护，或线路无保护运行。

第四，地市级以上地方人民政府有关部门确定的临时性重要电力用户电网侧供电全部中断。

可以看出七级电网事件跟五级和六级电网事件相比，就不仅仅是简单的降维处理了，而是有其特殊的条款，下面我们一一来进行分析讲解。

符合七级电网事件的第一条是“35kV 以上输变电设备异常运行或被迫停止运行，并造成减供负荷者”。

当减供负荷达到 40MW 以上就是六级电网事件，而七级电网事件针对减供负荷的下限值为 0，上限值当然就是 40MW，因此七级电网事件对应的减供负荷范围便是 0 至 40MW。但是，是不是只要有减供负荷就一定会被定义为七级电网事件呢？不是的，这里还有一个限定，必须是 35kV 以上输变电设备异常引起的减供负荷。比如一条 10kV 线路跳闸失电，有减供负荷，但是并不能被定级为七级电网事件。

这里我们可以看出，达到 100MW 的减供负荷，即为五级电网事件。达到 40MW 的减供负荷，即为六级电网事件。而有减供负荷，并且是 35kV 以上输变电设备引起的减供负荷，才为七级电网事件，因此七级电网事件更加看重的是 35kV 这个电压等级因素。

◎ 35kV 母线非计划全停属于七级电网事件

符合七级电网事件的第二条是“变电站内 35kV 母线非计划全停”。涉及地区电网中 35kV 母线有两种情况，第一种是 110kV 变电站的 35kV 母线非计划全停，第二种是 35kV 变电站的 35kV 母线非计划全停。

首先来看看 110kV 变电站的 35kV 母线非计划全停事件。某些 110kV 变电站为三圈变压器，对应着三个电压等级的母线，110kV 母线、35kV 母线和 10kV 母线。110kV 母线连接着电源线路，35kV 母线上供电的是若干条 35kV 出线，对侧都是各个 35kV 变电站，10kV 母线上为电容器组和若干条 10kV 出线负荷。

在正常运行方式下，110kV 变电站的 35kV 母线大多数都为单母分段接线结构，运行方式为分列运行。因此能够达到非计划全停，一般都是 35kV 母线处遭到严重的外力破坏。

在检修状态下，110kV 变电站的 35kV 母线其中有一段母线检修，则仅剩下一段运行母线供电 35kV 出线负荷。当运行母线故障时，则会引起 35kV 母线非计划全停，导致 35kV 出线失电。或者当 35kV 母线 TV 有检修工作，35kV 母线会采用“一主一备”的运行方式。当任一一段 35kV 母线故障，两段 35kV 母线均会跳闸失电，构成七级电网事件。

第二种情况是 35kV 变电站的 35kV 母线非计划全停。当 35kV 母线非计划全停时，只会导致本站变电站失电。或者若是串接式接线结构中的第一座 35kV 变电站的 35kV 母线非计划全停，则也只会导致串接的两座 35kV 变电站失电。

35kV 变电站的 35kV 母线一般有两种接线结构，分别是内桥式和单母分段式接线结构，它们的共同点都有具备两段母线。

在正常运行方式下，两段 35kV 母线同时运行，达到非计划全停事件的几率很小。在检修状态下，当 35kV 母线有一段检修时，另一段运行母线一旦故障失电，就会导致 35kV 母线非计划全停，属于电网七级事件。总的来说，当设备处于检修状态时，由于设备的冗余度下降，电网的风险升高，发生电网风险事件的几率也成倍地增加了。

◎ 110kV 变压器等主设备无主保护，或线路无保护运行

符合七级电网事件的第三条是“110kV 变压器等主设备无主保护，或线路无保护运行”。当 110kV 变压器或者线路无主保护运行时，电网设备已经处于极度不安全的状态下运行。若发生故障，则会导致越级跳闸的可能性，会给电网造成更大的危害。

因此在电网主设备无保护或者保护不能正常投入运行时，调度人员应该及时调整电网运行方式，将电网主设备转热备用状态，尽快处理。

◎ 临时性重要电力用户电网侧供电全部中断

符合七级电网事件的第四条是“地市级以上地方人民政府有关部门确定的临时性重要电力用户电网侧供电全部中断”。

临时性重要电力用户的供电电源配置标准是“按照供电负荷重要性，在条件允许情况下，可以通过临时架设线等方式具备双回路或者两路以上电源供电条件”。临时性重要电力用户大多数都是因为有保电事项，临时性地成为了重要电力用户。一般情况下，这些用户都没有配置双电源，因此需要在保电期间，临时架设备用电源线路或者使用发电车作为用户的应急电源。

分析完毕五级至七级电网事件后，需要特别关注两个因素，一个是减供负荷量，另一个是电压等级。减供负荷有三个数字需要牢记，分别是 100MW、

40MW 和 0MW。电压等级需要牢记的，分别是 220kV、110kV 和 35kV 电压等级。当达到 100MW 减供负荷时，不管电压等级都属于五级电网事件。当达到 40MW 至 100MW 减供负荷时，不管电压等级都属于六级电网事件。当有减供负荷，并且是 35kV 以上输变电设备异常造成的，就属于七级电网事件。可以看出电网事件等级的划分是由减供负荷和电压等级共同决定。

另外针对重要电力用户，需要记住的是特级、一级、二级和临时重要用户的区别。特级和一级重要电力用户电网侧电源全部中断属于五级电网事件，二级重要电力用户电网侧电源全部中断属于六级电网事件，临时重要电力用户电网侧电源全部中断属于七级电网事件。

八级电网风险事件

◎ 10kV 供电设备异常造成减供负荷属于八级电网事件

《国家电网公司安全事故调查规程》中关于八级电网事件，与地区电网相关联的包括以下三条（见图 11-4）：

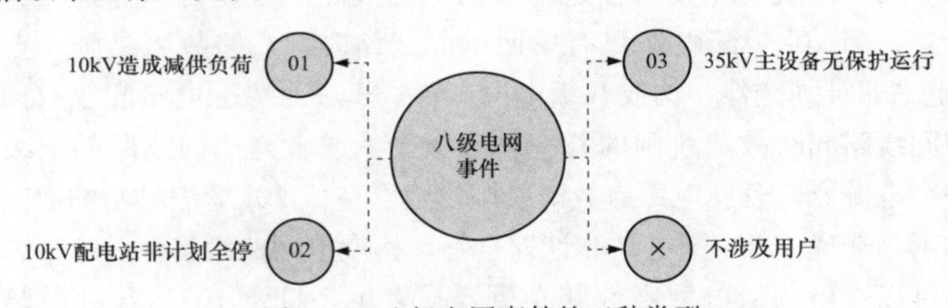

图 11-4　八级电网事件的三种类型

第一，10kV 供电设备（包括母线、直配线）异常运行或者被迫停止运行，并造成减供负荷者。

第二，10kV 配电站非计划全停。

第三，35kV 变压器等主设备无主保护，或线路无保护运行。

可以看出八级电网事件并不涉及到重要电力用户的部分，与七级电网事件相比较，整体上是降维的思路。35kV 以上主设备异常导致减供负荷降维至 10kV 供电设备异常导致减供负荷，35kV 母线非计划全停降维至 10kV 配电站非计划全停，110kV 主设备无保护运行降维至 35kV 主设备无保护运行。

符合八级电网事件的第一条是“10kV 供电设备（包括母线、直配线）异常运行或者被迫停止运行，并造成减供负荷者”。这里跟七级电网事件的区别在于电压等级，如果是35kV以上输变电设备异常造成有减供负荷，则为七级电网事件，如果是10kV供电设备异常造成有减供负荷，则为八级电网事件。

10kV供电设备包括有10kV母线和10kV直配线路。首先来说说10kV母线，当10kV母线发生故障时，则10kV母线跳闸，10kV母线上所有出线负荷均失电，造成减供负荷。这里的10kV母线包括220kV变电站、110kV变电站和35kV变电站的10kV母线。一些220kV变电站的10kV母线上仅只有电容器组负荷，并没有出线负荷，因此故障失电时，也不会造成减供负荷，因此不属于八级电网事件。另外当10kV母线单相接地时，需要查找接地故障。在处理单相接地故障时，会逐一拉开10kV出线回路。造成减供负荷的发生，因此也属于八级电网事件。

10kV线路异常的情况有以下三种情况。第一，10kV线路故障跳闸，重合成功。第二，10kV线路故障跳闸，重合不成功。第三，10kV线路故障跳闸，无重合闸。其中第二和第三种情况都会造成减供负荷的发生，属于电网八级事件。

◎ 10kV配电站非计划全停属于八级电网事件

符合八级电网事件的第二条是“10kV配电站非计划全停”。10kV配电站一般情况下有两种配置类型，一种是有双回电源线路配置，另一种是只有单回电源线路配置。当10kV配电站只有单回电源线路时，线路故障跳闸，则会导致10kV配电站非计划全停，构成八级电网事件。若10kV配电站配置双回电源线路时，两回线路同时故障跳闸的几率就会减少。或者是两回线路的上级电源来自于同一个电源点，若此电源点故障跳闸，也会造成10kV配电站的双回电源线路同时跳闸，造成10kV配电站非计划全停，构成电网八级事件。

上述可以看出八级电网事件其实更容易发生，只要10kV母线故障，或者10kV母线接地，10kV线路故障跳闸，10kV配电站故障跳闸，几乎都会引起减供负荷的发生，造成八级电网事件的发生。一是因为10kV电网设备的冗余度并没有35kV及以上的电网设备冗余度高，在受到电网扰动时，更容易发生故障所导致的减供负荷。另外，也可以直观地了解到电网事件的等级越高，发生的几率也越小，电网事件的等级越低，发生的几率也越大，发生的数量也越多，因此八级电网事件的数量是最多的。

◎ 35kV主设备无保护运行属于八级电网事件

符合八级电网事件的第三条是“35kV变压器等主设备无主保护，或线路无保护运行”。当35kV变压器或者线路无主保护运行时，电网设备已经处于极度不安全的状态下运行，若发生故障，则会导致越级跳闸的可能性，会给电网造成更大的危害。

因此在电网主设备无保护或者保护不能正常投入运行时，调度人员应该及时调整电网运行方式，将电网主设备转热备用状态，尽快处理。

◎ 五级至八级电网事件的 12 格矩阵图

我们已经梳理完毕五级、六级、七级、八级电网事件，并找到了两个关键因素，一个是电压等级，一个是减供负荷。如图 11-5 所示，按照两个关键因素的等级划分，绘制了 12 格电网事件等级矩阵图。

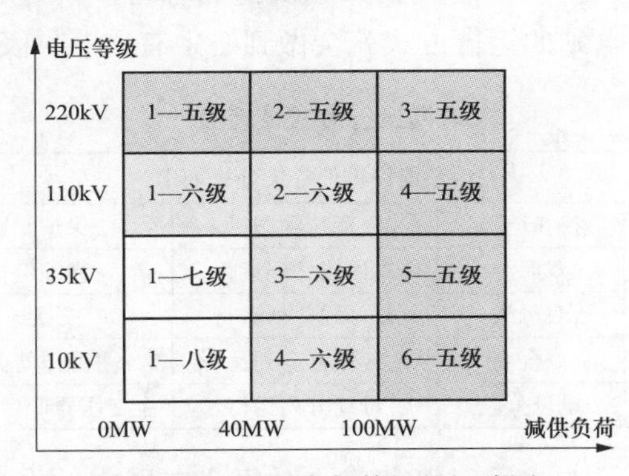

图 11-5　电网事件等级的矩阵图

五级电网事件占据了六个方格，在最外圈。涉及到 220kV 电压等级和 100MW 以上的减供负荷都属于五级电网事件。六级电网事件占据了四个方格，在中间圈。涉及到 110kV 电压等级和 40MW 至 100MW 之间的减供负荷都属于六级电网事件。七级电网事件和八级电网事件分别占据一个方格，在最内圈。35kV 以上主设备异常导致的减供负荷属于七级电网事件，10kV 以上供电设备异常导致的减供负荷属于八级电网事件。

在这个矩阵图中，我们可以看到有一些方格是比较特殊的，比如在最外圈的第六格五级电网事件，对应着 10kV 电压等级造成了 100MW 的减供负荷。有没有可能 10kV 母线故障造成 100MW 的减供负荷呢？几率很小，不过也不排除有这样的可能性。

◎ 两张表格梳理管辖电网范围内的电网风险事件

杜小小梳理完毕所有的电网事件等级后，发现其实电网事件等级的划分是有其固有的规律，但是在电网的运行过程中，会涉及非正常运行方式下的电网状态，每一种电网状态都有可能导致不同等级的电网事件。需要针对每个电网运行方式，来具体分析该状态下，是属于哪种电网风险事件，自己需要在不断的练习中，提升自己判断电网事件等级的能力，杜小小总结出来了自己的方法。

首先第一步是要结合电网接线结构和电网运行状态来判断当下电网的运行方式是属于正常运行方式，还是特殊运行方式。

从上到下逐一进行分析，将电网设备划分为输电线路、高压侧母线、主变压器、中低压侧母线四种类别。并分别对每一种设备的电压等级、接线结构、运行状态、保护配置、备自投装置投入情况进行梳理。经过这一张表格的梳理后，自己对于此座变电站的运行方式就会做到心中有数（见表11-1）。

表11-1　　电网运行方式梳理表

长生站电网事件等级分析表-1

电网设备	电压等级	接线结构	运行状态	保护配置	备自投装置
输电线路	110	双回线	双回线并列运行	光差保护	无
高压侧母线	110	双母线	双母线并列运行	无	未投入
主变压器	110/10	双台变	主变压器分列运行	主变压器保护	无
中低压侧母线	10	单母分段	母线分列运行	主变压器低后备保护	投入

梳理完毕电网运行方式后，现在需要对每个电网中的设备进行故障点的假想，分别判断在故障发生时，对应的保护动作情况，备自投动作情况，减供负荷量是多少，属于几级电网事件。表11-2是以一座110kV长生变电站为例，分列假设各个电网元件设备的故障，然后进行故障分析，最终得到可能会发生的电网事件等级。

表11-2　　假设电网故障点列表

长生站电网事件等级分析表-2

电网设备	假设故障点	保护动作情况	备自投动作情况	减供负荷	电网事件等级
输电线路	线路故障	光差保护动作	无	无	无
高压侧母线	母线故障	母线差动保护动作	10kV备自投动作	无	无
主变压器	主变压器故障	主变压器差动保护动作	10kV备自投动作	无	无
中低压侧母线	母线故障	主变压器后备保护动作	无	10MW	八级电网事件

上述的两张表格都只是站在一座变电站的角度进行分析，在真实电网中，若干座变电站都是交织在一起，相互有影响。比如一座220kV变电站的110kV母线故障时，就会对下属110kV变电站造成影响，有可能涉及到减供负荷的发

生，所以需要将上述的两张表格综合起来，反复使用。

杜小小通过表格的使用，将细节落实在纸笔上，减轻了大脑思考的负担，慢慢的杜小小已经在训练的过程中，逐渐找到了电网等级划分的一些规律和原则。

不过杜小小有一个疑问，这些电网风险事件划分等级之后，是为了做什么呢？

电网事件按照等级来划分，实际上是从等级上对电网风险事件进行了精准的划分。针对不同的电网事件等级，需要不同的调度机构和其他相应风险管控部门，采取有针对性的措施，对电网风险进行预控。另外针对不同电网事件等级，风险预警的发布方式也会有所不同，这就是下一章我们要重点讨论的电网风险管控体系了。

第十二章

风险管控："年月周日，全面评估，先降后控"的风险管控体系

安全对于电力系统来说是第一位，电网的安全是调控中心最为关注的核心事件。电网安全如此重要，就需要从预防入手，建立电网风险管控体系是保障电网安全运行的重要举措。本章主题是风险管控，建立以"年月周日，全面评估，先降后控"为核心的风险管控体系。

风险不能消除，只能控制最小化

◎ 战术上的勤奋不能掩盖战略上的懒惰

调度机构是电网的大脑，负责对电网进行指导、指挥、协调。如果大脑出现了问题，那么大脑指挥的手和脚一定是会出现差错。就好比打仗一样，如果在战略上出现了问题，发生了错误判断和指挥，即使队伍再骁勇善战，也会战败。因此电网的安全首先需要从调度入手，调度必须对电网安全放在首要位置，也就是要在战略上重视，战术上才会有成功的可能。

电网安全的本质就是保障电网稳定运行，将电力能源通过电网设备，顺利传递给电力负荷，并保障电能的优质供应，一切导致电网不能稳定运行的因素都是需要关注的危险点。调度人员在进行电网运行方式安排时，需要重点考虑的便是电网的安全稳定运行。在电网检修和事故处理时，电网的安全性也是放在首位。

调度新进人员在掌握电网接线结构和运行方式安排后，需要重点提升的便是对于电网安全的意识力。本质上电网只要投入运行，就一定会存在安全风险。风险是随机变量，是避免不了的。风险管控体系的建立在基于电网风险不可消除的前提下，是预防风险发生的管理手段。调度人员需要熟练地掌握电网风险管控体系的构成、组织、措施和方法。这个部分也是调度人员最需要重视，最

需要反复打磨的技能之一。

◎ 杜小小“失电了，只能等待来电？”

杜小小最近在准备调度竞赛，每周五都需要接受班长的“严刑拷打”，这次班长给杜小小的出的题目是这样的。

现有一座 220kV 变电站，其 220kV 母线为双母线接线结构。110kV 母线上有四回出线，两回 110kV 联络线，是与另一座 220kV 变电站的 110kV 母线相连的联络线，此时两回 110kV 联络线处于检修状态。

请问，220kV 变电站安排 220kV Ⅰ母检修，是否合理？

“合理吧，还是不合理吧？”杜小小一脸疑惑地看着班长。

“想想这样的安排会不会有冲突呢？”

“感觉好像没有什么冲突呢，一个是 220kV 电压等级，另一个是 110kV 电压等级，能有什么冲突呢？”

“听好了，下面给你讲讲哪里有冲突。”

如果 220kV 变电站的 220kV Ⅰ母安排检修工作，那么此时 220kV 变电站就是单母运行方式，若另一段运行的 220kV 母线故障跳闸，则 220kV 变电站将失电，从而导致其 110kV 母线失电，110kV 母线上所供电的 110kV 变电站失电。

由于此时 110kV 母线上的 110kV 联络线也处于检修状态，无法通过 110kV 联络线对失电的 110kV 变电站进行供电，所以只能等待来电，调度人员毫无办法。

“小小，110kV 联络线就仿佛是生命通道一样，在紧急情况下可以发挥重大作用。如果没有对电网安全有足够充分的认识，就会对设备检修工作进行错误的安排，最终导致电网安全受到威胁。你面对这样的检修工作，会如何安排呢？”

“应该可以这样安排，班长。第一种方案，可以不同意 220kV 母线的检修工作。第二种方案，可以待 110kV 联络线检修工作结束后，再安排 220kV 母线的检修工作。这样就可以避开彼此的冲突了。”

“是这样”。

◎ 风险不能消除，只能控制在最小化

风险本质上是不能被消除的，只要电网存在，电网在运行状态中，就一定会存在风险。所以应对风险的措施不是从根本上消灭风险，而是将风险控制在最小范围之内。电网是一个有机整体，随着电网规模的不断扩大，电网风险也在逐级增加。那么是不是电网风险增加了，电网就会越危险呢？这就需要考虑

风险管控的手段了。

电网风险管控是应对电网风险的一系列组织和技术措施。从本质上来说电网规模越大，电网风险也会增大。如果风险管控措施到位，是可以将电网风险控制在最小程度上。如果风险管控措施不到位，则可能将电网本身的风险完完全全地暴露出来。

因此面对电网的风险，不能片面地认为要将电网的规模缩小或者是控制在一个适当的规模上，而是要多从人和组织的角度来考虑，如何来强化电网风险的管控措施，使得电网既能享受到大电网的规模效应，也可以将大电网所隐藏的风险控制好。

“年月周日，全面评估，先降后控”的风险控制措施是每个调度人员都应该要掌握的核心风险控制手段。“年月周日”是指应强化电网运行“年方式、月计划、周安排、日管控”，建立健全风险预警评估机制。它是从时间的角度，由上到下，由整体到局部，来掌控全网的风险点。“全面评估”是指充分辨识电网运行方式、运行状态、运行环境、电源、负荷及电力通信、信息系统等其他可能对电网运行和电力供应造成影响的风险因素。它是从横向的角度，全收集各个方面对电网可能造成的风险要素。“先降后控”是指充分采取各种预控措施和手段，降等级、控时长、缩范围、减数量，降低事故概率和风险影响。它是从纵向的角度，各个点上逐一击破。下面就来详细的分析“年月周日，全面评估，先降后控”的风险管控体系。

年月周日、全面评估、先降后控的风险管控体系

◎ 把握好“年月周日”风险管控体系的节奏感

“年月周日”是指“年方式、月计划、周安排、日管控”的电网风险管控体系（见图 12-1）。首先从“年方式”入手，开展年度电网运行风险分析。站在全年的时间维度上，统筹分析地区电网在未来整个一年的时间跨度中，会有哪些风险存在。重点会关注电网的特殊运行方式时，电网的薄弱点。

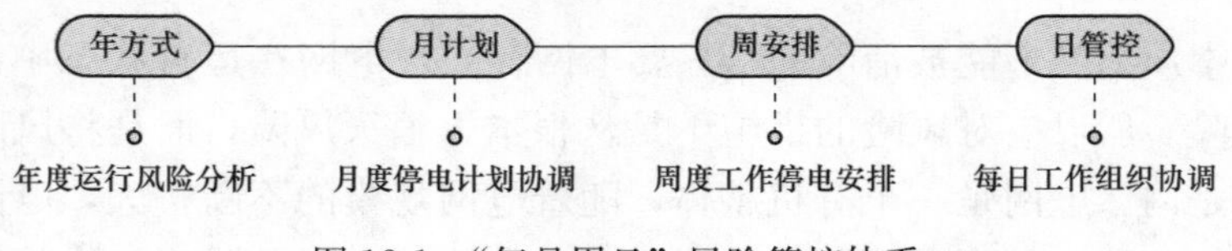

图 12-1 “年月周日”风险管控体系

"年方式"分析完毕后，需要按照月度的时间逐月进行推进。"月计划"重点在于梳理月度电网设备计划停电所带来的安全风险。电网在正常运行方式下冗余度是比较合理的，电网薄弱环节比较少，电网处于相对比较安全的状态。当电网处于检修状态时，电网冗余度下降，电网薄弱点增多，电网风险管控系统就需要开动它的各个"触角"了，掌控住电网中各个薄弱点。

"周安排"是指加强周工作计划和停电安排，动态评估电网运行风险，及时发布电网运行风险预警。随着时间的拉近，风险管控系统会越来越关注细节。此时需要根据当前的电网运行状况，分析电网事件等级，对于六级及以上的电网事件及时发布电网运行风险预警。

"日管控"是指密切跟踪电网运行状况和停电计划执行情况，加强日工作组织协调，根据实际情况动态调整风险预警管控措施。此部分是最为细节的管控措施，每日跟进电网风险的变化，及时做出调整。

"年月周日"风险管控体系看似稀疏平常，却是非常实在和稳定的风险管控体系。首先在一年的时间维度上，全面考虑所有电网的风险薄弱点，这样可以站在更长的时间上来统筹所有的停电检修工作，统一梳理全年所有会遇到的电网风险。其优势在于如果风险有叠加、有冲突、有碰撞时，可以在年度统筹时进行调整。

年方式安排确定后，每月还会滚动对月度计划进行安排。月计划就是站在年方式下，更为细致的安排，不会破坏年方式的排兵布阵，也会补充年方式下没有考虑到的计划安排，让每月计划更加适应当下的实际情况。

周安排是基于月计划下的细致安排。年方式和月计划可以看作在整体上的风险管控和计划制定，那么周安排就是针对每一项计划的风险措施的预警和落实，涉及到各个相关部门和单位，开始跟踪和推进风险管控的各项预控措施。

日管控是每日的工作组织和协调，需要根据具体的实际情况进行动态调整。

年方式和月计划是站在全局的角度对具有风险的计划工作进行安排，周安排和日管控是站在局部的角度对每个风险工作进行安排和调整，站在时间的维度上对电网风险进行首尾衔接的管控。

◎ 综合分析"全面评估"电网各个状态下的风险程度

电网的风险存在于各个环节，"全面评估"就是指从电网接线结构、运行方式、运行状态、运行环境、电源、负荷等各个方面进行全面评估（见图 12-2），做到评估不遗漏，管控全方位。

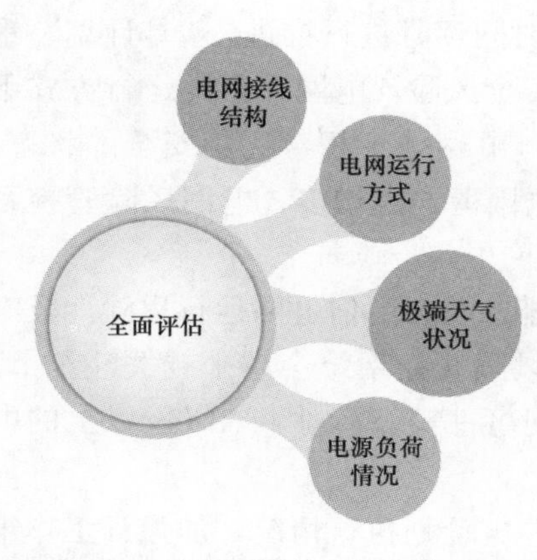

图 12-2 “全面评估”的四个要素

首先电网本身的接线结构就会导致电网有薄弱点存在，四类电网结构的薄弱环节，分别是串接、假双回、单元件、缺元件。其中串接式接线结构大多数都是双回线的串接，因此在正常运行方式下，电网几乎没有风险。假双回的接线结构是存在电网风险的，始终都有一座变电站会有全站失电的风险。单元件是指单电源线路、单母线、单主变压器的接线结构，也是电网的风险点。缺元件主要是指无断路器，仅有隔离开关的回路，多数情况下，无法配置备自投装置。

电网结构的风险分析评估，主要是查找电网中存在的以下五类电网薄弱结构。第一，假双回接线结构。第二，单电源接线结构。第三，单母线接线结构。第四，单主变压器接线结构。第五，无断路器回路接线结构。以上电网的接线结构都有一个共同的特点，当运行设备故障时，没有备用元件供电，将会导致所供电变电站失电。

其次，电网的运行方式也会导致电网存在风险。这里主要是指电网处于检修状态时的特殊运行方式，在春季和秋季时，是电网检修工作大量集中进行的季度。电网检修状态时，会频繁出现单电源线路运行、单母线运行、单主变压器运行方式，都会导致各个等级的电网事件，也是风险管控系统重点需要考虑的环节。

然后，电网遇到环境的变化也会经受考验。主要是指在极端天气状况下，电网承受的冲击和风险点，尤其在迎峰度夏和迎峰度冬期间，由于极端天气会导致电网设备负载率升高，导致电网断面潮流升高，引起电网安全风险增加。

电网的电源和负荷也会对电网造成风险因素。当电源供给不足时，电网需要维持供需平衡，就必须考虑拉闸限电措施。当负荷端有重要电力用户时，则需要考虑电网薄弱环节是否会造电力用户的供电中断。

“全面评估”分别从各个风险因素来分析电网的风险，它和“年月周日”是结合在一起使用的。针对电网接线结构的薄弱环节，一般都是在“年方式”时进行细致的分析。电网接线的薄弱环节一般在很长一段时间内都会处于稳定状态，直到有基建和技改项目对电网接线的薄弱环节进行改造升级后，这个电网薄弱环节才会消失掉。

电网运行方式所导致的电网风险，主要是由于电网检修工作所导致，它跟“月计划”的关系就比较紧密了。每月计划安排之后，电网的特殊运行方式都会进行梳理，对应电网风险也会被定级确认。

极端天气状况主要是在迎峰度夏和迎峰度冬期间，那么在这些月份就会避免安排大型的检修停电工作。它跟“年方式”和“月计划”都有非常强关联，在年方式时就应该考虑到在高峰负荷时尽量不安排检修工作。

电源负荷情况又是比较特殊，需要在“周安排”和“日管控”阶段进行细致的管控。

总之，“年月周日”和“全面评估”不是孤立存在，而是相互关联，相互交织在一起，共同为电网风险管控体系添砖加瓦，提供坚实支持。

◎ 调度部门风险管控的终极武器是“先降后控”

“先降后控”是指充分采取各种预控措施和手段，降等级、控时长、缩范围、减数量，降低事故概率和风险影响。这里的“先降后控”的重点在于“降等级”，就是由五级电网事件降至六级电网事件，由六级电网事件降至七级电网事件。如图 12-3 所示，从电网事件矩阵图中可以看到，降等级其实就是由矩阵的右上角向左下角降维。电压等级没有办法在风险管控中降维，220kV 电压等级检修工作，不可能降维至 110kV 电压等级检修工作。因此降维只能是从减供负荷的角度上考虑，由 100MW 减供负荷如何降维至 40MW 的减供负荷，由 40MW 以上的减供负荷如何降维至 40MW 以下的减供负荷。

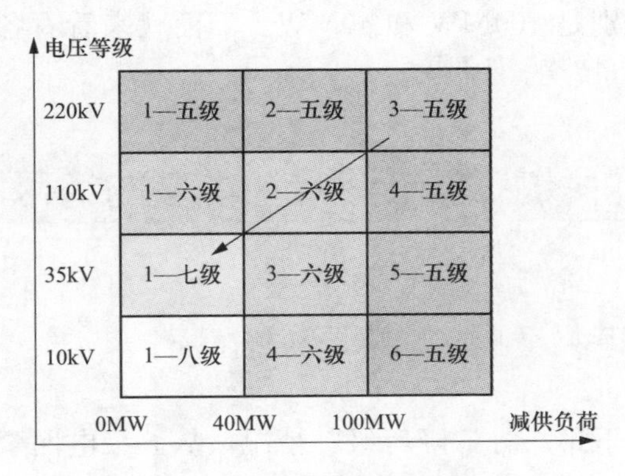

图 12-3 “降等级”的关键要素

由于电压等级不能够考虑降维，因此，“降等级”只能从横向的角度来考虑了。如图 12-4 所示，有五种途径可以达到“降等级”的目标。第一种途径是从五级电网事件第四格降维到六级电网事件第二格。在 110kV 电压等级下，减供负荷由 100MW 以上降低至 100MW 以下。

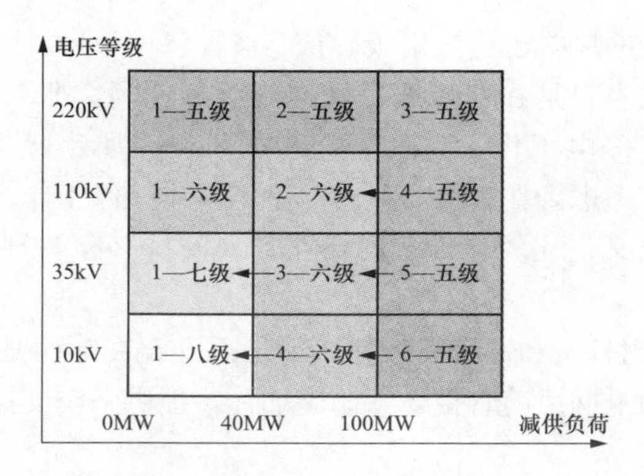

图 12-4 “降等级”的五种途径

第二种途径是从五级电网事件第五格降维到六级电网事件第三格。这种方式是在 35kV 电压等级下，减供负荷由 100MW 以上降低至 100MW 以下。第三种途径是从六级电网事件第三格降维到七级电网事件第一格。这种方式是在 35kV 电压等级下，减供负荷由 40MW 以上降低至 40MW 以下。

第四种途径是从五级电网事件第六格降维到六级电网事件第四格。这种方式是在 10kV 电压等级下，减供负荷由 100MW 以上降低至 100MW 以下。第五种途径是从六级电网事件第四格降维到八级电网事件第一格。这种方式是在 10kV 电压等级下，减供负荷由 40MW 以上降低至 40MW 以下。

所有的途径中，关键点都是减供负荷量的减少。针对减供负荷量有两个数字是关键节点，分别是 100MW 和 40MW。下面就来看看各种降等级途径是如何降低“减供负荷量”的。

先降后控的关键在于转移尽可能多的负荷

◎ 五级降维至六级电网事件的关键在于转移负荷

重点来分析一下第一种“降等级”情况，从五级电网事件第四格降维到六级电网事件第二格，是在 110kV 电压等级下，减供负荷由 100MW 以上降低至 100MW 以下。

对应五级电网事件有以下两种情况。第一，220kV 变电站的 110kV 母线非计划全停，且减供负荷达到 100MW 以上。第二，110kV 变电站的 110kV 母线非计划全停，且减供负荷达到 100MW 以上。

先来看第一种五级电网事件“220kV 变电站的 110kV 母线非计划全停，减供负荷达到 100MW 以上”。

如图 12-5 所示，一座 220kV 变电站的 110kV 母线供电三座 110kV 变电站，分别是负荷站 A、负荷站 B 和负荷站 C。由于三座 110kV 变电站的双回电源线路均来自 220kV 变电站，因此负荷是无法通过 110kV 线路进行转移。当 220kV 变电站的 110kV 母线非计划全停时，下属三座 110kV 变电站将会全部失电。

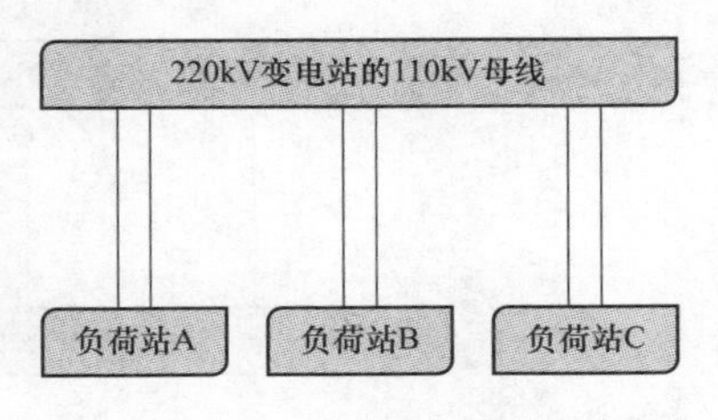

图 12-5　220kV 变电站的 110kV 母线非计划全停

负荷转移方案只能考虑各个负荷站的 35kV 和 10kV 出线负荷的转移方案，但是往往通过 35kV 和 10kV 出线的互联线路转移的负荷量是有限的，尤其是 10kV 出线负荷的互联线路转移能力是最低的。

如图 12-6 所示，我们让负荷站 C 的接线结构有所变化。由图 12-5 的辐射式接线结构变为图 12-6 的链式接线结构。若 220kV 变电站 A 的 110kV 单母线运行时，且下属三座 110kV 变电站的负荷总计超过 100MW，则可以定级为五级电网事件。

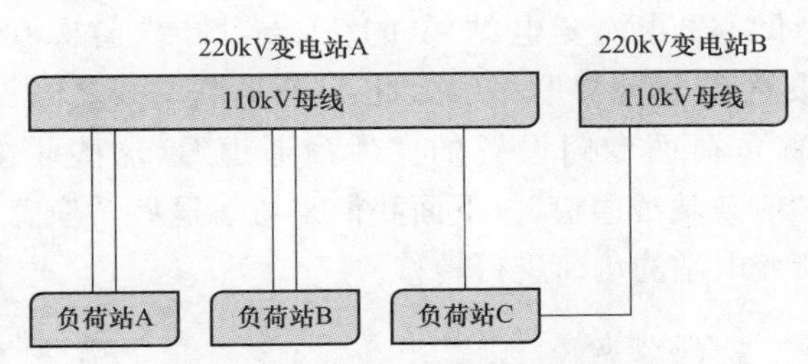

图 12-6　负荷站 C 为链式接线结构

如果将负荷站 C 由 220kV 变电站 A 供电转移至由 220kV 变电站 B 供电，那么当 220kV 变电站 A 的 110kV 母线非计划全停时，只有负荷站 A 和负荷站 B 失电。再假设两座失电变电站的总计负荷未达到 100MW，则定级为六级电网事件。

因此在 220kV 变电站 A 的 110kV 单母线运行时，运行方式安排上，提前将负荷站 C 转移至 220kV 变电站 B 供电，就可以达到“先降后控”的目标，将减供负荷减少，从而降低电网事件的等级。

从上述案例分析中，我们也可以发现链式接线结构是一种更为科学的接线结构。如果所有负荷站都是链式接线结构，如图 12-7 所示。在 220kV 变电站 A 的 110kV 单母线运行时，可以将下属的所有负荷站都倒至 220 变电站 B 供电。当变电站 A 的 110kV 单母线非计划全停时，没有减供负荷。这应该是最为理想的一种状态了，可以将所有可能导致减供负荷的下属变电站全部转移。不过这种接线结构要求比较高，需要每一座负荷站都为链式接线结构。

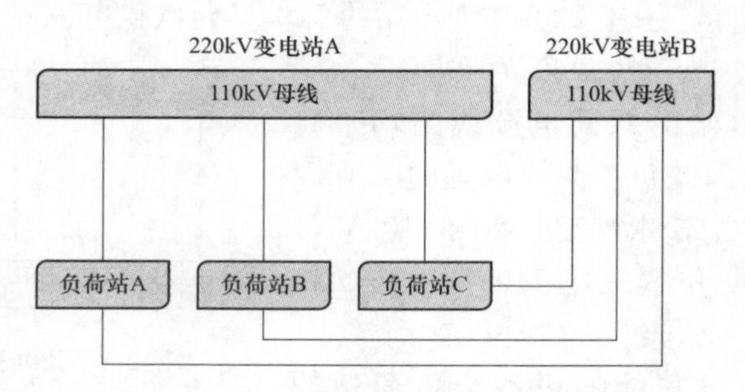

图 12-7　所有负荷站均为链式接线结构

◎ 220kV 变电站之间的 110kV 联络线是"生命通道"

如果下属负荷变电站都是辐射式接线结构，在不改变负荷变电站的接线结构下，怎样可以顺利地将下属 110kV 负荷变电站的负荷转移呢？这里就是 220kV 变电站之间的 110kV 联络线发挥作用的时候了。

如图 12-8 所示，220kV 变电站 A 的 110kV 母线与 220kV 变电站 B 的 110kV 母线之间设置有 110kV 联络线。此 110kV 联络线之间没有接入变电站，它就是为顺利转移负荷而专门设置的"生命通道"，这些联络线也被称之为 220kV 变电站的"应急救援通道"。下面我们来看看这些"应急救援通道"是如何顺利将下属负荷变电站的负荷进行转移。

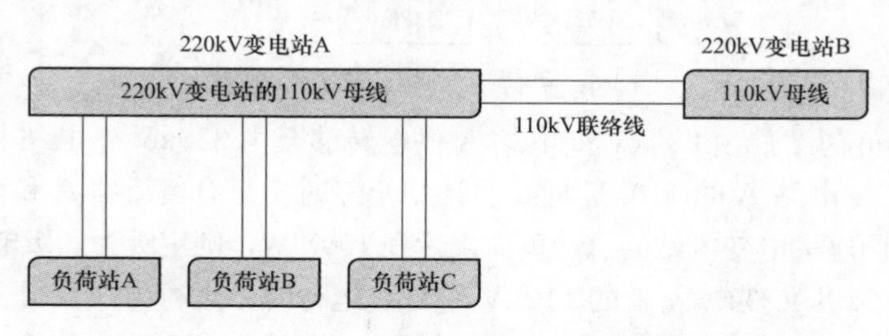

图 12-8　220kV 变电站间的 110kV 联络线

发现其中的秘密，我们需要再细致地看到 110kV 母线的接线结构。如图 12-9 所示，我们可以看到图 12-8 的细节。220kV 变电站 A 的两台主变压器总路会分别运行在 110kV Ⅰ母和 110kV Ⅱ母上。下属 110kV 负荷变电站的双回电源线路均分别在 110kV Ⅰ母和 110kV Ⅱ母上运行。220kV 变电站 A 与 220kV 变电站 B 之间的 110kV 联络线，在正常运行方式下，会由 220kV 变电站 B 的 110kV 母线侧送电，在 220kV 变电站 A 的 110kV 母线上热备用。

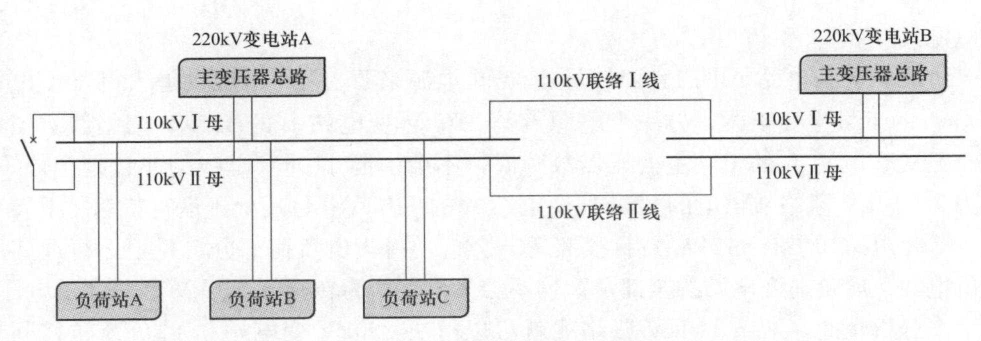

图 12-9 220kV 变电站间 110kV 联络线的细致结构

当 220kV 变电站有一台主变压器检修停电时，此时只有一台主变压器运行供电 110kVⅠ母和 110kVⅡ母。一旦运行主变压器故障，则会造成 110kV 母线非计划全停，造成下属 110kV 负荷变电站全停。此时如何调整电网运行方式，减少减供负荷量，从而降低电网事件等级，就需要从 110kV 联络线的角度入手了。

如图 12-10 所示，假设 220kV 变电站 A 的 2 号主变压器检修停电，1 号主变压器运行在 110kVⅠ母上，110kV 母联回路运行，供电 110kV 两段母线上的出线负荷。此时需要一系列的运行方式调整，来达到降低减供负荷量的目的。

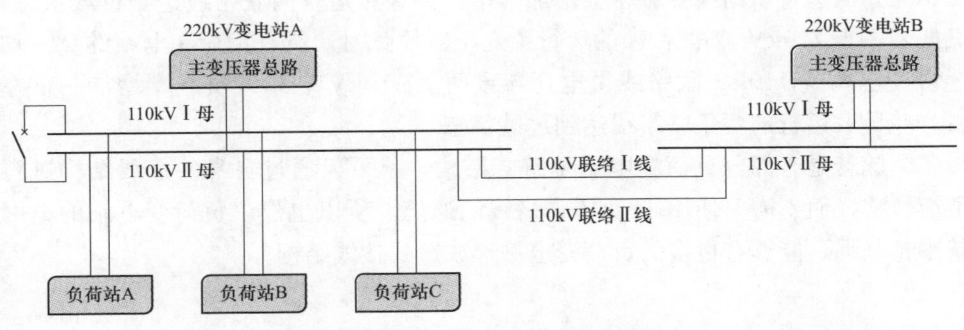

图 12-10 220kV 变电站间 110kV 联络线的应用

首先需要将 110kV 联络Ⅰ线和 110kV 联络Ⅱ线均转运行在 220kV 变电站 A 的 110kVⅡ母上，220kV 变电站 A 的 1 号主变压器总路运行在 110kVⅠ母。然后将所有负荷变电站的双回线分列运行，最后将 220kV 变电站 A 的 110kV 母联回路转热备用。

经过这一系列的运行方式调整后，220kV 变电站 A 的 1 号主变压器总路运行在 110kVⅠ母上，供电所有负荷变电站运行在 110kVⅠ母上的电源线路。由 220kV 变电站 B 供电的 110kV 联络Ⅰ线和 110kV 联络Ⅱ线并列运行，供电 220kV 变电站 A 的 110kVⅡ母，并供电所有负荷变电站运行在 110kVⅡ母上的电源线路。

220kV 变电站 A 的 110kV 母线有两个电源来源。一个电源点是 220kV 变电站 A 的 1 号主变压器，另一个电源点是 220kV 变电站 B 的 110kV 联络线。当 220kV 变电站 A 的 1 号主变压器故障时，不会引起 110kV 母线的非计划全停，因为 110kV 联络线供电的 220kV 变电站 A 的 110kVⅡ母还处于运行状态。下属负荷变电站如果有 110kV 备自投装置，会自动将失电负荷部分自投至运行线路供电，下属负荷变电站的全部负荷均不会失电，均为转移至 110kV 联络线供电。

分析至此，两条 110kV 联络线就可以解决 220kV 变电站 A 的负荷转移问题，也不用大动干戈，来改造所有负荷站的接线结构。可谓是四两拨千斤的接线结构优化方法，难怪将 220kV 变电站之间的 110kV 联络线称之为“应急救援通道”。

虽然 110kV 联络线是 220kV 变电站的“生命通道”，但是它却并不能解决所有的问题，它本身也是有局限性的。在上述电网运行方式下，两条 110kV 联络线需要运行带所有负荷变电站一半的负荷。一般情况下，两条 110kV 联络线极限情况下，可以带 200MW 左右的负荷。如果所有负荷变电站的一半负荷总计超过了 100MW，就会面临新的风险。比如，当 110kV 联络线其中一回线路故障，另一回运行联络线负载率会增加一倍，并导致运行的联络线达到过载状态。又或者，当 220kV 变电站 A 的运行主变压器故障时，所有负荷变电站的负荷均会自投至两条 110kV 联络线供电，导致两条 110kV 联络线负载率增加一倍左右，并导致运行的两条联络线达到过载状态。

因此若是有部分负荷变电站是链式结构，就可以通过自身的接线结构进行负荷转移，而不需要使用 110kV 联络线的通道。所以也建议负荷变电站的电网越来越坚强，能够有更多的负荷变电站形成链式接线结构。

◎ 35kV 出线负荷转移效率高于 10kV 出线负荷转移

第二种类型的五级电网事件，是指“110kV 变电站的 110kV 母线非计划全停，且减供负荷达到 100MW 以上”。110kV 变电站若是三圈变压器，则其负荷对应的是 35kV 母线上的出线负荷和 10kV 母线上的出线负荷。110kV 变电站若是两圈变压器，则其负荷对应的是 10kV 母线上的出线负荷。

要实现“先降后控”的目标，则需要从减供负荷量入手。如何减少 110kV 变电站的减供负荷量，实质上就是减少其 35kV 母线的出线负荷量和 10kV 母线的出线负荷量。35kV 母线的出线负荷，对应的是 35kV 变电站负荷。10kV 母线上的出线负荷，对应的是 10kV 线路负荷。因此首先要考虑的减少 35kV 出线负荷量，毕竟变电站负荷转移的效率要远远大于10kV线路转移的效率。

如图12-11所示，负荷变电站C可以由110kV变电站A供电，转移至110kV变电站B供电。当110kV变电站A的110kV非计划全停时，仅仅只有负荷站A和负荷站B失电，而负荷站C不会失电。如果减供负荷量少于100MW，则电网事件等级就由五级降维至六级。

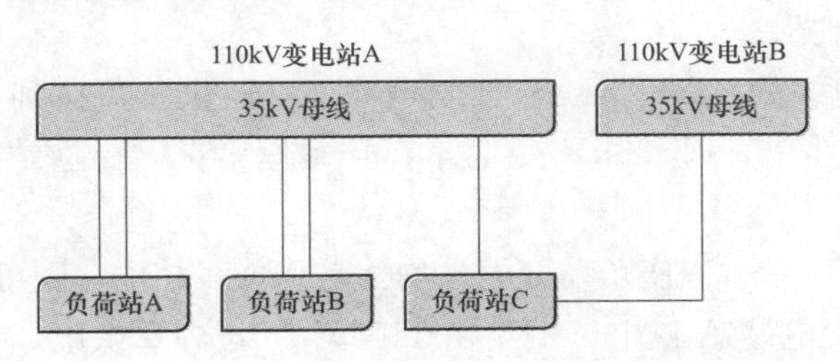

图12-11　110kV变电站的35kV出线负荷转移

另外也可以通过10kV出线负荷的联络线路进行负荷转移。不过一座110kV变电站的10kV母线上的出线条数少则有10多条，多则有20～30条。若想要通过10kV出线的互联线路进行负荷转移，将是一个很大的工程量。需要配电运检室对多条线路进行倒闸操作。在实际工作中，通过10kV线路转移负荷其实不太现实。一是工作量巨大，二是很多10kV出线的互联线路，本身就是由同一座110kV变电站供电，如何转移都还是在这座110kV变电站的供电范围之内，并不能解决减供负荷减少的目标。

变通一下思路，其实可以将检修工作安排在负荷低谷时段进行，让减供负荷本身就不至于超过100MW。比如在负荷高峰时段，迎峰度夏和迎峰度冬期间，不安排110kV变电站的单线运行、单母线运行的检修工作，而是将此类风险工作安排在春检和秋检期间。

另外，从一周的时间维度来看，工作日期间的负荷一般大于周末的负荷，可以将此类风险工作安排在周末负荷低谷时段。从一天的时间维度来看，白天的负荷一般大于夜间的负荷，可以考虑将风险工作安排在夜间进行。

从电力用户用电量的角度来考虑，可以将电力用户的生产周期进行调整，以便在风险工作期间，电力用户的用电量最小化。

当然这些方法都是从负荷量的角度来考虑可行性，在实际工作中，需要综合考虑负荷量、工作量、操作量等诸多因素，权衡一种最佳方式再进行实施。

◎ 链式接线结构的35kV变电站可以达到“先降后控”

再来分析一下第二种“降等级”情况，从六级电网事件第三格降维到七级电网事件第一格。是在35kV电压等级下，减供负荷由40MW以上降低至40MW以下。

对应六级电网事件有以下两种情况。第一，110kV变电站的35kV母线非计划全停，且减供负荷达到40MW以上。第二，35kV变电站的35kV母线非计划全停，且减供负荷达到40MW以上。第二种情况基本上不存在，因此我们重点来分析第一种情况。

110kV变电站的35kV母线非计划全停，且减供负荷达到40MW以上，则35kV母线上至少有三座35kV变电站，且每座35kV变电站的负荷量平均在13MW以上。

如图12-12所示，三座负荷变电站均为链式接线结构，则可以将三座负荷变电站由110kV变电站A供电，倒至由110kV变电站B供电。当110kV变电站A的35kV母线非计划全停时，无减供负荷发生，则电网事件等级由六级降维至七级。

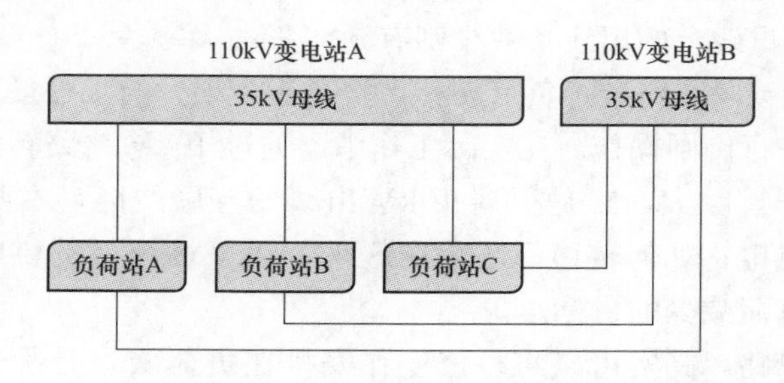

图12-12 35kV母线的负荷转移

从35kV电压等级来看，链式结构也是一种特别科学的接线结构，可以灵活地对电网运行方式进行安排。不过这里需要注意的一点是，110kV变电站的35kV母线，基本上不存在35kV联络线，也就无法使用联络线的方式对35kV母线的出线负荷进行转移。

基于此可以看出，35kV出线类似于10kV出线，也属于配网线路的范畴，而且35kV变电站多是供电农网片区，负荷的重要程度要低一些。

综上所述，“先降后控”的重点在于“降等级”，而在“降等级”时，减供负荷量的减少是重点考虑的因素。而在减供负荷时，电网的接线结构是非常重要的基本条件，需要有好的电网接线结构，比如链式接线结构，比如220kV变电站间的110kV联络线。

风险管控落实到最后，就是需要有一个好的电网接线结构，这是电网未来的发展方向，建设一个越来越科学，越来越可靠的电网构架。

◎ 电网风险管控的“三步预控措施”

杜小小在地调班组已经有两年的时间了，对所管辖的地区电网逐渐有了感觉。这种感觉其实就是一种熟悉程度，知道电网的哪些地方是薄弱环节，需要重点关注，也知道电网在什么时候会更加容易受到干扰。最为重要的是，杜小小越来越重视电网安全，时刻将电网的安全放在心中，将电网风险管控措施牢记于心。下面是杜小小按照电网风险管控的核心原理梳理出来的“三步预控措施”。

第一步：重点关注两个时间节点的风险管控

杜小小关注的两个时间节点，第一个是年初，第二个是迎峰度夏。在年初会对地区电网进行全盘的分析，编制电网年度运行方式书，重点分析当前的电网有哪些固有的薄弱环节，以及针对这些薄弱环节的应对措施。这是对于电网的小结，也是对于未来一年电网发展的规划。第二个时间点是迎峰度夏期间，高温负荷都出现在这个时间段。不少设备在平时都状态良好，到了高峰负荷时段就会凸显出其薄弱环节，如何解决这些设备的重过载问题，也是关注的重点。

年度运行方式书中的风险管控

年度运行方式书是每年调控中心的一本“圣经”，它是对上年度电网运行情况的总结和本年度电网运行方式的分析，是一本全面分析电网现状和未来一年发展状态的书。其中的重点在于本年度电网运行方式的分析，其中包括计划新设备投产情况、电力生产需求预测、电网供电能力分析、电网结构分析、年度设备检修计划、安全运行存在问题和措施。

这里重点需要查看的部分是地区电网的薄弱环节，主要是包括单线、单变、单母线的接线结构，假双回的接线结构，和其他的不完整接线结构，它们都是引起电网事件等级的诱因。此外电力生产需求预测，主要是对全年负荷最高峰的迎峰度夏期间生产需求预测。看看哪些设备极有可能发生重过载情况，这些设备也是引起电网事件等级的重要因素。

电网接线结构和电网运行情况的薄弱环节分析之后，会有相应的解决措施，可能是基建项目，也可能是技改项目。它们都会包括在年度设备检修计划中，而年度设备检修计划本身也是引起电网事件等级的常规因素。

迎峰度夏电网总结的风险管控

在迎峰度夏之前，针对重过载设备对应的解决措施和工程项目会告一段落。迎峰度夏期间，迎接高温天气的同时，也是检验之前工程项目落实情况的关键节点。度夏后，可能又会出现新一批重过载设备，需要及时对这些电网的薄弱环节进行详细分析，并提出相应的解决措施，以供规划部门和运检部门参考。

这里重点需要关注的部分是在度夏期间，哪些电网设备处于特殊运行方式状态。比如为了降低负载率，将220kV变电站的110kV母线安排为特殊运行方式，通过110kV联络线转移部分负荷。又或者将两台主变压器短时并列运行，错峰以降低设备负载率。

其次需要重点关注重过载设备，包括220kV、110kV、35kV变电站中的主变压器重过载情况，以及110kV、35kV、10kV线路的重过载情况。

最后便是地区电网的薄弱环节以及建议措施。建议措施可以通过主变压器新建、增容，线路新建、切改等方式来降低主变压器和线路的负载率。当然电网运行方式的调整是在基建项目和技改项目之后，再考虑的一种解决方式，也就是说调度手段是解决电网设备重过载问题的最后“一道防线”。

迎峰度夏电网总结是对来年的年度运行方式书最好的支撑资料，这两个时间节点的电网风险管控就是在时间维度上相互推动和支撑，不断的梳理电网的薄弱环节，不断地提出解决措施，不断地完善电网的接线结构。迎峰度夏电网总结和年度运行方式书也是调度人员了解和掌握电网风险管控措施的两个重要的支撑资料，需要常看常新。

第二步：每月检修停电计划的风险管控

除了电网本身的接线结构所固有的薄弱点和运行过程中发生的重过载情况之外，电网事件等级还会频繁发生在检修停电工作。当有检修停电工作时，电网设备会发生单线、单母线、单变运行状况，会涉及到五级电网事件、六级电网事件、七级电网事件。因此对于每月的检修停电计划，调度人员也应该重点关注那些导致电网事件的检修停电工作。

表12-1为从电网设备的检修停电计划中梳理出有风险等级的事项。根据停电范围、电压等级和损失负荷可以推导出此项工作属于几级电网事件，主要的风险是因为单线、单变还是单母线运行，失电的电网设备有哪些，损失负荷量有多少，占全网负荷的比例是多少，对应的风险控制措施有哪些。

表12-1　　电网设备检修时的风险分析表

序号	检修内容	开始日期	停电范围	风险等级	可能损失负荷	主要风险	风险控制措施
1	110kV金鱼线小修	2019年6月1日 07：00-19：00	110kV金鱼线	六级电网事件	25MW，占比2.5%	金竹站由110kV龙金线单线供电，金竹站有全站失电风险	金竹站有失电风险，最大损失负荷25MW。事故求援通道：10kV联络线，且转移负荷能力有限。构成六级电网风险事件
2	…						

第三步：建立地区电网的风险管控数据库

最后一步是建立地区电网的风险管控数据库。经过前面两步分析后，我们可以得到电网接线结构下的风险薄弱点，电网运行时重过载的风险薄弱点，以及电网检修停电时的风险薄弱点。针对这三类风险薄弱点，应对的解决措施有三类，包括电网运行方式的调整、基建项目和技改项目工程和远期规划项目工程。

应对措施一：电网运行方式调整。这是所有应对措施中最快速的一种方式，但是也是解决能力最有限的一种方式。经过倒闸操作对电网运行方式进行调整，从而达到降低电网设备的负载率。在迎峰度夏和迎峰度冬期间，或者在电网设备检修时，可以对电网的重过载设备进行负荷转移。

应对措施二：基建和技改项目工程。要解决电网薄弱环节从根本上还是需要有基建项目和技改项目的支撑。可以从根本上解决电网设备不满足 N-1 要求或者设备重过载问题。也是解决电网本身具有接线结构薄弱点的问题。不过基建项目和技改项目一般都需要历时一年至两年的时间。

应对措施三：远期规划项目工程。若当前没有基建项目或者技改项目，用以解决电网风险薄弱点，就需要从规划的角度来考虑相应的解决措施。比如增加电网的电源点布局，调整电网的接线结构，或者从整体上重新分配电网的分层分区设置。

表 12-2 是针对各个电网设备的薄弱环节，依次提出的应对解决措施。分别从电网规划、工程项目和电网运行措施三个维度建立电网风险管控的数据库。随着时间的不断推移，电网发生着变化，需要及时滚动修编电网风险管控数据库，以便随时掌握电网最新状态下的风险管控措施，做到心中有数。

表 12-2　电网风险管控数据库的格式表

序号	风险类型	风险设备（变电站）	风险描述	应对措施		
				电网规划项目	基建技改工程	电网运行措施
1	负荷增长	110kV 迎龙站主变压器	迎龙站主变压器重载，主变压器全年不满足 $N-1$，检修安排困难	无	柳银 110kV 输变电工程，及 35kV 送出工程。	通过转移 35kV 和 10kV 出线负荷至相邻变电站联络线，缓解迎龙站主变压器满载情况
2		…	…			

◎ 如果通过 10kV 线路负荷转移来降低可能损失负荷

对于 110kV 变电站，主变压器为两圈变压器，如果通过 10kV 线路负荷转移来降低可能损失负荷呢？

电网事件等级的降维最为关键的便是对减供负荷量的减少。对于一座110kV变电站来说，主变压器为两圈变压器，想要减少减供负荷量，只能从10kV出线下手了。一般来说，一座110kV变电站的10kV出线条次从十多条到二十多条不等，想要减少减供负荷量，就需要“积少成多”，对不同的10kV出线负荷进行负荷转移。

从理论上，这样的方式是可以减少减供负荷量的。不过在负荷转移的过程中，会涉及很多实际问题。第一个问题是10kV线路的互联线路均属于同一座变电站出线，不管线路是否进行转移，减供负荷均不会减少，其减供负荷无非是从“左手”换到“右手”。所以想要减少减供负荷量，就需要将10kV出线负荷转移至其他变电站进行供电，前提就是10kV出线与其他变电站的10kV出线有联络。

第二个实际问题是，10kV出线负荷进行转移，需要配电运检人员进行倒闸操作。在未实现大范围的配网自动化时，大部分的10kV线路的倒闸操作均需要配电运检人员到场。如果想要减少减供负荷量，并且需要减少到可以影响到电网事件等级降维的负荷量，就需要对多条10kV出线进行负荷转移。那么配电运检人员的工作量就会增加很多，而且现在涉及电网事件的工作数量也不少，如果每项工作均需要降低减供负荷，都涉及10kV出线负荷的转移，那么配电运检人员的工作量一定是突破极限。因此，第二个问题便是如何在降低减供负荷量和统筹配网运检人员工作量之间做出权衡的问题。

很多道理都很正确，逻辑也很清楚。不过一旦落实到实际情况时，便需要灵活变通。在掌握核心原理的同时，正确考虑当下的实际情况，最终做出决策，也是一种非常重要的调度能力。

第十三章

风险预警："发布、报告、实施、解除"的风险预警体系

电网安全是调度人员关注的核心点。在梳理完毕电网事件等级和电网风险管控措施之后，还有一项非常重要的电网安全保障措施：电网风险预警。涉及到电网事件，需要将电网可能存在的风险和控制措施发布给相关部门。本章主要介绍了电网风险预警体系，从发布、报告、实施和解除四个环节逐一进行讲解。

电网风险预警是预防的重要措施

◎ 电网风险管控不是调度机构独自就能完成的

调度机构是最为熟悉电网运行状况的机构，它站在"上帝"的视角在看待整张电网可能会遇到的风险。而其他的部门，比如输电运检室、变电运检室、配电运检室，它们都只是分管电网的某个部分，更加关注的是所在局部设备的安全风险。因此，调度机构天生是电网风险的"发现者"和"管控者"，这也是调度机构的主要职责所在，找到电网的薄弱点，并采取预控措施，让电网的风险等级降维至最低。

电网风险找到后，调度机构会从调度的角度采取积极的管控措施。但是并不是所有的管控措施都是由调度机构来做，面对电网风险，是需要所有相关部门都要积极主动，一起采取应对措施，以便将电网风险控制在最小化程度。

因此，最糟糕的一种情况便是，调度机构在发现电网有风险时，并没有及时将相关的风险信息传递出去。而其他部门也对于电网风险的信息全然不知，没有采取足够的管控措施。最终可能会导致电网处于非常脆弱的状态，导致大面积停电事件发生或者高等级电网事件发生。

调度新进人员在平时工作中，一定要有足够的电网安全风险防范意识。当

电网处于风险状态下，需要及时将电网风险信息传递出去。相关部门群策群力，共同面对电网风险，共建电网风险管控措施。因此，调度人员不仅仅是电网的指挥者，同时也是电网风险的统筹者，统筹整个电网风险信息的收集、传递、反馈。

◎ 杜小小“七级电网安全事件不需要发布风险预警吗？”

杜小小帮助班长整理今年以来所有的“电网运行风险预警通知单”，在“风险等级”一栏，杜小小发现要不是五级风险，要不就是六级风险，从来没有出现过七级风险和八级风险，难道这是一个巧合？

杜小小于是随口询问班长，是不是今年只有五级风险和六级风险预警，而没有七级风险和八级风险事件。

“小小，我需要跟你说一件特别重要的事情。现在你已经工作两年了，也算得上是一个老调度员了，作为班长，我需要向你提一个要求。”

“什么要求呢？”

“以后遇到问题时，先认真地思考一下，不要随口询问其他人。其实很多时候自己认真思考一下，就能够发现更为深层次的问题了，比如我们今年是不是没有七级风险和八级风险事件呢？”

“印象中，应该是有的。”

“嗯，所以你的问题应该是为什么风险预警只是对五级风险和六级风险进行发布。对吗？”

“是的。”

“所以，你应该去找找相关的资料文件，看看有哪些规范规定了风险预警发布的原则。”

杜小小虽然这次没有从班长口中直接得出答案，不过让自己印象最为深刻的就是，凡事都要先自己独立思考，尽量在自己深入思考的基础上，再提出问题。杜小小找到了最新版的《电网运行风险预警管控工作规范》，并在其中找到了答案，地市公司电网运行风险预警发布只是针对六级及以上电网安全事件。

◎ 电网运行风险预警包括“发布、报告、实施和解除”四个环节

电网运行风险不会被消除，只能控制在最小范围内。针对电网运行风险，需要进行预警。电网运行风险预警一共包括四个环节，分别是预警发布、预警报告、预警实施和预警解除（见图 13-1）。

预警发布是电网运行风险预警的第一步，其中又包括四个子环节，分别是预警编制、预警审批、预警发布和预警反馈（见图 13-2）。这一步是由调度部门发起，将电网在运行过程中存在的风险编制成为一份“预警通知单”，并得到相关部门对于这一份“预警通知单”的反馈。

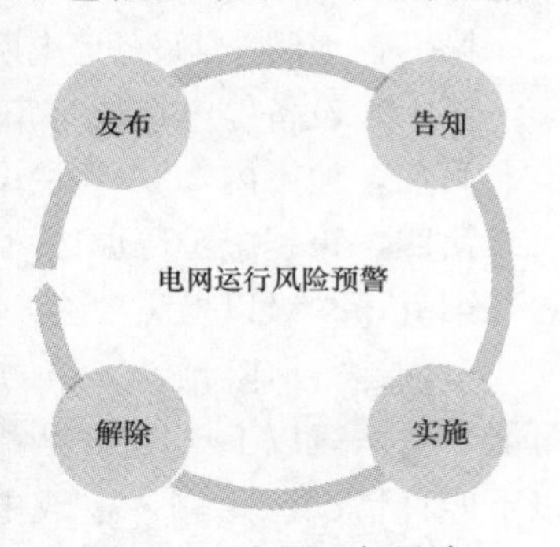

图 13-1　电网运行风险预警的四个环节

预警报告是电网运行风险预警的第二步。如果是预警发布是针对供电公司内部各个部门，那么预警报告就是针对供电公司外部的单位和用户。需要将重大电网风险事件告知政府部门和重要的电力用户，也是汇集外部力量，共同抵御电网可能会碰到的风险事件。

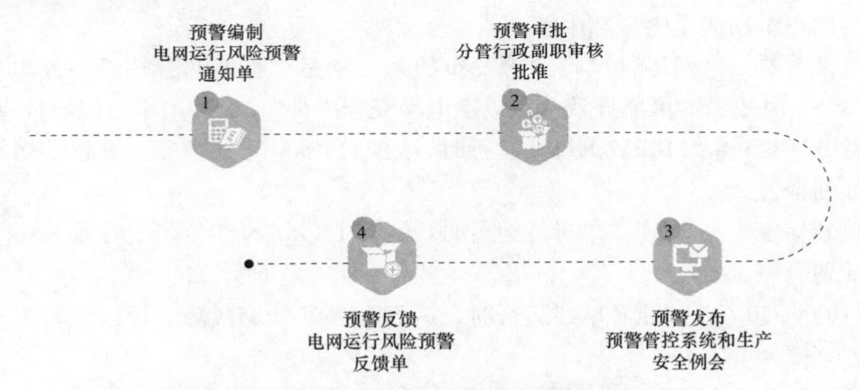

图 13-2　电网运行风险预警发布的四个子环节

预警实施是电网运行风险预警的第三步。前两步其实是电网运行风险的准备环节，第三步便是电网运行风险的实施环节，需要各个部门和单位具体落实各项风险管控措施，是体现在实施管控措施的具体细节上。

预警解除是电网运行风险预警的最后一步。当电网运行风险解除后，需要由调度部门对风险解除的信息告知相关部门和单位，达到预警整个流程的闭环管理。

下面我们会逐一对预警发布、预警报告、预警实施和预警解除进行讲解。

发布、报告、实施、解除的风险预警体系

◎ 地市公司电网运行风险预警发布的三个关键词：负荷损失量、电压等级、用户性质

在最新版《电网运行风险预警管控工作规范》中，对于地市公司电网运行

风险预警发布的范围做出了规定，包括以下五种情况。

第一，地调管辖设备停电期间发生 N—1 故障，可能导致六级以上电网安全事件。

第二，设备停电造成地市内 220kV 变电站改为单台主变压器、单母线运行。

第三，地市内 220kV 主设备存在缺陷或隐患不能退出运行。

第四，跨越施工等原因可能造成电气化铁路停运。

第五，二级以上重要客户供电安全存在隐患。

电网运行风险预警发布的第一条是“地调管辖设备停电期间发生 N-1 故障，可能导致六级以上电网安全事件”。首先来回顾一下，六级电网事件主要包括有以下四种情况。第一，造成电网减供负荷 40MW 以上 100MW 以下者。第二，变电站内 110kV 母线非计划全停。第三，一次事件造成同一变电站内两台以上 110kV 主变压器跳闸。第四，地市级以上地方人民政府有关部门确定的二级重要电力用户电网侧供电全部中断。

再来看看，电网运行风险预警发布的第一条是“当地调管辖设备停电期间发生 N－1 时故障，可能导致六级以上电网安全事件”，梳理出来可能事件有：

220kV 变电站 110kV 单母线运行时，运行 110kV 母线故障，导致 110kV 母线非计划全停。

110kV 变电站 110kV 单母线运行时，运行 110kV 母线故障，导致 110kV 母线非计划全停。

110kV 变电站 110kV 单线运行时，运行 110kV 线路故障，导致 110kV 母线非计划全停。

其他设备停电期间发生 N—1 故障，造成电网减供负荷达到 40MW 以上。

从上述分析来看，只要减供负荷达到 40MW 以上，就必须要发布风险预警。另外造成 110kV 母线非计划全停，也需要发布风险预警。这里的 110kV 母线包括有 220kV 变电站的 110kV 母线和 110kV 变电站的 110kV 母线。

电网运行风险预警发布的第二条是“设备停电造成地市内 220kV 变电站改为单台主变压器、单母线运行”，只要是 220kV 变电站为单变、单母线运行，就需要由地市公司发布电网运行风险预警。虽然 220kV 变电站单变、单母线运行，不一定会造成减供负荷达到 40MW 以上，但是 220kV 变电站单变、单母线运行时，大多数情况会涉及电网特殊运行方式的调整。整个电网站在地市公司的角度来看，一定是比电网正常运行方式下更加薄弱，风险更大，需要通过风险预警发布，将电网的风险点告知所有相关部门。

电网运行风险预警发布的第三条是“地市内 220kV 主设备存在缺陷或隐患不能退出运行”。当 220kV 主设备存在缺陷或者隐患时，虽然不会马上退出运行，但是需要对 220kV 变电站的运行方式进行及时的调整，转移负荷，以便可以随时将有缺陷或者隐患的主设备停电，为后续检修处理做好准备。因此当220kV变电站主设备有隐患苗头的时候，就需要在地市公司层面发布电网风险预警。

电网运行风险预警发布的第四条和第五条都是站在重要用户的角度来考虑。一个是“跨越施工等原因可能造成电气化铁路停运”，另一个是“二级以上重要客户供电安全存在隐患”，主要目的是为了告知重要用户的供电安全存在风险和隐患。发布电网风险预警，主要是让重要用户引起重视，作为相应的电网风险预警和控制。

梳理上述五条电网运行风险预警发布的条款后，就可以梳理出哪些电网状态下需要发布电网风险预警。

220kV变电站的220kV单线、单变、单母线运行。

220kV变电站的110kV单母线运行。

110kV变电站的110kV单线、单母线运行。

110kV变电站的110kV单变运行，且减供负荷大于40MW。

其他发生$N-1$故障时，减供负荷大于40MW。

二级以上重要客户供电安全存在隐患。

小结一下，发布电网风险预警的一共有三种情况，第一种情况110kV以上电压等级设备出现单元件运行时。第二种情况是减供负荷达到40MW以上时。第三种情况便是二级以上重要客户存在隐患时。提炼三个关键词就是110kV电压等级，40MW减供负荷，二级重要客户。

◎ 预警发布环节重点是电网运行风险预警通知单

明确了哪些情况下需要发布电网风险预警后，我们就来看看风险预警的第一个环节：预警发布。在发布环节最为关键的便是“电网运行风险预警通知单”，以下简称“预警通知单”，表13-1所示为“预警通知单”的格式。电网运行风险是调度部门最为关心的核心，因此发布环节中，“预警通知单”是由调度部门进行统一编制。

下面来重点分析一下“预警通知单”的具体细节。首先“预警通知单”是按照每个年度顺序编号。由于电网风险预警发布的范围主要是围绕三个关键词展开：110kV、40MW、二级重要用户，七级和八级电网事件都是不属于发布的范围。所以一年内通过“预警通知单”的形式进行电网风险预警的数量也不会太多，大约在100～200份，这样就可以聚焦在重要的电网风险事件上，将关注点尽量放在影响面积大，电压等级高的风险事件上。而35kV和10kV电压等级的风险事件就不用通过“预警通知单”这种正规的形式来预警了。

表 13-1　　　　　　电网运行风险预警通知单的格式表

电网运行风险预警通知单			
编号：*年第*号			
**电力调度控制中心		预警日期	*年*月*日
主送部门			
责任单位			
停电设备			
预警事由			
预警时段			
风险等级			
风险分析	1. 2. 3.		
管控措施及要求	1. 2. 3.		会签部门
编制		审核	
批准			
呈送			

引发电网运行风险的事件主要是由于检修停电工作，在设备停电期间，会造成电网设备单线、单母线、单变运行，因此“预警通知单”中的基本要素包括停电设备、预警事由和预警时段。这三项要素相对应的是检修停电计划中的停电设备、检修内容和停送电时间，责任单位便是此项停电工作的管理部门。

风险等级主要集中在五级电网事件和六级电网事件，当七级电网事件和八级电网事件一旦达到40MW减供负荷的标准，也应当发布电网风险预警，只是这样的情况比较少而已，但是并不代表没有。

风险分析主要是分析当电网设备发生 $N-1$ 故障时，电网会发生如何变化，哪些设备会失电，减供负荷会有多少，应该如何通过应急救援通道进行负荷转移或者负荷恢复，会对哪些重要用户造成影响。

管控措施及要求主要是指明重点巡视的电网设备，重要用户的影响，事故应急救援措施的落实。其中重点巡视的电网设备包括有运行的单线、单母线、单主变压器设备，它们都是在检修状态下，特别需要关注的电网设备，必须要提前进行巡视和检查，以便在检修工作前，及时发现问题，及时进行处理，保障在检修停电过程中，能够正常运行，使得发生 $N-1$ 故障的几率尽量减少。此外重点巡视的电网设备还包括有应急救援通道，比如 220kV 变电站间的 110kV 联络线，它们是在发生 $N-1$ 故障时，可以尽快恢复减供负荷送电的“生命通道”。因此也应该在检修停电工作前，进行巡视和检查，将隐患消灭在检修停电前。

上述环节是“预警通知单”的编制环节，完成编制后，需要进入下一个环节，预警审批。地市公司五、六级风险预警，由本单位行政正职或分管行政副职审核批准，其他等级风险预警由调度部门负责人审核批准。“预警通知单”的下部分的编制人员一般都是计划检修专责，审核人员是调度部门主任，批准人员是分管生产领导。会签部门主要是包括有在管控措施中提到的各个部门和车间，比如安质部、运检部、营销部、各个运检工区。呈送部门包括“预警通知单”会涉及其他地调机构、检修公司、重要用户等。

“预警通知单”编制和审批完毕后，进入第三个环节，预警发布。首先“预警通知单”需要在预警管控系统中进行发布，同时调度部门在周生产安全例会上或者日生产早会上对所有“预警通知单”进行通报。“预警通知单”需要在工作实施前 36 小时发布，不过在实际情况中，一般会更加提前，因为后面还有预警反馈环节，也是需要花费时间。

最后一个环节便是预警反馈。在“预警通知单”中的各项管控措施安排均需要落实，各个单位和部门需要对管控措施的落实情况进行反馈。比如营销部需要对重要用户的风险预警通知情况进行反馈；输电运检室和变电运检室需要对重点巡视的电网设备和应急救援通道的巡视检查情况进行反馈；调度部门也需要对事故应急预案的编制情况进行反馈。总之，最后一个环节是第一个环节预警编制的闭环管理。在预警编制中提到的各项管控措施，均需要有对应的责任部门进行落实情况的反馈。

整个四个子环节全部完成，预警发布才算全部结束。在这个环节中最为关键的是“预警通知单”，这是电网风险预警的源头。调度部门需要细致认真的分析电网风险预警中的“风险分析”和“管控措施及要求”。其他部门和单位需要按照管控措施及要求，积极进行反馈。但是“预警发布”环节仍然是集中在单位内部的工作流转，而下一个环节“预警报告”则是针对单位外部的工作流转。

◎ 预警报告与告知环节是针对地方政府和重要用户

电网预警的第二个环节是报告与告知制度（见图 13-3），地市公司需要建立电网运行风险预警报告与告知制度，做好向能源局及派出机构、地方政府电力运行主管部门、电厂和重要用户报告与告知工作。

预警报告针对的是能源局及派出机构、地方政府电力运行主管部门，而预警告知针对的是电厂和重要用户。“报告与告知”称谓不同，其实质在于地市公司对外的工作联系。

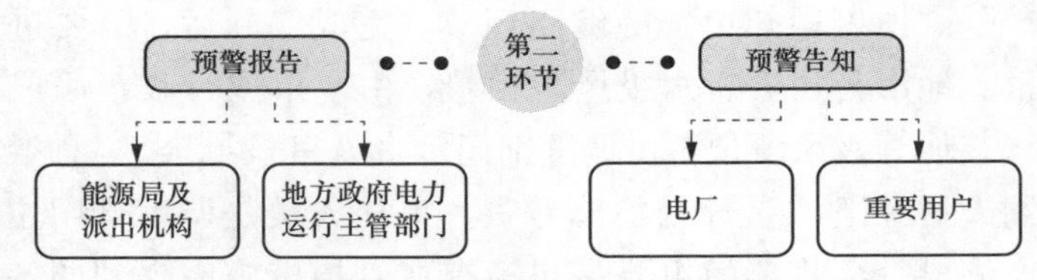

图 13-3　电网运行风险预警的报告与告知环节

最新《电网运行风险预警管控工作规范》中规定，四级以上风险预警，相关单位需要向能源局及派出机构、地方政府电力运行主管部门书面报告。对于地市公司，涉及到的是五级以下风险预警事件，因此地市公司主要是聚焦在地区电网所在的电厂和重要用户的预警告知。

对于风险预警涉及的二级以上重要用户，营销部门需要编制“电网运行风险预警告知单”，提前 24 小时告知客户并留存相关资料。对电厂送出可靠性造成影响或需要电源支撑的风险预警，调度部门编制“预警告知单”，提前 24 小时告知相关并网电厂并留存相关资料。“预警告知单”主要是督促电厂和重要用户合理安排生产计划，做好防范准备。

涉及电厂有两个方面需要进行“预警告知”。一种情况是，对电厂送出可靠性造成影响，告知电厂，电网可能会形成孤网，造成电厂送出不稳定或者跳闸的风险。另一种情况是，电网需要电厂的电源支撑，需要电厂做好保障正常供电的支撑。前一种情况是电厂可能失去发电通道，后一种情况是电厂需要保障持续发电。

◎ 预警实施环节需要各方协同配合

预警发布之后，需要对预警发布中的管控措施进行落实，强化专业协同、网源协调、供用协助、政企联动，有效提升管控质量和实效。

预警实施环节最为关键的是省级、地市级公司之间的相互配合。例如一座 220kV 变电站单线运行期间，若运行线路故障，则 220kV 变电站全站失电，下属供电的 110kV 变电站全部失电。省调管辖 220kV 变电站，下属各地调管辖 110kV 变电站，因此预警实施环节需要由省调与地调相互配合。对于 220kV 线路和 220kV 变电站设备的巡视和检查由检修公司和各个运维单位实施。因此对于一份电网风险预警，在预警的实施环节需要公司内外部以及各个部门通力合作，相互配合。

调度部门最重要的事情是进行安全稳定校核，发现电网有薄弱点是需要对电网运行方式进行优化，转移重要负荷，并制定事故预案。运维单位最重要的事情是加强设备特巡，开展红外测温等带电检测，提前完成设备消缺和隐患整治。施工单位最重要的事情是优化施工检修方案，加大人员装备投入，确保按期完工。营销部门最重要的事情是督促客户排查消除用电侧安全隐患，做好重要用户保电，督促用户备齐应急电源，制定应急预案。电厂最重要的事情是调整发电计划，优化开机方式，安排应急机组，做好调峰、调频、调压准备。

预警发布中所有的管控措施都需要在预警实施环节落实到位，并且一定要各单位部门相互配合完成，才能确保电网运行风险预警的实施环节有质有量的完成，预警的实施环节其实也属于检修工作前的准备工作环节。

◎ 预警解除环节保障流程有始有终

电网运行风险预警由调度部门负责发布，也应由调度部门进行解除。根据“预警通知单”上明确的工作内容和计划时间，电网恢复正常运行方式，解除电网运行风险预警。相关部门和单位接到预警解除通知后，应及时告知预警涉及的重要用户和并网电厂。

预警如果需要延期超过 48 小时，需要重新履行审批和发布流程。预警因故变更，需要重新发布预警，并解除原来的预警。

电网运行中的风险无处不在，而在这一章中我们梳理了风险预警主要是针对六级以上电网事件，也是让所有的单位和部门将关注度集中在大型电网风险工作中，提前做好谋划和预案工作，一旦发生事故，各单位和部门可以及时应对。

电网运行风险预警

◎ 电网运行风险预警“GRID”工作法

杜小小发现电网运行风险预警是调度工作中的一个核心工作，由它出发，可以将大部分调度部门的重点工作串起来。杜小小突发奇想，将这个电网运行风险预警管理流程形成了自创的一套工作法，取名为“GRID”工作法（见图 13-4）。

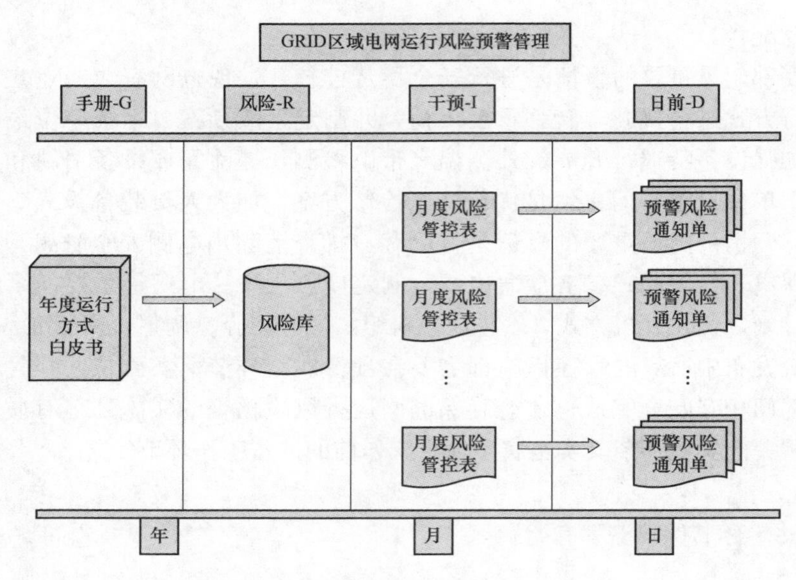

图 13-4　电网运行风险预警“GRID”工作法

电网运行风险预警“GRID”工作法主要由四个部分所组成。“GRID”的“G”代表的是Guide手册，“R”代表的是Risk风险库，“I”代表的是Interfering干预，“D”代表的是Daily Control日前管控，由这四大元素共同构成电网运行风险预警管理体系。

“G”手册：电网运行风险预警管理体系的指导手册

在调度部门有一本“圣经”便是《区域电网年度运行方式书》，电网的全貌都会在这本书中得以体现。为了得到电网运行风险的全貌，这本书一定需要熟读。我们可以在这本书中找到管辖电网中的薄弱环节，以及应对措施。此外在迎峰度夏和迎峰度冬期间，还会针对极端天气情况下的电网进行分析。调度部门会编制《迎峰度夏电网运行分析总结》和《迎峰度冬电网运行分析总结》，更多电网的风险细节会展现出来。因此电网运行风险预警管理体系的指导手册，可以以这三份资料为基础进行编制（见图13-5）。

指导手册的重点在于利用调度部门的重要资料，分析当下电网的薄弱环节，可以按照下列条款来逐一梳理。

首先，预测未来一年的天气情况和负荷水平。因为电网的薄弱环节会在极端天气情况下显得特别突出，因此对于天气的预测是十分必要的。在天气预测的基础上，预估各个变电站和线路的负荷水平。重点是分析各个变电站中主变压器的容载比，以及输电线路的负载率。

然后，根据基建和技改项目，预判电网可能存在的薄弱点。基建和技改项目可以在根本上解决电网的薄弱环节，不过在基建和技改项目实施过程中，会暂时引发电网处于不稳定阶段，需要重点关注临时过渡阶段时，对于电网的运行风险的影响程度。

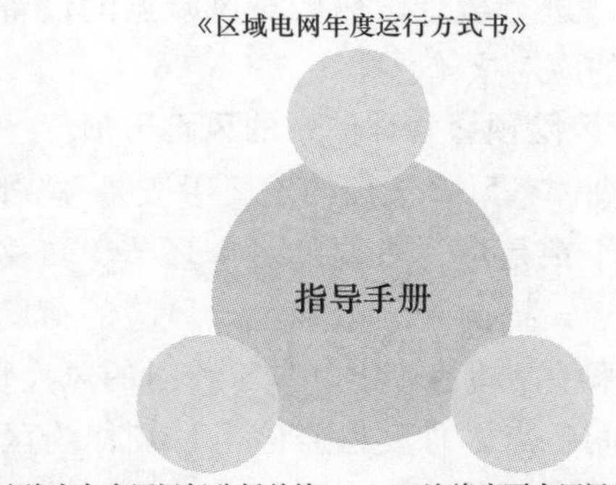

图 13-5　电网运行风险预警“GRID”工作法的指导手册

最后，根据电网可能的薄弱环节，合理优化电网运行方式，通过调度运行的手段来合理布局电网的运行状态。

指导手册的主要目的是从全局的角度来梳理电网的薄弱环节，一般对于电网的整体运行状况做到心中有数。

“R”风险：电网运行风险预警管理体系的风险库

制作完成指导手册，其实就是梳理电网运行风险，熟知电网薄弱环节的过程。接下来需要将这些电网风险点都汇集起来，形成电网运行风险的数据库(见表 13-2)。电网运行风险主要有三个要素所构成，分别是负荷增长所带来的电网风险，电网结构本身所带来的电网风险，以及运行方式调整过程中所带来的电网风险。

表 13-2　　电网运行风险数据库的构建

序号	风险类型	风险设备	风险描述	应对措施		
				电网规划	基建或技改	运行方式调整
1	负荷增长	110kV 迎龙站主变压器	迎龙站主变压器重载	无	柳银 110kV 输变电工程，及 35kV 送出工程	通过转移 35kV 和 10kV 出线负荷至相邻变电站联络线
2	电网结构	110kV 长生站单母线	单母线失电，全站失电	改造为单母线分段接线结构	无	转移 110kV 长生站 10kV 出线负荷
3	方式调整	110kV 弹子石站	两回电源线路需停电换电	无	无	将上级电网合环运行

针对这三个电网风险点，有三种可能的应对措施，分别是电网运行方式的调整和优化，基建和技改项目工程的实施，电网规划项目工程的布局。

风险类型一共包括三种，负荷增长、电网结构和方式调整，将地区电网所有涉及到的风险类型都逐一进行梳理，然后对风险点的设备和风险点概况进行描述，最后梳理三种类型的应对措施。

"I"干预：电网运行风险预警管理体系的风险干预

电网运行风险预警管理体系风险干预的重要手段是"先降后控"，针对检修停电计划工作，进行风险干预是最为重要的一个环节。转移重要负荷，预留变电站失电时的应急救援通道，提前干预电网运行风险的薄弱点，做好预警管控措施。以下通过三个步骤来编制检修停电计划工作时的风险管控表。

一是梳理月度重大时间节点。月度检修停电计划作为区域电网停电工作安排的重心，在每个月都需要详细的分析会受到的各类影响，诸如节假日、保电事项、迎峰度夏、迎峰度冬。每个月份受到的影响都不同，需要逐一分析。

二是综合统筹月度检修停电计划。从月度时间跨度上分析检修停电计划的"一停多用"，将输变电设备停电计划综合考虑，安排在一个时间段进行。考虑各级调度、电厂和重要用户各方需求，尽量降低电网风险事件的数量和风险等级。

三是梳理月度电网风险管理表。针对每月检修停电计划会导致设备单线、单变、单母线运行，增加了电网薄弱环节。表13-3中首先从月度停电计划中梳理出重大的检修工作，以及对应的计划日期和停电范围。根据电网风险等级划分原则，梳理对应的风险等级，以及可能的损失负荷，最后描述其主要的风险和控制措施。

表13-3　检修停电计划工作的风险管控表

序号	检修内容	计划日期	停电范围	风险等级	可能损失负荷	主要风险	风险控制措施
1	110kV金鱼线小修	2019年6月1日07：00—19：00	110kV金鱼线	六级电网事件	25MW，占比2.5%	金竹站由110kV龙金线单线供电，金竹站有全站失电风险	金竹站有失电风险，最大损失负荷25MW。事故求援通道：10kV联络线，且转移负荷能力有限，构成六级电网风险事件
2			…				

"D"日前：电网运行风险预警管理体系的日前管控

电网运行风险预警管理体系的日前管控，其重要措施是发布"预警通知单"。在月度电网风险管理表的基础上，根据当下电网负荷水平、电网设备水平、电网环境情况，实时调整电网运行方式，达到先降后控的风险管理措施，最为关键的是电网运行方式倒换的安排，四步完成“预警通知单”的日前管控流程。

一是预警发布。在周生产安全例会或日生产早会发布，并在预警管理系统挂网。预警发布应预留合理时间，“预警通知单”在工作实施前发布。输变电设备紧急缺陷或异常、自然灾害、外力破坏等突发事件引发的电网运行风险，达到预警条件，调控部门在采取应急处置措施后，及时通过 OA 系统或电话通知相关部门和责任单位。

二是预警反馈。按照“谁签收、谁组织、谁反馈”原则，组织落实管理措施。在日生产早会或周生产安全例会上汇报风险预警管理措施组织落实情况。责任单位填写“预警反馈单”，在预警发布前在预警管理系统挂网反馈。“预警反馈单”应包括事故预案制定、设备巡视频次、设备检测手段、安全保卫措施、重要客户告知等内容。各项预警管理措施均应落实到位，具备下达设备停电操作指令的条件。

三是预警告知。对电厂送出可靠性造成影响或需要电源支撑的风险预警，调控部门提前向相关并网电厂书面送达“预警告知单”并签收。“预警告知单”主要内容包括预警事由、预警时段、风险影响、应对措施等，督促电厂、客户合理安排生产计划，做好防范准备。

四是预警解除。根据“预警通知单”明确的工作内容和计划时间，电网恢复正常运行方式，解除电网运行风险预警。预警解除由调控部负责在预警管理系统实施，并在周生产安全例会或日生产早会发布。预警状态因故延期变更，需经“预警通知单”审批人同意后，方可延期或变更。

◎ 电网接线结构带来的风险是否需要发布“预警通知单”

电网接线结构带来的风险是否需要发布“预警通知单”呢？例如，一座 110kV 变电站的 110kV 母线接线结构为单母线，若母线故障，则 110kV 变电站的 110kV 母线非计划全停，构成六级电网事件。是否需要发布“预警通知单”呢？

地市公司电网运行风险预警发布的第一条为“地调管辖设备停电期间再发生 $N-1$ 故障，可能导致六级以上电网安全事件。”因此上述情况并不需要发布“预警通知单”。因为该 110kV 变电站并没有设备停电，只是在正常运行方式下，变电站本身固有的接线结构是不完全的，存在薄弱点。在接线结构本身的薄弱点未解决之前，该变电站都会构成六级电网事件。

不过却不用发布“预警通知单”，只有在设备停电期间，再发生$N-1$故障，可能导致六级以上电网安全事件，才需要发布“预警通知单”。因此“预警通知单”一般都是有一定期限，有开始时间，有终止时间，在检修期间，“预警”一直有效。

虽然该座变电站不需要“预警通知单”来告知大家此处有电网风险和薄弱点，但是110kV单母线的接线结构却是需要及时解决，需要纳入技改项目中，改造为110kV单母线分段或者双母线接线结构均可，增加设备元件的冗余度。

第五部分

电网检修篇

本篇讲解电网检修。仍然以汽车来做比喻，当一部汽车在马路上行驶了足够公里数，需要进行定期的检查和维护。或者当汽车受到意外事故时，也需要进行维修或者是更换。电网也如此，当电网在不断运行中，将各种电能传输给各个终端的负荷过程中，也需要进行定期的检修和维护。当电网受到外力破坏或者事故时，也需要及时的检修处理。

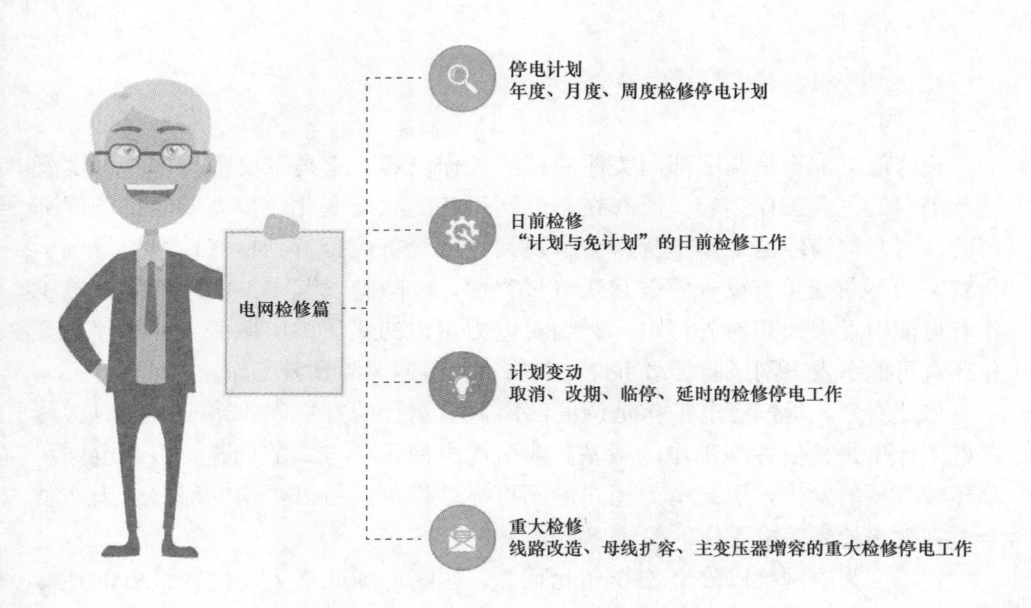

第十四章

停电计划：年度、月度、周度检修停电计划

电网检修工作并不是随意进行的，由于电网检修工作有可能引发电网风险等级事件，或者引起大面积对外停电事件，因此电网检修工作需要从长计议，需要提前计划安排，检修停电工作的计划性是电网检修环节非常重要的一项原则。按照时间维度，停电计划从年度停电计划开始，到中段的月度停电计划，到尾端的周度停电计划，一层层推进，让检修工作可以在各个时间的维度上，提前计划，提前谋划。本章重点讲解电网检修工作会涉及到的年度、月度和周度检修停电计划安排。

检修停电计划是电网检修的重要管理手段

◎ 停电计划不要当作“摆设”

检修停电工作是调度部门关注的核心工作内容，它是调度部门中，调度管辖范围内的主营工作内容。所有在运电网设备的状态变化，都需要经过调度部门的许可。检修停电工作本身就会涉及到电网设备由运行到检修，由检修到运行状态的不断变化。设备停电和送电过程中，风险隐含其中。此外检修停电工作有可能引发大面积对外停电，影响对电力用户的优质供电服务。检修停电工作还有可能引发电网风险等级事件，需要进行电网风险预警工作。

如此看来，检修停电工作是调度部门每日例行的常规工作事项，同时检修停电工作也是其他各项工作的根基。会引起电网运行方式的调整，引起电网风险预警事项的发生，引起电力用户的不可靠性供电。所以，调度部门纯天然就会重视对于检修停电工作的关注。

正是因为电网检修停电工作如此重要，影响面如此之大，电网设备的检修停电工作就不会是随时随地就可以安排执行。设备运维单位说，今天我要将主变压器停电检修，调度部门一定是拒绝的。这样无纪律无规划的工作方式，可能在一时不会对电网的安全运行造成多大的影响。但是如果这样无序的工作方

式长期维持下去，就一定会对电网安全运行埋下隐患的种子，在某一个时刻造成极大的负面影响。

这时，对于检修停电工作的提前计划安排就显得尤其重要，检修停电计划就孕育而生了，它是检修停电工作的前置环节。在时间维度上，表现为年度停电计划、月度停电计划和周度停电计划。一层层推进式的停电计划布局，会使得检修停电工作做到提前计划、提前安排、提前谋划。自然而然，停电计划也成为了规范化工作中的一个必须环节。每个调度部门都会在检修停电工作之前，做好检修停电计划的工作。

不过，这里有一个隐藏的问题。当一项工作被当作了一项理所当然的工作流程后，往往会让人产生一种错觉。这种错觉就是“知其然，不知其所以然”。做着做着就成为了一个习惯动作，习惯动作发生变形之后，也不知道调整，因为并不知道背后为什么要这么做。所以，停电计划的目的是为了提前计划，提前找到风险点，提前进行统筹安排，而不仅仅是把它做完就好了，不要把停电计划工作当作一项“摆设”的工作任务。

◎ 杜小小“月度检修停电平衡会，简直是一场‘奇葩说’！”

杜小小最近跟着调度计划专责老王学习计划检修工作，仿佛又发现了一个新的世界，跟之前在调度班组的工作截然不同，思考的角度也不同。杜小小虽然在调度班组呆了两年多时间，不过换一个角度看待问题，就会出现思维短路的情况。杜小小也发挥了自己不耻下问的态度，不停地“骚扰”着老王，让老王给自己讲解各种自己疑惑的点。

这天，老王带着杜小小参加了每月一度的检修停电平衡会，让杜小小能够更加近距离地感受到计划检修工作的实际场景是怎么样的。一进门，杜小小就感受到了人山人海的浪潮，这么多人一起聚在这里，是要干大事的啊。

果真平衡会开始后，各个部门和单位就对检修停电工作进行唇枪舌战，站在各自的角度提出意见和建议。有的时候，一个问题很快就可以被解决。有的时候，会陷入深深的僵局中。在过程中，虽然有摩擦，有针锋相对，但是大家都是想要共同将检修停电工作进行合理的安排。如果能够满足各方的需求，那是最好的平衡结果。如果不能够满足所有人的需求，那么各方面相互的退让，也是“退一步，海阔天空”。

杜小小又对老王有了新的认识，如果自己在老王的位置上，一定是诚惶诚恐的状态，面对如此人多势众，面对如此针尖对麦芒，自己一定是控制不住场面的。这一场平衡会，就仿佛是一场唇枪舌战的“奇葩说”。需要自己首先打下坚实的基础，然后再站在中立的场合，尽量满足各方需求，最终达成一个合适的平衡结果。

杜小小终于知道了老王的用意，在实战中，不断刺激自己，不断锻炼自己，这不就是作为一个职场人士应该做的事情嘛。“或许，我可以开始写自己的工作日志，不断地对自己的工作进行整理和反思，可以让自己成长得更快。”杜小小在心里默念着。

◎ 停电计划，按照时间的推进来层层管控

停电计划是停电检修的前置工作，那么需要前置多久的时间了？提前一年，会不会时间太长，计划做得不够细致。提前一个月，会不会频率不够，很多工作会发生很多临时突发状况。提前一周，会不会周期太短，让人疲于奔命呢？看来任何一个时间维度上的停电计划，都会有其必有的缺点。

那就将这些时间维度不同的停电计划类型相互结合起来，停电计划并不是某一个单一时间维度上的停电计划，而是将不同时间维度上的停电计划打包结合起来，成为一个停电计划的体系。长期来看，有年度停电计划进行统筹规划。中期来看，有月度停电计划进行稳步推进。短期来看，有周度停电计划进行灵活调整。

年度停电计划是在每年年底，对于来年的大型检修停电工作进行收资、平衡和统筹安排的过程。虽然很多电压等级低的工作没有被包括在内，不过可以将大型电网风险工作和电压等级高的检修工作进行统筹安排。结合年度中各个月份的特点，将检修停电工作分配在不同的月份之中。

月度停电计划是在检修停电计划中占据重要地位的计划环节。月度停电计划是全收集的计划环节，会将下个月所有调度管辖范围内的检修停电工作进行收资、平衡、统筹安排。它是基于年度停电计划统筹的基础之上，进行的月度停电计划安排，受益于年度停电计划的安排，月度停电计划会考虑得更加细致，更加全面。

周度停电计划是在月度停电计划的基础上，对于临时突发情况的灵活变通。月度停电计划的刚性执行，是有利于电网运行安全的管控，但是与此同时，也会失去部分的灵活性。周度停电计划就是在一定程度上增加月度停电计划的灵活性而设置的计划环节。

通过年度、月度、周度停电计划体系的构建，可以让检修停电工作顺利推进的同时，保障电网安全稳定运行。接下来我们将来详细的分析年度、月度和周度停电计划是如何推进和运转起来的。

年度、月度、周度检修电计划层层推进

◎ 年度检修停电计划是前期的“探测仪”

年度检修停电计划是在年末时，规划未来一年大型的检修停电工作。对于地市级公司来说，大型检修停电工作包括有35kV及以上电网主设备检修停电工作和10kV母线检修停电工作。

具体来说，大型检修停电工作包括有220kV线路、220kV母线、220kV主变压器，110kV线路、110kV母线、110kV主变压器，35kV线路、35kV母线、35kV主变压器，10kV母线检修停电工作，以及它们相互组合的检修停电工作。

大型检修停电工作都具有一个共同特点，会引发电网的薄弱点。首先，大型检修停电工作，会导致电网运行设备的数量减少，使得电网设备的容量变小，可能会满足不了电力负荷的需求。其次，大型检修停电工作，电网会面临的局面有可能是单线、单变、单母线运行的状况，构成五级、六级，或是七级电网风险事件，给电网带来隐藏的风险，有可能造成大面积停电事件的发生。最后，大型检修停电工作本身，可能需要一些临时过渡方案的实施，也会给电网带来暂时的不稳定状态。

因此调度机构对于大型检修停电工作是尤其重视的，这种重视程度从年度检修停电计划便开始了。也就是说，调度机构在年末的时候，就想要掌控来年所有大型的检修停电工作，以便站在电网安全的角度，对检修停电工作进行统筹安排。

那这些大型检修停电工作从何而来呢？首先来说说检修停电工作的申报流程。所有的检修停电工作都是由各个运行单位报送至调度部门，运行单位包括有电力用户、发电厂、电网设备运维单位，而电网设备运维单位包括有检修公司和供电分公司的各运维单位。杜小小所在电网中，检修公司主要负责的是220kV线路和变电站的运维工作，供电分公司主要负责的是110kV及以下线路和变电站的运维工作。运维单位按照电网设备类型的不同又划分为输电运检室、变电运检室和配电运检室。上述均为运行单位，也是报送年度检修停电计划的各个部门单位。

运行单位上报的检修停电工作，则是由各个施工单位上报的检修停电工作组成。这里的施工单位又包括运行单位内部的施工班组和外部的施工单位，而各个施工单位负责的检修停电工作都会对应着工程管理单位，比如一些技改项

目的工程管理单位是公司的运检部，一些基建项目的工程管理单位是公司的建设部。

此外涉及到各个公司间联络线，其他地调会报送相关的年度检修停电工作。对于上级调度和下级调度也会有相关的年度检修停电工作需要报送。

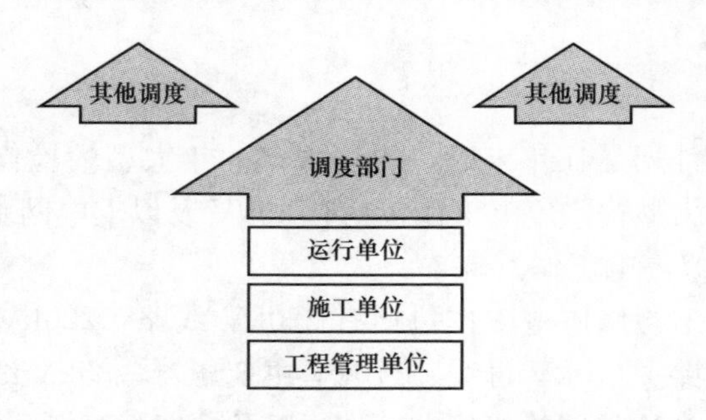

图 14-1　检修停电工作申报流程

因此，地市级公司的年度检修停电工作主要的来源有两类。第一类是外部单位，包括有大型直调用户、大型发电厂、检修公司、其他地调、上级省调、下级县调。第二类是内部单位，包括有输电运检室、变电运检室、配电运检室、建设部门、运检部门。

如此众多的部门单位，如果都各自为政，提出各自的检修停电需求，那么电网一定会崩溃的。调度部门作为一个中间协调人，其主要的作用便是协调、组织、平衡和统筹，将所有外部单位和内部单位的检修停电工作进行综合平衡，达到“一停多用”的目的。

调度部门在进行综合平衡的过程中，主要关注有三点。第一点是电网运行风险的可控性。检修停电工作涉及到单线、单变、单母线运行时，将相关电网设备停电时间安排在一起进行，即可减少电网风险事件的次数。此外对于有变电站失电可能性时，一定要保留应急救援通道不停电。第二点是对外停电的最少化。在涉及到电力用户和发电厂站的检修停电工作时，要将电网设备相关检修停电工作配合一起进行，尽量减少电力用户和发电厂站的停电。第三点是人员工作量的合理性。在安排年度检修停电计划时，充分考虑各个月份的特点，合理安排将检修停电工作分配在不同的月份中。

对于一年的 12 个月份，是有一定规律可言的（见图 14-2）。1 月份正值冬季严寒，取暖负荷不断升高。紧接着 2 月份迎来传统春节，所有的检修停电工作都会告一段落或者暂时停止，电网会恢复至全接线、全保护的运行状态。等到 3 月份开始，天气转好，春意盎然，“春检”窗口期打开，会有大量检修停电工作持续不断开展。直到 6 月下旬，夏天来了，温度逐渐升高，降温负荷不断上升，电网进入关键的迎峰度夏时期，也是全力保障电网供电的关键时期，所有大型的检修停电工作都将终止。直到9月后，天气慢慢凉快下来，又进入了“秋检”窗口期。不过10月份会经历国庆节七天长假，电网也需要全接线、全保护运行。之后就会有一段较长时间的“秋检”窗口期。最终周而复始，不断循环。

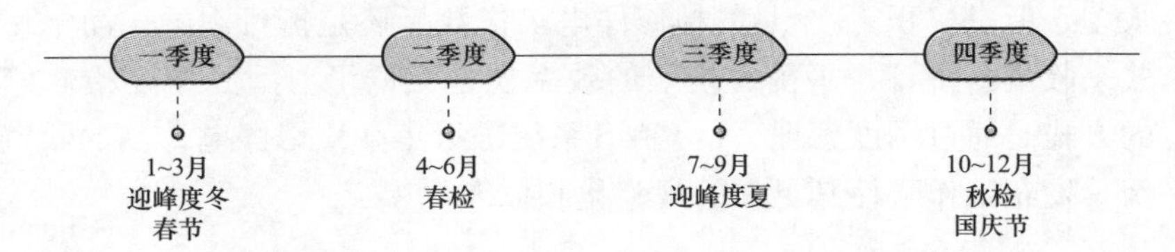

图 14-2　年度检修停电工作的月度特征

因此全年来看，最适应进行检修停电工作的窗口期有两个时间段。第一个时间段从春节之后开始，直到迎峰度夏之前，会有4个月的时间。第二个时间段从国庆节之后开始，直到春节之前，会有4个月的时间。特别适合于需要跨月进行的大型检修停电工作。

年度检修停电计划会在什么时候进行编制呢？首先需要明确的是年度检修停电计划的时长是从1月份至12月份的大型检修停电工作，因此年度检修停电计划编制的时间需要在1月份之前完成，并发布。

由于提前的越早，对于年度检修停电计划编制的准确性越低，比较合理的编制时间就是本年度的12月份编制来年的年度检修停电计划。具体可以在12月初开始向各个运行单位收资，在12月下旬召开年度检修停电计划平衡会进行统筹协调，并在12月底发布年度检修停电计划。

不过看似合理的安排之下，其实有很多不合理之处。不少技改项目在12月份并没有落实发布，运检部门不确定这些技改项目是否会做，很难纳入到年度检修停电计划中。而基建项目，虽然有投产的里程碑时间节点，但是在整个基建项目实施过程中，细节的检修停电工作并没有梳理，也就不会有具体的停电范围。纳入到年度检修停电计划中的很多都是比较粗略的停电意向，而非停电计划，也不能够很好地进行统筹平衡。

所以，针对年度检修停电计划，很大意义上，它是前期的“探测仪”，是为了更好安排月度检修停电计划的前置工作，让调度部门知道来年大概率下会有哪些大型的检修停电工作，做到心中有数，就会在一定程度上，起到保护好电网安全运行的机制。因此年度检修停电计划并不适用于刚性执行。若要刚性执行，一定会反作用于运行单位、施工单位和工程管理单位，不愿意将没有确定下的检修停电工作上报至调度，从而更不利于年度检修停电工作的统筹安排，更不利于电网安全稳定的运行。

年度检修停电计划的统筹安排工作，不仅仅对于调度部门有诸多好处，对于运行单位和施工单位也有好处，他们同样可以提前对全年的检修停电工作进行梳理和安排，会有更好的全局观和视角来看待整个一年的检修停电工作。

虽然年度检修停电计划只是针对大型检修停电工作，每个月检修工作的数量不会太多，但是累积 12 个月的检修停电工作数量还是挺可观的。简单使用表格的方式来收集、统计、平衡、统筹的效率还是太低了。因此年度检修停电计划最好的方式是通过调度管理平台 OMS 系统进行年度检修停电计划的收资、审核、平衡、发布工作，使其更加的规范化和标准化。

◎ 月度检修停电计划是中期的"撮合者"

年度检修停电计划包括了全年大型检修停电计划，在此基础上，月度检修停电计划便是按照月份的节奏，统筹计划下一个月所有的检修停电工作，包括 10kV 及以上所有地区调度管辖范围内的停电工作。虽然周度检修停电计划是月度检修停电计划的补充，不过月度检修停电计划一般都会囊括 90%以上的停电工作，因此月度检修停电计划对于调度部门来说是最为重要的停电计划环节。

年度检修停电计划，一年进行一次。而月度检修停电计划每月会进行一次，频次提高了，工作要求也提高了。如果能够将工作流程形成固定程序，将有利于计划工作的标准化、规范化。月度检修停电计划贯穿全月，工作流程本身是比较复杂的。如果仅仅依靠计划专责的个人经验，工作的程序一定是五花八门，因此对于工作流程的梳理就特别的重要。

月度检修停电计划的工作流程包括以下四个部分，收资环节、审核环节、平衡环节和发布环节（见图 14-3）。

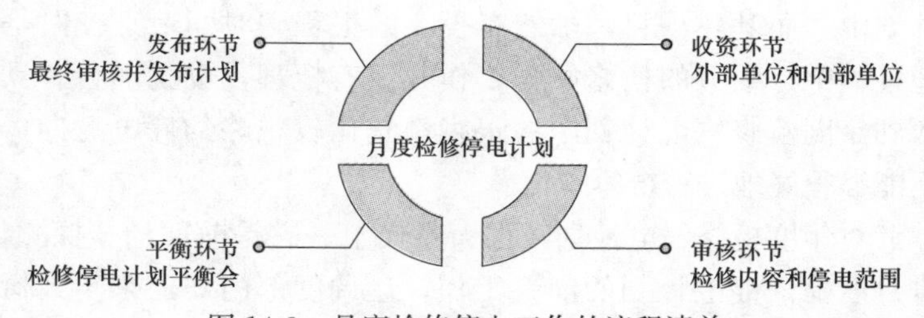

图 14-3　月度检修停电工作的流程清单

收资环节，跟年度检修停电计划的收资一样，需要将外部单位和内部单位的检修停电工作进行收集，包括有直调用户、发电厂、检修公司、其他地调、上级省调、下级县调、输电运检室、变电运检室、配电运检室的检修停电计划（见图 14-4）。

这里最重要的一点便是收集齐全，不要有遗漏，因此在收资环节可以将月度检修停电计划收资的通知发布至相关单位和部门。

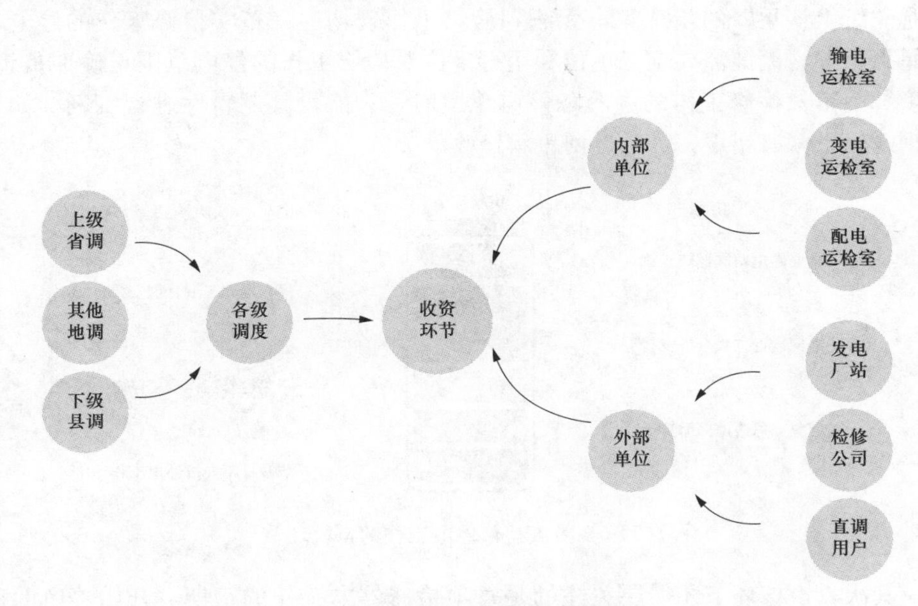

图 14-4　月度检修停电工作的收资环节

本单位管辖设备的停电计划主要来源于各个运行单位，输电运检室负责 35kV 及以上输电线路的检修停电工作报送，变电运检室负责所辖变电站内设备的检修停电工作报送，配电运检室负责 10kV 配电线路的检修停电工作报送。由于配网设备数量多、范围广，配电运检室一般都由好几个配电运检室组成，比如按照距离城区远近，可以将配电运检室划分为城网配电运检室和农网配电运检室。

外单位管辖设备的停电计划主要来源于三个单位，直调用户负责地区调度管辖范围内设备的检修停电工作报送，发电厂站负责调度管辖范围内设备的检修停电工作报送，检修公司负责 220kV 变电站和 220kV 线路的检修停电工作报送。

此外，省调、地调、县调在管辖范围的交界处，如果有相关的检修停电工作，都需要将相关检修停电工作报送至相应调度机构。

每个月份都有具体的节假日和特殊保电安排。比如在 2 月份，由于有春节长假，针对月度检修停电计划上报的时间节点会不一样。又比如在迎峰度夏期间，由于是保电的重要时期，大型电网风险工作和大面积对外停电工作都尽量不安排。因此在发布收资通知时，如果将这些细节点告知相关部门和单位，就可以在收资环节提前干预，保证月度检修停电计划收资的质量。

收资环节后，便是审核环节（见图 14-5）。计划专责需要对所有单位部门报送的月度检修停电计划逐条进行审核。审核的重点在于检修停电工作的检修内容和停电范围的正确性和一致性，这是所有检修工作审核的基础。由于调度部门是“纸上谈兵”的指挥家，无法到检修工作现场逐一核实检修工作的停电范围是否正确，因此需要施工单位和运行单位对检修工作的停电范围正确性负责。调度部门审核检修工作的内容和停电范围时，只能对其逻辑性进行判断，如果发现逻辑上就有错误，必须返回重新修改。

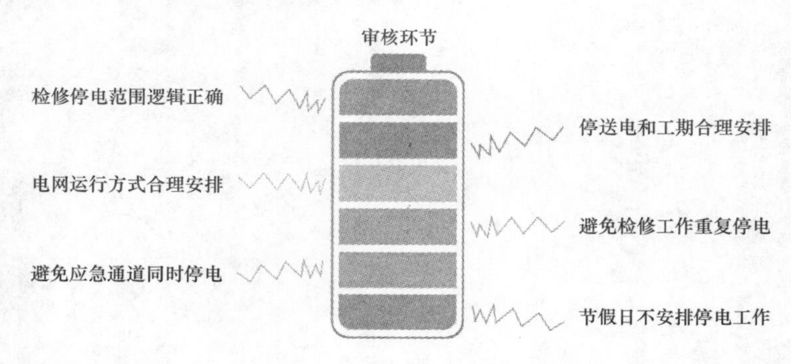

图 14-5　月度检修停电工作的审核环节

其次，审核环节还需要关注的是每项检修停电工作的工期、开始停电时间和恢复送电时间是否合理。比如某些工作的工期安排的太长，对电网风险造成影响，则需要提出建议，是否可以缩短工期至合理范围。有对外停电的检修工作，则需要关注停电和送电时间。比如，尽量避开在周末安排小区停电工作，避开在工作日安排工厂停电工作。

接着，审核环节需要重点梳理的便是检修停电工作时，电网运行方式的安排。比如，220kV 变电站单线运行时，110kV 的应急救援通道应该如何进行负荷转移。比如，当变电站主变压器检修停电，另一台主变压器运行将会重过载时，应该如何安排对所供电的负荷进行方式倒换。再比如，当 10kV 母线检修停电时，10kV 母线上的出线负荷应该如何进行负荷转移。电网运行方式的安排是调度部门最核心、也是最重要的工作任务。

最后，需要对所有的检修停电工作进行综合统筹平衡。如果有相同的停电范围，则尽量将检修工作安排在同一时间进行。比如，同一条 110kV 线路设备，检修公司管辖的 220kV 变电站的 110kV 出线回路设备与输电运检室管辖的 110kV 线路设备、变电运检室管辖的 110kV 变电站的 110kV 电源回路设备工作相互配合。同一条 10kV 线路设备，变电运检室管辖的 10kV 出线设备工作与配电运检室管辖的 10kV 线路工作相互配合。

如果有应急救援通道在同一时间检修停电，则应将检修工作的时间错开安排。比如，当一座 220kV 变电站单线运行时，需要使用 110kV 联络线进行负荷转移。此段工作时间内，110kV 联络线作为救援通道不能在安排检修停电工作。

当然如果遇到有节假日，则需要保证电网全接线、全保护运行，则不能安排检修停电工作。

审核环节完毕后，一切准备工作就绪，就到了平衡环节（见图 14-6）平衡环节的重头戏就是每月一度的检修停电计划平衡会，相关的部门单位都会齐聚一堂，一场唇枪舌战一触即发。

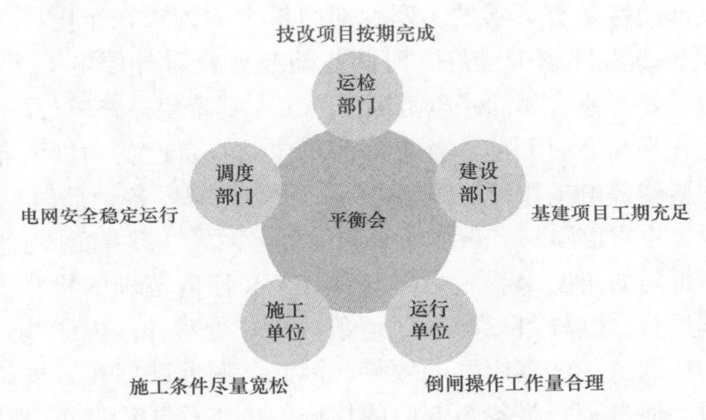

图 14-6　月度检修停电工作的平衡环节

检修停电计划平衡会由分管生产领导主持，调度部门、建设部门、运检部门、营销部门、变电运检室、输电运检室、配电运检室、各个工程管理单位、施工单位、重要用户等参加会议。各个单位部门都会带着自己的需求，在会议上尽量多争取一些有利于自己的优势。调度部门作为中间协调方，需要统筹、平衡、优化各方的需求，最终达成统一意见。下面来分析一下各方的诉求。

运检部门的重点诉求在于技改工程项目需要在截至时间内完成。大量的技改工程，涉及的线路条次多，停电范围多，风险较大。不少工程项目会累积在度夏前或者年底前集中需要完工。但是与此同时，工程量增多，会导致运行单位的操作量增大。对外停电工作增多，造成重复停电的可能性增多。

建设部门的重点诉求在于基建工程项目需要更长的工期。基建项目与运行的电网发生关系的部分大多集中在电源侧出线回路的接入，以及在新建输电线路时，涉及到线路下跨、上跨、临近运行线路。电力设备新建周期本身比较长，便会导致运行电网设备会长时间处于检修停电状态，导致电网风险等级事件的时间很长。此外在新建输电线路下跨、上跨或者临近运行线路停电时，会导致用户长时间停电的可能，需要采取临时过渡措施，比如搭设跨越架，来避免对外长时间停电。

运行单位的重点诉求在于每日电网设备倒闸操作事项尽量均衡。所有的运行方式倒闸操作均是运行单位的工作，每日运行单位可以接受的工作量有一个极限值，运行单位需要尽量平衡分配每日的操作量，同时尽量避免在周末和节假日期间有大量的操作。

施工单位的重点诉求在于更加宽松的施工条件。如果停电设备范围更大，停电时间更长，就是更加有利于施工单位进行工作的实施，但是运行电网设备是不可能无限制的扩大停电范围或者延长停电的时间。

当然调度部门也是有诉求的。调度部门最大的诉求在于电网的安全稳定运行，电网风险等级事件越少越好，时间越短越好，对外停电的工作越少越好，停电时间越短越好，所有相同停电范围内的工作都希望一并进行。

上述便是在平衡会召开前，各个部门单位站在自己的角度所希望得到的诉求。不过电网检修停电工作可以顺利进行，一定是需要各个部门单位相互配合，协调达成一致，不可能哪一方占尽所有的优势，而另一方背负所有的委曲求全。

站在调度部门的角度来看，相同或者有交叉停电范围的检修工作都希望可以配合在一起进行。这样可以减少停电条次，减少对外停电影响，降低电网风险运行时间，达到“一停多用”的效果。因此，调度部门在月度检修停电计划平衡会上会做一件事情，将各个部门的检修停电工作进行匹配和平衡，主要从以下六个方面来进行（见图 14-7）。

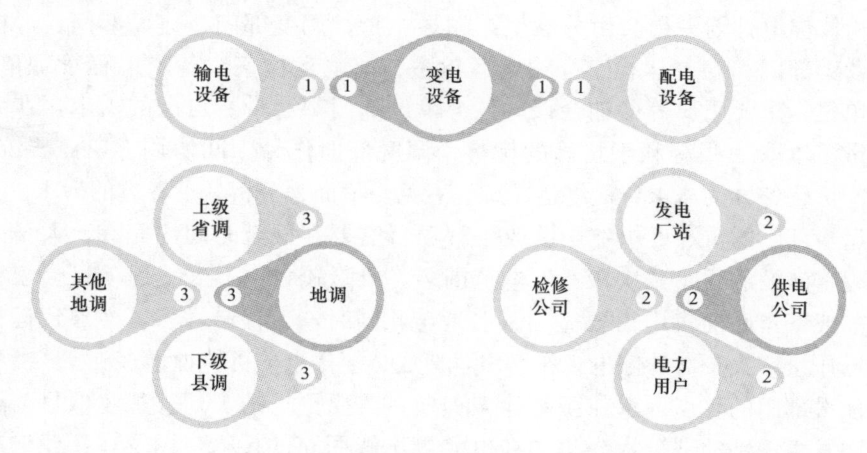

图 14-7　月度检修停电平衡会的统筹协调单位

首先，是变电设备与输电设备停电检修的匹配。比如一条 110kV 输电线路有检修工作需要停电，如果输电线路各侧的开关回路也有检修工作，可以将变电和输电设备匹配在同一时间段进行。如果在下个月不能同时进行，则可以协商可否放在可以配合在一起停电检修的月份中。这是调度部门在平衡会上的统筹作用，其统筹的核心在于停电设备，当电网设备停电时，尽量将涉及到的各个部门的检修工作配合在一起进行。

其次，是变电设备和配电设备停电检修的匹配。比如一条10kV配电线路有检修工作需要停电，如果变电站的10kV出线回路检修工作和10kV线路检修工作一起进行，则可以减少对10kV线路电力用户的停电，可以提升电网供电可靠性，减少线路频繁停电的可能性。

然后，是检修公司与供电公司设备停电计划的匹配。站在供电公司的角度来看，检修公司属于外部单位，其管辖的220kV变电站设备检修停电工作安排由检修公司自行决定。不过，供电公司的地调对于220kV变电站的110kV和10kV电气设备有调度管辖权，在平衡会上，可以将检修公司与供电公司的110kV线路和10kV线路工作配合在一起进行。

接着，是发电厂站与供电公司设备停电计划的匹配。发电厂站有其自身发电的需求，同时电网也有对发电厂站的能源需求，因此对于发电厂站设备检修停电，应该站在电网的视角来决定，相应供电公司设备停电工作应该与其进行配合进行。

然后，是电力用户与供电公司设备停电计划的匹配。大型的电力用户有其生产连续性的要求，其设备的检修停电可以同供电公司设备停电配合一起进行，这样可以减少对电力用户的停电时间。

最后，省调、各个地调、县调设备停电计划的匹配。省调管辖的电网设备电压等级更高，地调需要优先保障省调的检修停电工作，在此基础上再安排地调管辖的检修停电工作。地调与地调，需要对管辖范围交界处的输电线路设备检修停电工作进行匹配。地调与下级县调，也需要在管辖范围交界处的变电设备检修停电工作进行匹配。

虽然在年度检修停电计划时，也会对上述各个单位部门的检修停电计划进行匹配和平衡，不过在月度检修停电计划安排时，仍然需要结合当下月度的实际情况，进行再精确化安排。调度部门在平衡会上需要的便是这样撮合的能力。

月度检修停电计划的前三个环节依次是收资环节、审核环节和平衡环节，最后一个环节是月度检修停电计划的发布。经过一场酣畅淋漓的平衡会之后，各个单位部门的诉求都得到了充分的抒发，检修停电计划或大或小的发生了变化，需要重新对于新增、变更的检修停电工作进行审核。

当然在重新审核的过程中，需要向对外单位，比如发电厂站、直调用户、检修公司进行再次的协商和统筹，最后安排出最终版的月度停电计划。经过最终确认的月度检修停电工作需要在OA系统中进行正式发文，并发送至相关单位和部门，成为正式版的月度检修停电计划。后续的相关工作都以正式发文的月度检修停电计划为依据，电网风险预警单、事故预案编制、特巡测温等工作都会相应展开。

◎ 周度检修停电计划是后期的“灵活变通”

月度检修停电计划确定后，所有的检修停电工作都已经安排妥当了，剩下的事情就是按照计划的时间来依次进行。但是为什么又会出现周度检修停电计划呢？这是为了在月度检修停电计划的基础上增加一定的灵活度。

由于月度检修停电计划，会在头一个月确定下未来一个月所有的检修停电工作的计划安排。那么对于未来月末的检修停电工作会提前40天左右确定下来，难免在这期间会遇到些不确定因素，导致原本确定的月度检修停电计划发生变动，因此增加周度检修停电计划就是为了在确定的基础上给计划增加一个灵活度。

但是这个灵活度是有一定限定范围的。对于35kV及以上电压等级的检修停电工作需要刚性执行，因此周度检修停电计划并不针对这个范围内的设备。而对于10kV电压等级的检修停电工作属于配电网范围，涉及到的大多数为10kV线路的检修停电工作。一条10kV线路的停电，对于地区电网来说影响不大。如果给其一个灵活的计划调整，则对于电力用户接入等营商环境有一定的有利因素，因此周度检修停电计划只是针对10kV电压等级的检修停电工作。

针对10kV电压等级的检修停电工作，有更加灵活的周度检修停电计划安排，是不是就不需要月度检修停电计划安排呢？不能这样顾此失彼，对于10kV检修停电工作需要将月度检修停电计划和周度检修停电计划相结合来使用。在月度检修停电计划安排时，统一对下个月所有的10kV电压等级检修停电工作进行统筹安排，然后再周度的不断推进，对于每周的检修停电计划进行调整，这就叫做“先月度平衡、后周度调整”。

这里需要强调的是对于周度检修停电计划范畴的划分是根据电压等级。10kV电网设备检修停电工作可被划分在周度检修停电计划的范畴，可以“先月度平衡、后周度调整”。但是对于35kV及以上电网设备检修停电工作就不能被划分在周度检修停电计划范畴，只能属于月度检修停电计划范畴，当然也就没有“周度调整”的说法了。也就是说，一旦月度检修停电计划正式发布之后，35kV及以上电网设备检修停电工作就不能随意调整、变更了。

10kV电网设备不仅包括10kV线路的设备，也包括220kV、110kV和35kV变电站内的10kV电网设备。变电站内的10kV设备包括有，主变压器10kV总路设备、10kV母线设备、10kV母线PT设备、10kV出线回路设备、

10kV 电容器组设备、10kV 站变设备。

周度检修停电计划的来源包括两个部分（见图 14-8）。第一个部分是在月度检修停电计划就已经安排好的 10kV 电压等级设备的检修停电工作。这个部分的检修工作如果有变更则需要由工程管理单位提交“变更申请单”，相关部门单位需要会签同意。第二个部分是未包含在月度检修停电计划中的 10kV 电压等级设备的检修停电工作。这个部分的检修工作则需要由工程管理单位提交“周计划增补申请单”，相关部门单位需要会签同意。由这两个部分组成的周度检修停电计划则是遵循“先月度平衡，后周度调整”原则的，这里的“调整”就包括 10kV 电压等级月度检修停电计划的取消、延期，以及新增计划事项。

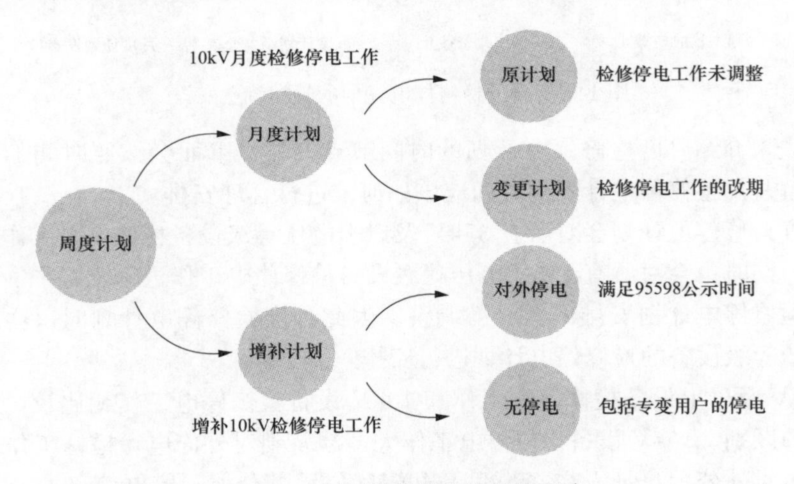

图 14-8　周度检修停电计划的范畴

如果增补的周度计划涉及到对外停电，则需要满足 95598 停电信息提前对外公示 7 天的时间。有对外停电的周度检修停电计划的增补，需要提前至少 7 天确定下来。而没有对外停电的周度检修停电计划的增补，则相对要灵活很多。这里的“不对外停电”包括两种类型，一种是没有对电力用户造成停电，另一种是只对一家专变用户造成停电，而不造成其他的电力用户停电。

◎ 月度检修停电计划的四个时间节点安排

月度检修停电计划的工作流程每个月都会重复一次，一年会有 12 次重复。周度检修停电计划的工作流程每周都会重复一次，一年会有 52 次重复。多次重复出现的工作流程如果可以固化下来，形成规律和大家共同遵守的习惯，对于调度部门或是其他相关单位部门都是一件幸事。因此月度和周度检修停电计划流程上的关键时间节点若能够确定，就显得尤其重要。

由于检修停电计划安排涉及到单位和部门众多，其时间节点跟各个单位部门的工作习惯强关联。再由于供电公司所辖电网的不同特点和供电用户的不同特性，每个供电公司在工作的细节上会有些许不同。因此检修停电计划安排的时间节点，在不同的供电公司也会有些许不同。不过并不妨碍大家从下面介绍的时间节点安排中（见图 14-9），找到适合自己供电公司节奏的检修停电计划时间节点安排。

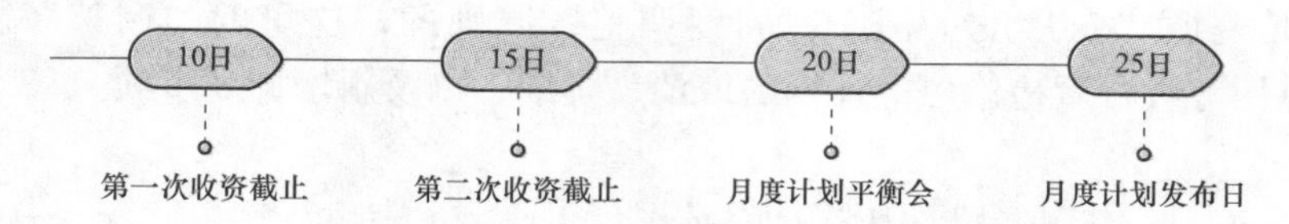

图 14-9　月度检修停电计划的时间节点安排

首先来介绍月度检修停电计划的时间节点安排，下面会按照时间的倒叙方式来讲解月度检修停电计划的时间应该如何来进行合理安排。

月度检修停电计划会对所有 35kV 及以上电压等级设备检修停电工作进行统筹平衡，同时也会对所有 10kV 电压等级设备检修停电工作进行统筹平衡，然后在周度检修停电计划安排再做局部调整。因此月度检修停电计划时，会对电网所有电压等级设备的检修停电计划进行安排。

35kV 及以上设备检修停电工作和 10kV 设备检修停电工作相比较，有一个很明显的区别。10kV 设备检修停电工作大多涉及到对外停电，检修工作的停电信息需要对外公示，录入在 95598 停电信息公示平台上。停电信息的公示时间必须满足至少在工作前 7 天进行公告，因此这里我们可以确定第一个时间节点，月度检修停电计划正式发布的时间至少应该在每月 1 号开始前的 7 天。

假设现在安排下个月的月度检修停电计划，若本月一共有 31 天（月份的最大天数），那么计划正式发布的时间应该是在本月 25 日前。若本月一共有 28 天（月份的最小天数），那么计划正式发布的时间应该是在本月 22 日前。

确定月度计划正式发布的日期后，我们再往前推算月度计划召开平衡会的时间节点。在月度检修停电计划平衡会和月度检修停电计划正式发布之间，需要给计划专责预留 1 至 2 个工作日，对平衡会上协调和补充的检修停电工作留出其完善的时间段。那么月度检修停电计划的平衡会召开时间应该是在每月 20 日至 23 日期间进行。

召开月度检修停电计划平衡会之前，计划专责需要对运行单位上报的所有检修停电工作进行审核、梳理重复停电和冲突停电事项。这个部分是最花费时间的工作任务，需要给计划专责留出更加充足的时间。站在计划专责的角度，月度计划收资的截止时间越早，就会给计划专责留出更充足的时间进行审核。但是，站在运行单位和施工单位的角度，月度计划收资的截止时间越晚，就会给运行单位和施工单位留出更充足的时间进行准备和上报。这两者之间就像是一个跷跷板，偏袒任何一端，都会使得这个跷跷板不够平衡。下面介绍一种分阶段上报月度计划的工作方法。

上报月度计划的第一个阶段截至时间安排在10日，施工单位和运行单位需要将大部分的检修停电工作上报至调控中心。上报月度计划的第二个阶段截至时间安排在15日，施工单位和运行单位若有增补的检修停电工作需要上报，则可以在此时段进行增补。这样分两个阶段上报的工作方式，一方面可以使得计划专责在每月10日，就可以开始对检修停电计划进行审核。给计划专责充分的审核时间，本质上也是对计划专责细致工作的基本保障。如果每个月计划专责都需要匆匆忙忙的审核所有的检修停电工作，势必导致计划专责在工作中出现些许的疏漏。另一方面分阶段上报，也使得施工单位和运行单位能够在较长的时间内（每月15日之前）可以上报月度检修停电工作，一些临时需要增补的计划工作也会有较长的时间上报窗口。

所以，月度检修停电计划一共有四个关键的时间节点。第一个时间节点是第一次月度计划上报截止时间，每月10日前。第二个时间节点是第二次月度计划上报截至时间，每月15日前。第三个时间节点是月度计划平衡会召开的时间，每月20日至22日期间。最后一个时间节点是月度计划正式发布时间，每月22日至25日前。

最后，还需要关注月度检修停电计划的各个时间节点附近是否有周末。需要灵活设置月度检修停电计划各个时间节点的具体日期，因为各个时间节点设置的灵活性，各月的检修停电计划各个时间节点都会不太一样。需要对月度检修停电计划第一次收资的截止时间，第二次收资截至时间，月度检修停电计划平衡会召开的时间通过OA系统告知给相关单位和部门。

◎ 周度检修停电计划的三个时间节点安排

周度检修停电计划包括所有10kV电压等级设备检修停电计划，在月度检修停电计划中，已经包括了所有可以计划安排的10kV设备检修停电工作。周度检修停电计划的作用是在月度检修停电计划的基础上，再对10kV设备检修停电工作进行微小的调整。这里的调整包括三种情况，取消、延期和增加。第一种情况是取消，在月度检修停电计划中已经安排的检修工作，在周度计划发布之前，确定无法在当月进行检修工作，则对其检修工作进行取消。第二种情况是延期，在周度计划发布之前，确定无法在计划时间内进行检修工作，则对其检修工作进行延期。这里的延期只是针对在本月的时间范围内延期，跨月延期是不允许的，需要重新报送月度检修停电计划。第三种情况是增加。周度检修停电计划中没有此项检修工作，则需要在周度计划发布之前，对其检修工作进行增补。周度检修停电计划的时间节点安排本质上就是对这三种类型的时间节点安排。

先对“周度”进行解释，这里的“周度”开始日期是星期一，结束日期是星期日，因此周度检修停电计划的范围是周一至周日所有的10kV设备检修停电计划。

我们仍然采取时间倒叙的方式来梳理周度检修停电计划的各个时间节点(见图14-10)。周度检修停电计划发布之后，计划专责需要对下周一至周三的日前检修停电工作进行审核和安排（日前检修停电工作会在下一章详细讲解，这里先给出结论)。因此计划专责至少需要给自己预留一天的时间来审核日前检修停电工作，所以周度计划发布的最晚截止时间是周四，这里给出一个具体的时间节点周四16：00前。

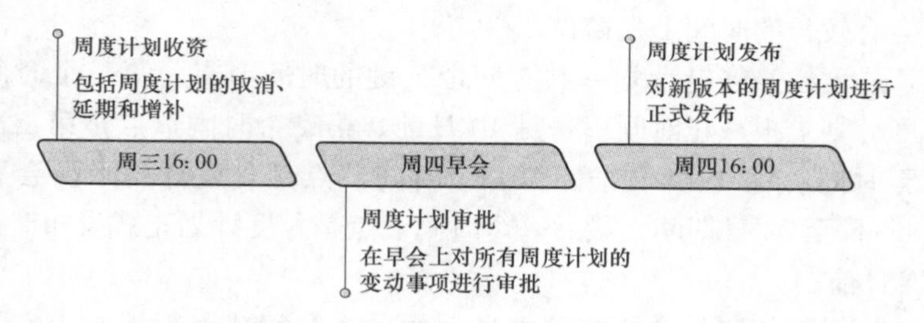

图14-10 周度检修停电计划的时间节点安排

周度计划发布之前，需要由分管生产领导对调整的10kV检修停电工作进行审批。审批的环节可以安排在周四的生产早会上，由分管领导统一对10kV检修停电工作的取消、延期和增补进行逐一的审批。哪些工作的调整可以审批通过，哪些不予通过，都在早会上一并决定。

因此在周四的生产早会前，计划专责需要将所有周度检修停电计划调整事项进行汇总，这个时间节点设置为周三16：00前，申请周度计划调整的单位部门需要在这个时间节点前将所有的申请单发送至调度部门计划专责处。

到此为止，周度计划的时间节点是不是都安排妥当了呢？还没有。之前我们提到10kV检修停电工作大多数都会涉及到对外停电，需要提前7天对外公示停电信息。上述的时间节点安排就会有一个漏洞。周四16：00前发布下周的周度检修停电计划，包括下周一至下周日所有的10kV设备检修停电工作。周四16：00确定周度检修停电计划后，再录入停电信息，大部分的对外停电检修工作都不满足提前7天公示的时限要求。比如，下周一的检修工作只提前了3天对外公示停电信息，下周四的检修工作提前了7天对外公示停电信息，因此下周一至下周三的检修停电工作均不满足提前7天公示停电信息的时限要求。

解决方法有很多种，这里介绍一种方法，这里主要涉及到的是取消、延期和增补的周度检修停电计划。如图14-11所示，将它们划分为两个类别，一种是无对外停电的检修工作，另一种是对外停电的检修工作。若是不对外停电检修工作，可以按照上述周度计划时间节点进行安排。如果是有电力用户需要停电，但只是涉及到它自身停电，并不影响其他的电力用户的正常供电，则此类检修停电工作可以视为无对外停电工作类型。

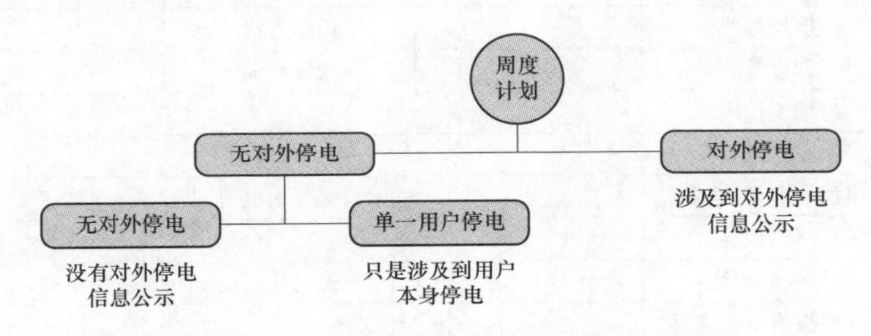

图14-11 周度检修停电计划的对外停电事项

如果涉及到对外停电检修工作，则可以在本周对下下周的检修工作进行安排，这样就可以绝对保障提前7天对外停电信息的公示时限要求。缺点是周度检修停电计划提前安排的时间延长至两周，周度计划安排的灵活性就大大地削弱了。

年度检修停电计划、月度检修停电计划和周度检修停电计划的作用在于提前协调安排好检修停电工作，以便做好提前谋划布局的作用，为后续的日前检修票的流程工作打下坚实的基础。本质上都是“提前计划、提前统筹”的工作原则，目的就是为了保障电网更加安全稳定的运行。

审核检修停电计划的重点在哪里

◎ 重点审核检修停电计划的检修内容和停电范围

杜小小学习完毕各个时间段的检修停电计划安排，发现有一张表特别重要，就是检修停电计划的申报表。这张表就是整个计划工作的核心，将这张表上的所有细节弄清楚，一定会对自己充分理解检修停电计划工作有巨大的帮助。

表 14-1 是检修停电计划申请单的基本格式，年度检修停电计划、月度检修停电计划和周度检修停电计划的格式一致。申请单一共分为三个部分，最上面的部分是运行单位的申请内容，中间部分是调控中心各个专业会审内容，最下面的部分是各个部门领导批准内容。作为计划专责在审核检修停电计划，最关键的便是对运行单位的申请内容进行逐一审查。下面来介绍计划专责对运行单位申请内容的各个事项的重点和注意事项。

表 14-1　　　　检修停电计划申请单

申请内容	运行单位		申请人	
	施工单位		工程单位	
	电压等级		风险等级	
	调度管辖		检修性质	
	检修工作内容			
	停电范围			
	申请停电开始时间		申请恢复送电时间	
	停电信息			
	停电时户数		有无对外停电	
会审内容	计划检修专业意见			
	继电保护专业意见			
	通信专业意见			
	自动化专业意见			
	调控专业意见			
	运行方式专业意见			
批准内容	运检部门审核			
	营销部门审核			
	调控中心领导审核			
	公司分管领导审核			

表 14-2 是申请内容中的基础信息部分，包括有“运行单位、运行单位申请人、施工单位和工程管理”信息。这些信息主要是方便在审核计划的过程中，遇到问题可以找到对应的人员进行必要的工作沟通。“电压等级”包括有 10kV、35kV、110kV、220kV 以及其他，这里的电压等级必须填写正确。选择 10kV 电压等级会被划归到周度检修停电计划中，而 35kV 及以上电压等级会被划归到月度检修停电计划中，“风险等级”包括有五级风险、六级风险、七级风险和八级风险，根据检修内容和停电范围可以判断出此项工作属于哪个等级的电网风险事件。“调度管辖”包括有地调管辖和配调管辖，根据地调和配电管辖范围选择对应的选项即可。“检修性质”包括有小修、技改、基建、业扩、消缺等，根据检修内容选择对应的选项即可。

表 14-2　　　　　　　检修停电计划申请单的申请内容 1

运行单位		申请人	
施工单位		工程单位	
电压等级		风险等级	
调度管辖		检修性质	

表 14-3 为申请内容中的核心信息部分，其中“检修工作内容”和“停电范围”是这个部分最为关键的两个点。计划专责在审核检修停电计划时，花费时间最多的便是对这两个关键点进行审核。在审核的过程中，计划专责需要借助变电站和线路一次接线图进行审核。这个环节之所以花费时间，就在于每项计划工作都需要调出对应的一次接线图。为了保证审核的正确性，这些时间都是必须花费的必要时间。“申请停电开始时间”和“申请恢复送电时间”必须精确到时分，因为可能会涉及到对外停电信息的公示。“停电信息”和“停电时户数”主要是针对有对外停电的检修工作。“有无对外停电”这个选项主要是针对周度检修停电计划，用来区分有对外停电工作和无对外停电工作。

表 14-3　　　　　　　检修停电计划申请单的申请内容 2

检修工作内容			
停电范围			
申请停电开始时间		申请恢复送电时间	
停电信息			
停电时户数		有无对外停电	

计划专责审核检修停电计划的申请内容后，需要在“计划检修专业意见”中填写审核的意见，主要包括有检修工作的停电范围，以及在工作期间，电网运行方式应该如何进行调整，需要将负荷转移至临近线路供电。

◎ 审核检修停电计划的重复停电和冲突停电

当计划专责在“计划检修专业意见”中将所有的检修停电计划审核意见填写完毕后，就需要跳出单一局部的视角，站在整个月份的时间维度上，查找是否有重复停电事项和冲突停电事项。

由于每月检修停电工作的数量很多，所以通过人工筛查的方式难免会出现遗漏，可以借助表格的查找功能来辅助计划专责梳理重复停电和冲突停电。

首先，可以将月度检修停电计划导出到 Excel 表格中。然后根据每项检修工作的停电范围为查找对象，在表格中查找相同项。如果有相同的停电范围，则需要判断对应的各个检修工作是否可以配合在同一时间进行。如果在同一时间内，停电范围与转移负荷的设备相互冲突，则需要将相互冲突的检修工作安排在不同时间进行。

最后与运行单位沟通是否可以通过调整停送电时间来避免重复停电和冲突停电事项，如果协调不了，就可以放在检修停电计划平衡会上统一进行平衡。

检修停电计划工作从收资、审核、平衡到发布四个环节，每个环节都涉及到很多关键点和重要事项需要注意，稍微一点马虎就有可能导致停电计划平衡不到位，影响电网的正常安全运行。因此计划专责需要认真梳理检修停电计划工作的全部流程，将其划分为若干个小流程，化繁为简，各个击破，最终形成自己稳定的工作流程。只要做好每个小流程的工作任务，就不会发生重大失误，保证计划工作顺利进行。

◎ 月度检修停电计划的干扰因素有哪些?

每个月份其实都会有若干个影响因素对月度检修停电计划造成干扰，都有哪些干扰因素呢?

月度检修停电计划需要在安排时考虑到诸多细节的影响因素，比如节假日、重大保电事项、迎峰度夏和迎峰度冬特殊时期，它们都在不同程度上对检修停电计划安排造成一定的影响。

首先来看看上半年的干扰因素（见图 14-12)。1 月份有元旦节，国家法定节假日期间，电网原则上都必须是全接线全保护运行状态，期间不能安排有电网风险等级事件的检修工作，也不能安排有大面积对外停电的检修工作。2 月份一般是中国传统节假日春节的月份。虽然春节长假的时间是 7 天，但是前后三周的时间都不会安排检修停电工作。一方面是由于春节前一周实际上就已经进入春节放假模式，而到了元宵节时春节才算是正式结束。因此在这三周时间内不能安排对外停电检修工作，电网都需要全接线全保护运行，不允许有电网风险事件发生。3 月份虽然没有国家法定节假日，不过正值全国两会召开时期，保电设备会涉及到电网的大部分范围，检修停电工作会受到影响。4 月份有清明节，5 月份有五一节，6 月份有端午节，这些节假日期间同样是全网保电时段。此外 6 月份正值中考和高考时间，考试学校一定会有保电任务，学生们需要复习，对于大型密集型居民小区也属于保电范围。

再来看看下半年的干扰因素（见图 14-13)。其实从 6 月份下旬开始就进入迎峰度夏时期，由于高温天气会一直持续到 9 月份上旬，因此 7 月份和 8 月份是迎峰度夏的关键月份。在此时段电网需要全接线全保护运行之外，还需要时刻关注重过载设备情况。9 月份和 10 月份有中秋节和国庆节长假，同样是重要的保电时段。10 月份国庆节之后，直到春节前都没有重要的节假日，是很好的检修工作安排的窗口期。但是有两个特殊日子，一个是双十一，另一个是圣诞节，注意不安排大面积对外停电检修工作。

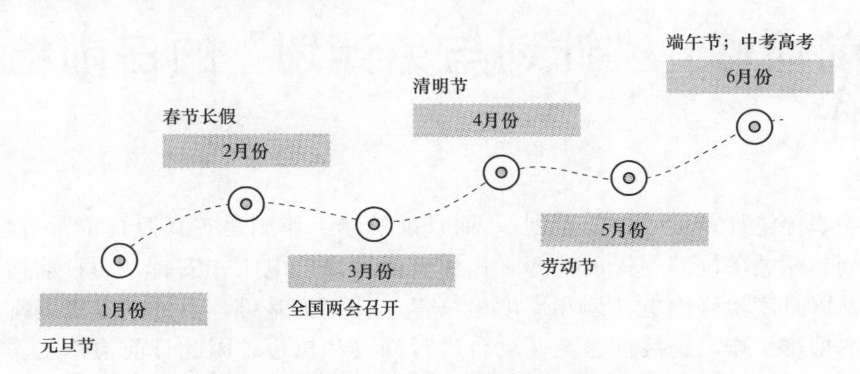

图 14-12　检修停电计划上半年受到的干扰因素

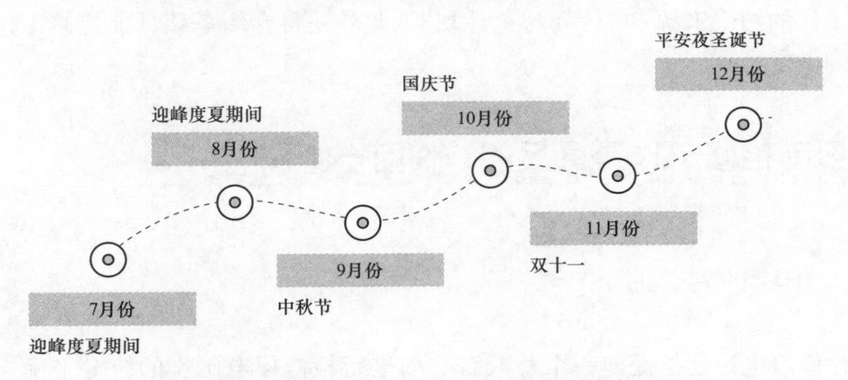

图 14-13　检修停电计划下半年受到的干扰因素

这样看来，全年 12 个月，每个月都有大有小的干扰因素。检修停电工作的窗口期主要集中在两个时间段，第一个是两会召开完毕后至迎峰度夏前，第二个是国庆节后至春节前，大型连续的检修停电工作大多都安排在这两个时间窗口期较为合适。

不同电网特性不同，受到的干扰因素也会有些许不同，需要结合电网特性来具体情况，具体分析。

第十五章

日前检修："计划与免计划"的日前检修工作

检修停电计划是"提前谋划"，而日前检修工作则是"真刀真枪"。检修停电计划是相关单位部门提前统筹平衡所有的检修停电工作安排，而日前检修工作则是以月度检修停电计划和周度检修停电计划为基础，由计划专责安排当前实际的检修工作，直接推送至调度台进行许可和执行。因此日前检修工作更加注重的是细节感，是值班调度员许可检修工作的重要依据。下面主要介绍日前检修工作的两个来源，"计划与免计划"，此外还将介绍审核日前检修工作申请单的细微之处。

日前检修工作是最后的"临门一脚"

◎ "有勇"和"有谋"哪个更重要

检修停电计划是提前一个月或者一周进行检修停电工作的统筹平衡，可以看作是"有谋"。而日前检修工作是在实际工作前两天对检修工作的细节进行协调安排，可以看作是"有勇"。那到底是"有谋"重要，还是"有勇"重要呢？

其实"有勇有谋"双剑合璧才重要。电网设备为什么要进行年度检修停电计划、月度检修停电计划、周度检修停电计划？目的就是为了站在更高的维度，将电网以整体来看待，从"一停多用"和电网安全运行的角度来统筹安排各项检修停电工作。而日前检修工作是以检修停电计划为基础，对检修工作在实施阶段的细节进行协调安排。其实可以说"有谋"才能"有勇"，"有勇"的底气是建立在"有谋"的基础之上。

日前检修工作安排可以看作是年度检修停电计划、月度检修停电计划、周度检修停电计划之后的最后一个"计划"环节。最终呈现出来的日前检修工作申请单，将出现在值班调度员的手中。值班调度员将依据这份申请单，向运行单位许可停电工作。因此，日前检修工作申请单可以说是保障电网检修工作安全实施的最后一道防线，相关人员需要非常细心的对待和审核日前检修工作申请单。

计划专责作为审核日前检修工作申请单的重要人员，需要对日前检修工作申请单的正确性负责，并妥当安排当前的电网运行方式。计划专责如果对申请单有任何疑问，都需要与相应的运行单位核实无误。值班调度员如果对申请单有任何疑问，都必须与计划专责进行核实确认。

◎ 杜小小“这张日前检修工作申请单的运行方式安排有点问题！”

杜小小这段时间都在老王的辅导下，办理日前检修停电申请单的审核工作。一张日前检修停电申请票需要关注的点有很多，常常是记得这一点，就忘记了另一点。

有时候老王会特意放手让杜小小来办理一些简单的日前检修停电申请票，来锻炼杜小小的独立思考能力。

不过即使是最简单的日前检修停电申请票，仍然是有可能会出错了。幸好值班调度员发现了这个错误，进行及时的纠正。这是一张 10kV 线路的带电检修工作，停电范围是 10kVA 线路重合闸。杜小小在审核了整张票后并未发现有任何问题，于是就审核发送至下一个环节。结果由于 10kV 线路是特殊运行方式，其 15 号杆后段是由 10kV B 线路供电，检修工作内容是在 10kVA 线路 21 号杆带电搭头，接入一台 500kVA 的箱式变压器。因此正确的停电范围应该是退出 10kVB 线路重合闸，或者在工作前，将 10kVA 线路与 10kV B 线路恢复正常运行方式后，停电范围仍为 10kVA 线路重合闸。

事后分析，杜小小发现自己在审核有一次设备停电的日前检修票时，都会特别的认真，对于线路的运行方式也会特意去核实。但是这一份日前检修停电申请票是带电工作，停电范围是 10kV 线路的重合闸，在意识上就轻视了，也忘记去核对 10kV 线路的运行方式，最终导致一张有问题的日前检修停电申请票流转到了下一个环节。

如果在工作期间，退出线路重合闸是错误的 10kV 线路，真正需要退出重合闸的线路，其重合闸仍然处于运行状态，那么当带电工作处发生接地故障，线路跳闸后，其重合闸会启动，线路又将重合运行，对带电工作的人员是极为不安全的。

因此在审核日前检修停电申请票时，每个环节都十分关键，这是到达值班调度员之前最后的一道防线，需要真正为调度安全做好预防，将每个关键点都审核到位。

◎ 只有将视角拉近才能做到“细致入微”

你有看到显微镜下的世界吗，只有当你将视角拉近的时候，你才能够看到这个世界的一切。日前检修停电工作是站在时间最近的维度上，对未来几日的检修停电工作进行细致入微的安排和协调。时间越近，我们掌握的信息也会越有把握。比如在一个月之前，其实很难知道电网会遇到怎样的突发状况，对于电网的实际运行方式是没有办法做出准确的判断。但是随着时间的拉近，我们会对电网的掌控感会越来越强，此时才能对检修停电工作进行更为细节的安排。

月度检修停电计划和周度检修停电计划是计划专责牵头，将所有的检修停电工作进行平衡和协调，但是它们都不会被值班调度员所看到。换句话说，虽然检修工作被纳入月度检修停电计划和周度检修停电计划，但并不是说这些检修工作都必定会被执行。

日前检修停电申请票是会流转到值班调度台的，这是日前检修停电申请票与月度检修停电计划、周度检修停电计划最根本的区别点。调度员会依照申请票来安排每天的检修停电工作，对于日前检修停电申请票的要求是停电范围要绝对正确，必须要“把电停干净”，对于各个环节的细节要求也必须准确到位。

虽然计划专责大部分都是从调度员做起的，但是计划专责和调度员的工作状态和工作态度是有很大区别的。展现在调度员面前的日前检修停电申请票是“绝对正确”，但是计划专责面对的日前检修停电申请票有可能是“漏洞百出”，从“漏洞百出”到“绝对正确”的过程就需要计划专责花费大量的精力来严格把关。接下来我们就来逐一讲解一张“绝对正确”的日前检修停电申请票是如何练就而成的。

日前检修工作的审核重点

◎ 日前检修停电申请票的“前世今生”

一张日前检修停电申请票首先是由施工单位发起的，施工单位按照月度检修停电计划和周度检修停电计划的安排，向各个运行单位申请检修停电工作。运行单位根据施工单位的检修停电工作申请，在OMS系统上填写“日前检修停电申请票”，并上传至调度部门。调度部门首先由计划专责对申请票进行全面的审核，然后由保护专业、通信专业、自动化专业和调控专业进行会审。通过后由调度主任批准此张日前检修停电申请票，发送至值班调度员，由当值调度员许可检修停电工作。

施工单位包括有供电公司内部施工单位和供电公司外部施工单位。内部施工单位主要是输电运检室、变电运检室和配电运检室的各个检修班组，而外部施工单位都必须是安监部门通过审核资质的施工单位。

调度部门其实跟施工单位打交道的时间不多，调度部门直接面对的是运行单位。运行单位也包括供电公司的内部运行单位和供电公司的外部运行单位。内部运行单位主要是输电运检室、变电运检室和配电运检室的运维班组，外部运行单位包括有运维 220kV 变电站的检修公司、发电厂站和电力用户。各个运行单位所管辖的设备有检修工作，都需要填写“日前检修停电申请票”向调度部门申报停电检修工作。

调度部门第一个接收“日前检修停电申请票”的是计划专业，他们会对申请票进行全面细致的审核。计划专业审核完毕后，会同步发送至保护专业、通信专业、自动化专业和调控专业，这四个专业从自身角度对申请票进行审核，并填写各自专业的会审意见。四个专业全部会签完毕后，会发送至调度主任处，由调度主任对申请票进行批准。最后发送至值班调度员处，值班调度员根据申请票，填写调度指令票，并与各个运行单位联系工作。

如图 15-1 所示，这是“日前检修停电申请票”的基本流程路线。

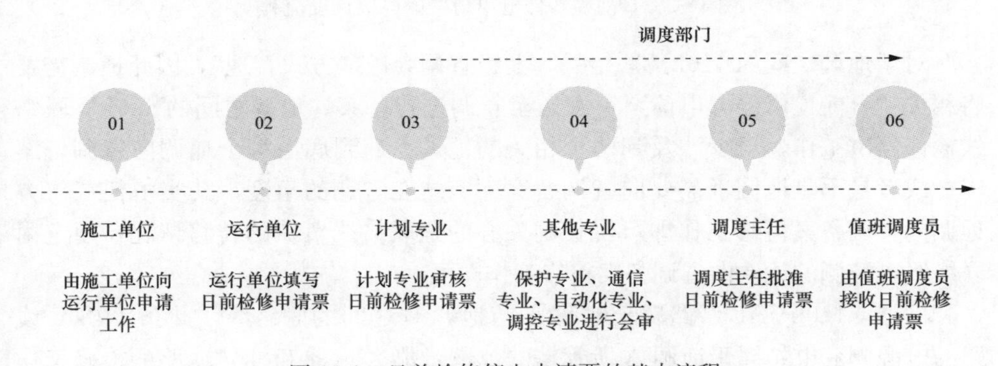

图 15-1　日前检修停电申请票的基本流程

在这条基本的流程路线之下，还隐藏着一条各级调度机构的流程路线。如图 15-2 所示，当运行单位将“日前检修停电申请票”上传至调度部门的计划专业处时，会有另一条流程路线，这条路线是各级调度的流程路线。向下是地调与县调之间的流程路线，向上是地调与省调之间的流程路线，向左右是地调与其他地调之间的流程路线。

地调与地调之间的联系主要集中在管辖范围交界处的联络线，这些联络线包括有 110kV 联络线和 35kV 联络线。若涉及到地调之间联络线的检修停电工作，调度部门的计划专责会将相应的“日前检修停电申请票”发送至其他地调的计划专业处。

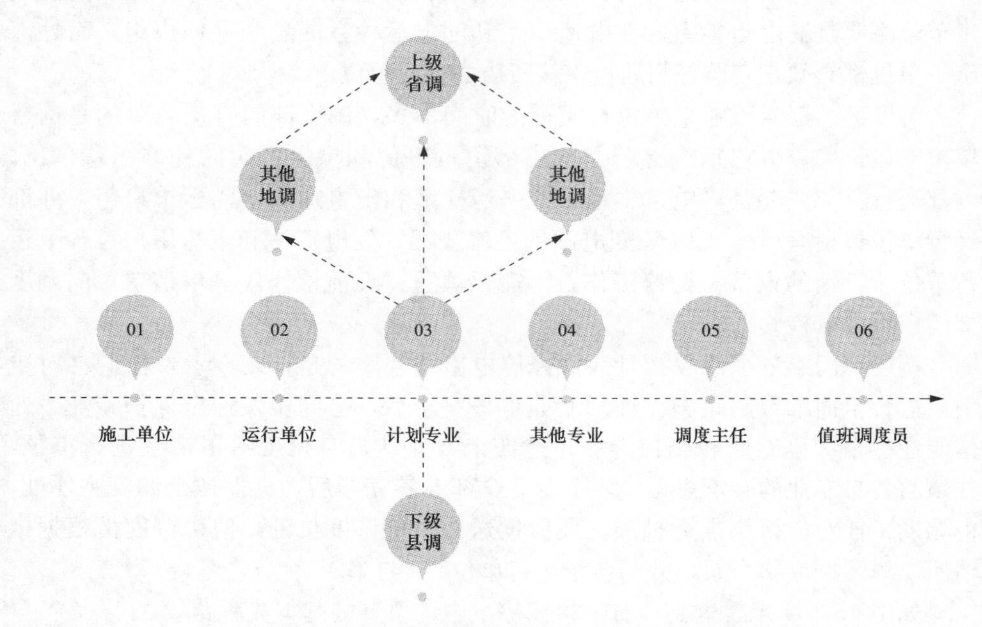

图 15-2　日前检修停电申请票的各级调度流程

对于地调之间的 110kV 联络线，上级省调会做“方式管理”，因此地调需要将相关“日前检修停电申请票”发送至省调进行备案。地调之间的 110kV 联络线检修停电工作，至少涉及到两个相关的地调，那到底由哪个地调向省调备案呢？或者是不是地调都需要向省调备案呢？站在省调的角度，其实由任一一方地调向省调备案检修工作即可，省调关心的是联络线负荷的转移情况，规定由联络线电源侧的地调向省调备案检修工作即可。

例如，110kVAB 线路属于地调 A 与地调 B 之间的联络线，此条 110kV 线路的电源侧变电站属于地调 A 所管辖的范围，那么此条 110kV 线路的检修工作就由地调 A 向省调备案。

地调与省调的联系主要集中在上下级调度管辖范围的分界处，主要是 220kV 变电站和 220kV 输电线路。220kV 电压等级都由省调调度管辖，不过 220kV 变电站和 220kV 输电线路都由各个地调属地化管理。相关的“日前检修停电申请票”会首先经过各个地调审核后，再发送至省调。

地调与县调的联系主要集中在上下级调度管辖范围的分界处，主要是变电站主变 10kV 总路处。涉及到地调作“方式管理”的设备，县调都需要将“日前检修停电申请票”发送至地调计划专业处。

各级调度之间的工作联系都是集中在各级调度管辖范围的交界处，管辖范围划分不同，管辖交界面也会不同。不论调度管辖界面如何划分，各级调度之间的业务联系都需要通过计划专业这个纽带进行协调沟通。因此计划专业不仅在横向上需要与运行单位和调度部门其他专业紧密沟通，在纵向上也需要与省调、其他地调和县调的计划专业紧密沟通，纵横交错中，需要计划专业的强大沟通协调能力。

◎ 日前检修停电申请票的“计划类”与“免计划类”

日前检修停电申请票中最重要的两个项目是检修工作内容和停电范围。如果将检修工作内容大致分为一次检修工作和二次检修工作，将停电范围划分为一次设备停电和二次设备停电，便可以得到如图 15-3 所示的四象限矩阵图。

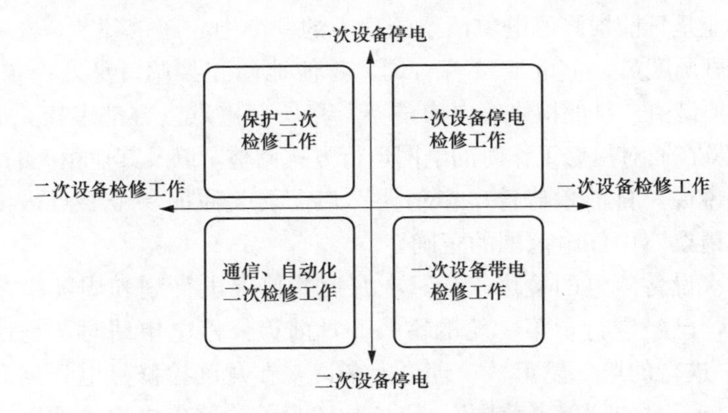

图 15-3　日前检修停电工作的四象限图

第一象限中，一次设备检修工作停用相应的一次设备。这是年度检修停电计划、月度检修停电计划和周度检修停电计划统筹协调的主要对象，因此这一类检修停电工作都是需要纳入计划中管控。

第二象限中，二次设备检修工作停用相应的一次设备。主要是保护类二次检修工作的特点，主变压器差动保护二次设备检修工作，需要停用主变压器本体及各侧回路，因为涉及到一次设备停电，也需要纳入计划中管控。

第三象限中，二次设备检修工作停用相应的二次设备。主要是通信、自动化类二次检修工作的特点，它们大多数情况下都不会涉及到一次设备停电。

第四象限中，一次设备检修工作停用相应的二次设备。主要是一次设备带电检修工作，比如 10kV 线路上搭接一台箱式变压器，如果采取带电作业的方式，并不会涉及 10kV 线路停电，而只是需要停用 10kV 线路重合闸。

第三象限和第四象限的设备检修工作，均只需要停用二次设备，对电网的运行方式影响不大。因此这两个象限的设备检修工作可以纳入“免计划”范畴，可以不用非得纳入月度检修停电计划和周度检修停电计划。运行单位在“日前检修停电申请票”申报环节，直接上传至调度部门。

这样做到好处是，一方面是可以使得月度检修停电计划和周度检修停电计划的数量没有那么多，可以将精力主要集中在有一次设备停电的检修工作上。另一方面带电作业受到天气的影响很大，如果阴雨天气达不到带电作业条件，带电作业不能实施。因此带电作业纳入“免计划”范畴，可以缩短带电作业的计划时间，更有利于带电作业可实施的准确预估。

◎ 日前检修停电申请票中的“停电范围”正确性

计划专业是日前检修停电申请票流程中的一个中心纽带环节，左右连接着运行单位和值班调度员，上下连接着省调、其他地调和县调。身处一个中心地带，计划专业必须借由“日前检修停电申请票”将所有重点内容都审核正确，并交代清楚调度人员在面对检修工作时的电网运行方式调整，以及其他相关的注意事项。

下面来说说“日前检修停电申请票”最需要关注的一个要点，便是“日前检修停电申请票”中停电范围的正确性。

对于一次设备停电的检修工作，在月度检修停电计划和周度检修停电计划统筹安排时，已经进行了第一轮的审核。日前检修停电申请时，是计划专业对“停电范围”进行的第二轮审核。理论上来说，在月度检修停电计划和周度检修停电计划审核通过的“停电范围”，应该与“日前检修停电申请票”上的“停电范围”一致。不过，电网是一个动态变化的系统，电网的设备状态和电网运行方式状态有可能随时都在变化中。因此，实际情况是“日前检修停电申请票”中的“停电范围”有可能跟计划统筹时的“停电范围”有些许的不同。

如图 15-4 所示，10kV 鱼市线 24～27 号杆更换导线，停电范围是 10kV 鱼市线 23 号杆隔离开关后段。假设 10kV 鱼市线 23 号杆隔离开关有故障，无法拉开，“日前检修停电申请票”上的停电范围会扩大，变成“10kV 鱼市线 1 号（市政公司）环网柜联络 15 号负荷开关后段”。

为什么在日前检修停电申请时，停电范围会随意扩大呢？一是因为停电范围扩大，并没有造成对外停电信息的变化。二是停电范围扩大，可以将 10kV 鱼市线 23 号杆隔离开关的故障一并进行处理。因此计划专业在审核“日前检修停电申请票”时，会有一定的灵活性。但是这里的灵活性并不是随意性，如果扩大停电范围会造成对外停电用户的增加，或者造成新的电网风险等级事件，则计划专业需要协调相关部门和专业一起商讨，决定是否扩大停电范围。

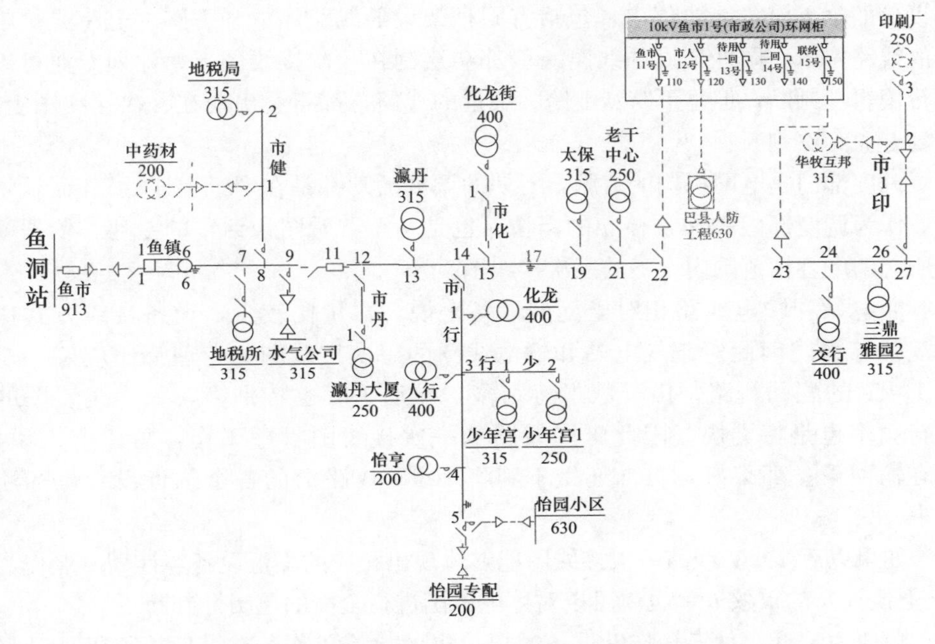

图 15-4　日前检修停电工作“停电范围”的灵活性

日前检修停电工作的停电范围除了本身设备检修期间的停电范围，有可能还会涉及到相邻设备的停电（见图 15-5）。比如一条 110kV 输电线路检修工作，下跨一条 10kV 线路，在检修工作时，停电范围应该是 110kV 线路和 10kV 线路。这种在物理空间上的相邻性，计划专业是无法判断的，需要由是施工单位在工作前细致勘察，将所有可能来电的设备梳理清楚。

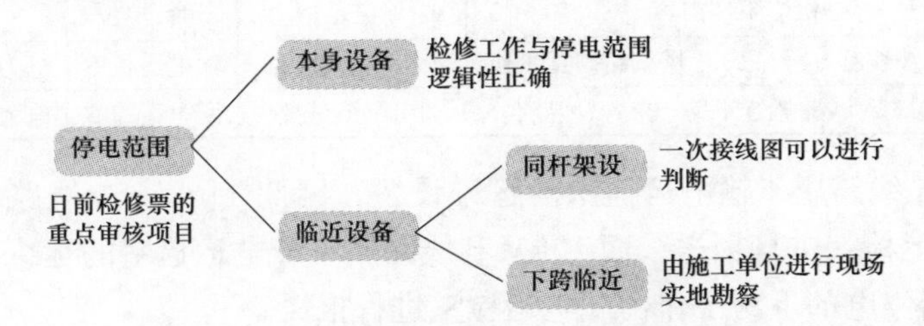

图 15-5　日前检修停电工作停电范围的类别

因此可以将“日前检修停电申请票”中的停电范围划分为两个类别，第一个类别是本身检修设备的停电范围，第二个类别是检修设备的临近设备的停电范围。第一个类别的停电范围，计划专业可以通过一次接线图进行逻辑性的判断，即检修工作内容与停电范围之间的逻辑性是否一致。也就是说，根据当前的检修工作内容，判断相应的停电范围是否不够或是太多。而第二个类别是检修设备的临近设备需要停电，包括有同杆架设的线路停电和下跨、上跨或是临近的线路停电。同杆架设的线路一般都会绘制在一次接线图上，计划专业可以进行逻辑性判断，但是下跨、上跨、临近的线路，都不会出现在一次接线图上，计划专业无法判断。

调度部门是电网机构的大脑，一切的调度活动都是在“纸上谈兵”。而计划专业作为调度部门中非常核心的岗位，也是一个“看图说话”的专业，依据就是所有调度管辖范围内设备的一次接线图。

变电站和输电线路相对于配网设备来说，数量比较少，设备接线方式比较规范标准，因此对于变电站和输电线路的一次接线图的管理都比较好。对于 10kV 的配网线路，由于数量特别多，异动手续也特别多，一次接线图的更新频率也是特别快。因此配网线路的一次接线图管理工作，总体上来说，没有输网设备那么好，目前还做不到将 10kV 线路上的各个临近设备也标注出来。

如果以后 10kV 线路一次接线图能够体现出相应的临近设备，计划专业作为“纸上谈兵”的审核人，也就可以对停电范围进行全面的逻辑性判断了。

顺便说一下，对于有临近设备需要停电的检修工作，在月度检修停电计划报送、周度检修停电计划报送、日前检修停电申请时，需要由相应的运行单位进行流程的发起。表 15-1 中，一条 110kV A 线路检修工作，需要对 110kVA 线路停电，此外在检修工作处，涉及到一条 10kV B 线路下跨临近，需要对 10kV B 线路停电。

表 15-1　　有临近设备停电的检修工作报送说明表

序号	检修工作内容	停电范围	运行单位	施工单位
1	110kVA 线路 5 号～10 号塔线路搬迁工作。	110kV A 线路	输电运检室	电力建设有限公司
2	110kVA 线路搬迁下跨 10kVB 线路。	10kV B 线路	配电运检室	电力建设有限公司

110kVA 线路属于输电运检室的运维设备，因此 110kV A 线路停电的检修工作由输电运检室进行报送。而 10kV B 线路属于配电运检室的运维设备，因此 10kV B 线路停电的下跨工作由配电运检室进行报送。

虽然此项检修工作由同一个施工单位进行检修，但是涉及到不同运行单位管理的停电设备，需要由施工单位分别向输电运检室申请 110kV A 线路停电检修，向配电运检室申请 10kV B 线路停电检修。

◎ 日前检修停电申请票中的“电网运行方式”的安排

一张“日前检修停电申请票”中，计划专业需要重点考察的事项，便是电网运行方式的安排（见图 15-6）。在停电前，需要落实清楚当前电网运行方式的状态。在工作期间，需要确定负荷转移方案。在工毕后恢复送电，需要明确电网运行方式的恢复。

图 15-6　日前检修停电工作的电网运行方式安排

首先，在检修停电前需要落实清楚当前电网运行方式，是正常运行方式，还是特殊运行方式。电网运行方式并不是一个静止的状态，而是随着时间的推移不断变化的状态。因此，审核每一份“日前检修停电申请票”时，都需要落实当前电网运行方式，包括电网设备的运行状态，保护装置的投入情况，安全自动装置的投入情况。

这里需要特别强调的是“当前”两个字。计划专业在审核“日前检修停电申请票”时，距离真正检修停电工作还有两三天的时间，因此“当前”二字并不是指计划专业在审核的这个时刻，而是指检修工作在开工当日，检修停电前的那个时刻。需要计划专业跳出当前审核的时间刻度，跳入检修停电前的那个时刻，思考清楚在那个时刻下，电网运行方式安排是如何。

其次，落实清楚了停电前的电网运行方式后，需要确定在工作期间的负荷转移方案。检修工作按照负荷转移属性可以划分为两类，第一类是不需要考虑负荷转移，第二类是需要考虑负荷转移。

例如，一些 10kV 线路的支路检修工作，没有联络线的情况，可以不用考虑负荷转移方案。其他大多数检修工作，都需要考虑负荷转移。例如，一条 10kV 线路 2 号杆至 5 号杆更换导线工作，停电范围是 10kV 线路 6 号杆前段。那么，工作期间需要将 10kV 线路 6 号杆后段负荷倒至相邻的联络线路供电。

再比如，输变网设备一般均配置双元件，例如，双回进线电源线路、双母线、双主变压器。当对其中设备进行检修时，仍然有另一回冗余设备运行供电。工作期间，需要进行倒闸操作，转移负荷后，再对检修设备停电。

在倒闸操作过程中，涉及到一个非常重要的操作方式的选择，即为“合环换电”还是“停电换电”方式。“合环换电”方式是指，在倒闸操作过程中，不会发生对外停电。“停电换电”方式是指，在倒闸操作过程中，会对外发生短时停电。

例如，一座110kV变电站，110kV两回进线电源线路分别属于两个500kV片区，并不能进行合环换电，只能通过110kV备自投装置进行自动投切。期间会有经历10s左右的短时停电，如果使用人工操作的方式，短时停电的时间会更长。

再比如，另一座110kV变电站，110kV两回进线电源线路分别属于不同的200kV片区，但属于同一个500kV片区。经过潮流计算后，可以在一定负荷水平下进行合环换电操作。由于一座110kV变电站短时停电影响片区比较大，要优先安排合环换电方式进行负荷转移，倒闸操作的时间窗口可能只有凌晨时段，也必须优先保障不发生对外停电。

最后，工毕后设备恢复送电时，需要明确电网运行方式的恢复状态。如果后续没有延续性工作，则可以将电网恢复成为正常运行方式。如果后续仍然有延续性工作，则应该结合下一个阶段的工作检修内容和停电范围，来安排此项工作恢复送电后的电网运行方式。

日前检修工作的定相方案

◎ 日前检修停电申请票中配电设备的定相方案安排

在“日前检修停电票”中除了需要交代清楚停电前和送电后的电网运行方式之外，还需要对设备异动之后的定相方案进行交代。在定相方案中，最重要的是两个点需要交代清楚：第一，哪两个电源点需要定相；第二，确定在什么位置进行定相。

首先，需要对“核相”与“定相”之间的区别做一个解释。“核相”是对电网设备ABC三相的相序进行核对，只要是ABC三相按照正序运行，则视为“核相”正确。“定相”是对电网设备有两个及以上电源点而言，需要各个电源送电时，设备的ABC三相相序按照正序运行以外，还需要ABC三相一一对应。

下面我们从配网设备和输网设备分别来介绍不同的电网设备如何进行定相的安排。

针对10kV线路，若是线路有异动或者新投，都有可能涉及到定相需求。当10kV线路无联络线时，线路异动后，并不需要定相，只需要核相ABC三相线路的相序正确即可。涉及到线路需要定相的，一定是 10kV 线路有联络线路的接线结构。

如图 15-7 所示，10kV 花陈线与 10kV 花典线是互联线路，两条线路的常断点是 10kV 花陈线 20 号杆（陈典）开关回路处。当 10kV 花陈线或者 10kV 花典线的主干线路发生异动后，则需要对两条 10kV 线路进行定相。而当 10kV 花陈支陈一支线发生异动后，只需要对 10kV 花陈支陈一支线进行核相即可，不需要对 10kV 花陈线和花典线进行定相。

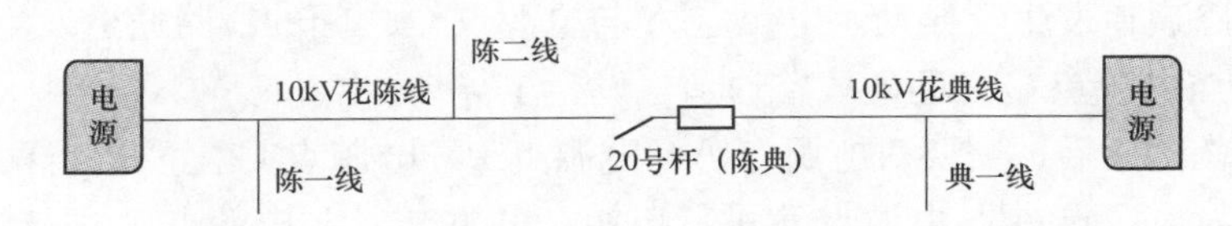

图 15-7　10kV 两条互联线路的定相方案

这里有一个原则是，电源之间线路通道上有异动，则需要对两个电源进行定相。当 10kV 花陈支陈一支线发生异动时，两个电源点之间线路通道上并没有发生异动，因此不需要对两个电源点进行定相。而当 10kV 花陈线或者花典线主干线路有发生异动时，则需要对两个电源点进行定相。

图 15-8 中有三条 10kV 线路互为联络线路，电网接线结构复杂一些，那么线路异动后，是否需要对每一对互联线路进行定相呢？答案是不一定，需要看线路异动的范围在什么位置。

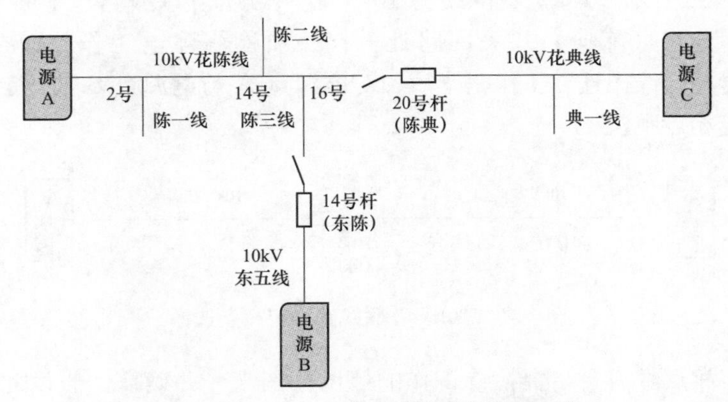

图 15-8　10kV 三条互联线路的定相方案

假设，检修停电工作前，10kV 花陈线、花典线和东五线均两两线路定相正确。检修工作内容是 10kV 花陈线 2 号～14 号杆导线搬迁，互联线路应该如何定相呢？我们可以看到在此检修工作内容下，电源点 A 与电源点 B 之间的线路通道发生了异动，电源点 A 与电源点 C 之间的线路通道发生了异动，而电源点

B与电源点C之间的线路通道没有发生异动。

此时，只需要在工作结束后，任一选择电源点A与电源点B进行定相，或者选择电源点A与电源点C进行定相即可。电源点B与电源点C之间线路通道未发生异动，检修工作之前已经定相过，相位相序是正确的，那么可以推导出电源点A、电源点B、电源点C之间相位相序正确。

现在将检修工作内容更换为：10kV花陈线2号～18号杆导线搬迁，互联线路应该如何定相呢？我们可以看到在此检修工作内容下，电源点A与电源点B之间的线路通道发生了异动，电源点A与电源点C之间的线路通道发生了异动，电源点B与电源点C之间的线路通道也发生了异动。

此工作结束后，需要对电源点A、电源点B、电源点C之间进行两两定相，可以选择对电源点A与电源点B进行定相，电源点A与电源点C进行定相。定相正确后，可以推导出电源点B与电源点C之间的相位相序正确。

通过三条互联线路的定相案例，我们也得出两个电源点之间的线路通道上发生了异动，则需要对这两个电源点进行定相。

分析完毕10kV线路的哪些电源点需要定相后，我们需要确定10kV线路需要在什么位置进行定相。10kV线路不同于35kV线路和110kV线路，它有一个最大的特点便是，在10kV线路上有不少的隔离开关，即明显的断开点。因此在10kV线路上进行定相，可以选择的定相点就特别多。理论上，可以在10kV线路上任一断开点上进行定相。

如图15-9所示，10kV花陈线与10kV花典线为互联线路，常断点为10kV花陈线20号杆（陈典）开关回路处。有一项检修停电工作：10kV花陈线3号～14号杆导线搬迁，工作完毕后，对电源点A与电源点B进行定相，应该如何确定定相点呢？

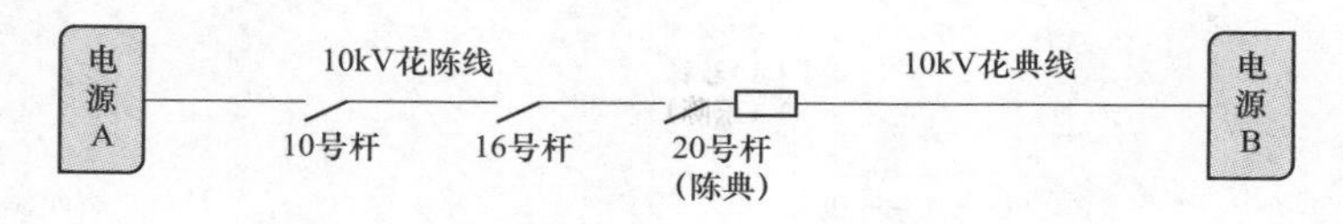

图15-9　10kV互联线路的定相点选择

选择定相点，需要结合检修工作的停电范围来一并确认。假设此项检修工作的停电范围是10kV花陈线16号杆前段，则在工作期间，10kV花陈线16号杆后段负荷会转移至10kV花典线供电。工毕后，可以恢复10kV花陈线16号杆前段由电源点A处送电，在10kV花陈线16号杆隔离开关处定相。定相正确后，可以恢复10kV花陈线正常运行方式。

再假设此项检修工作的停电范围是10kV花陈线，则在工作期间，停电设备的断开点在10kV花陈线20号杆隔离开关处。工毕后，可以恢复10kV花陈线送电，在10kV花陈线20号杆隔离开关处定相。

因此10kV线路上的定相点选择，是结合工毕后电网运行方式来确定的，在减少倒闸操作和对外停电次数的基础上，选择相应的定相点。

以上10kV线路的定相方案都属于一次定相，即在10kV电压等级设备上直接进行定相。那么还有一种定相方案是在电网设备的母线TV二次进行定相，叫做“二次定相”。针对10kV电网设备，有母线TV的设备大多数是开关站设备。

如图15-10所示，开关站是单母线分段接线结构，10kV母线上各有母线TV设备。假设10kV弹商一回线路搬迁工作，停电范围是10kV弹商一回线。

工毕后，可以利用开关站母线TV二次进行定相。定相的步骤分为两个步骤，包括同一电源定相和不同电源定相。

首先，同一电源定相。10kV弹商二回线供电中央商务区专用开关站全部负荷，在10kVⅠ段母线PT与10kVⅡ段母线TV二次定相正确。

然后，调整运行方式。恢复10kV弹商一回线供电，调整中央商务区专用开关站运行方式。将中央商务区专用开关站10kV分段620路转热备用，将弹商一回611路转运行。

最后，不同电源定相。在10kVⅠ段母线TV与10kVⅡ段母线TV二次定相正确，将中央商务区专用开关站10kV分段620路转运行，检查合环正常。注意在合环之前，需要先将110kV弹子石变电站的10kV分段开关回路转运行。

在上述二次定相过程中，中央商务区专用开关站10kVⅠ段母线在运行方式调整的过程中，发生了短时停电。这是因为在未检测定相正确之前，并不能“合环换电”，所以只能采取“停电换电”的方式进行电网运行方式的调整。

10kV线路，通过母线TV二次定相的方式，主要是因为发生异动的线路多为电缆线路，在线路上并无明显断开点，无法使用一次定相的方式，因此采用母线TV二次定相来代替线路的一次定相。在可以进行一次定相方式时，调度仍然会优先选择一次定相的方式。

◎ 日前检修停电申请票中输变电设备的定相方案安排

对于配网设备的定相方案包括一次设备定相方案和二次设备定相方式，输变电设备的定相方案同样也包括这两种定相方式。一次定相对于电网运行方式调整的要求比较简单，而二次定相需要对电网运行方式有较复杂的调整，有可能还会涉及到对外停电的发生。因此作为调度部门来说，输变电设备的定相方案，仍然会优先选择一次定相的方式。

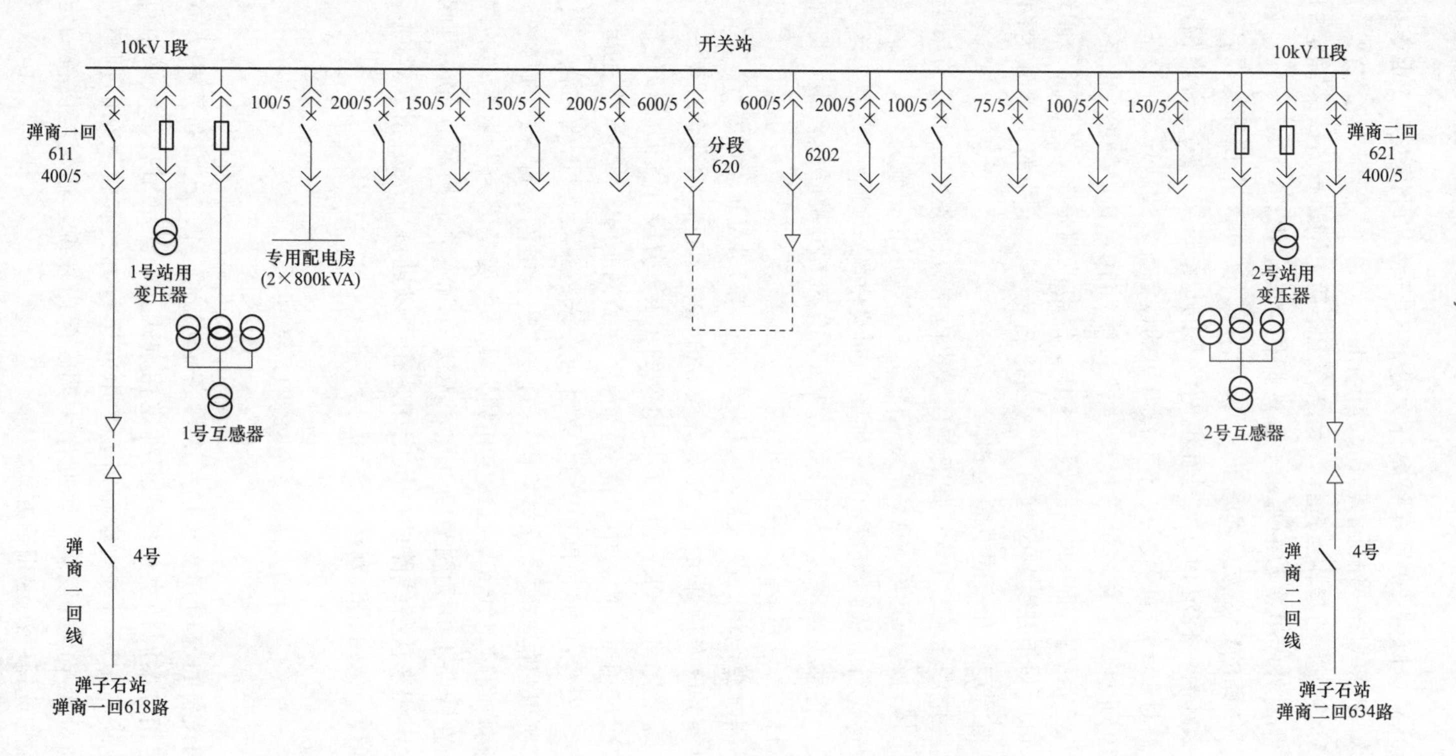

图15-10　10kV开关站设备的定相方案

如图 15-11 所示，为一座 110kV 变电站的一次接线图，检修工作为 110kV 光龙东线路搬迁，停电范围为 110kV 光龙东线路。工毕后，应该如何对 110kV 光龙东线路进行定相呢?

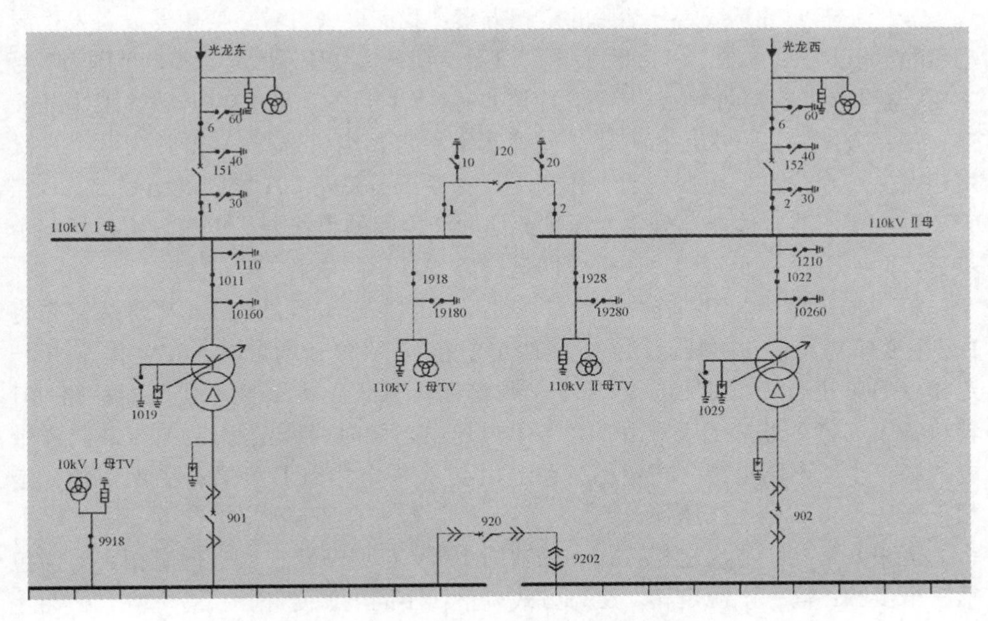

图 15-11　110kV 线路异动后的定相方案

定相方案一：一次定相方式。工作期间，110kV 光龙西线供电变电站全部负荷。工毕后，将 110kV 光龙东线路送电，光龙东 151 为冷备用状态。可在光龙东 1516 隔离开关线路侧，与光龙东 1511 隔离开关母线侧进行一次定相。这是最简单的定相方案，若定相正确后，则可以将光龙东 151 路转运行，检查合环正常。

定相方案二：二次定相方式。跟 10kV 开关站二次定相步骤相同，包括三个步骤：第一，同一电源定相；第二，运行方式调整；第三，不同电源定相。

第一步，同一电源定相。110kV 光龙西线供电变电站全部负荷，在 110kV Ⅰ段母线 TV 与 110kVⅡ段母线 TV 二次定相正确。第二步，调整电网运行方式。将 10kV 母线负荷均调整由 2 号主变压器供电，腾空 110kVⅠ母。110kV 光龙东线路送电在 110kVⅠ母上。第三步，不同电源定相。在 110kVⅠ段母线 TV 与 110kVⅡ段母线 TV 二次定相正确。最后检查合环正常，恢复变电站正常运行方式。

我们可以看到二次定相方案中，需要对电网运行方式进行较为复杂的调整。为了防止对外停电的发生，将 10kV 母线倒至 2 号主变压器供电，在此时间段中，若2号主变压器发生故障，将导致10kV母线失电。

所以，优先选择一次定相方案，而非二次定相方案，是为了倒闸操作的方便，电网运行风险的管控，以及减少对外停电负荷的考虑。

分析完毕110kV线路异动后的定相方案，我们再来看看主变压器设备发生异动后的定相方案。如图15-11所示，检修工作为1号主变压器大修，停电范围为1号主变压器本体及各侧回路。工毕后，应该如何对大修后的1号主变压器进行定相呢?

定相方案一：一次定相方式。先确定一次定相点，选择A和B为两个一次定相点。A点为1号主变压器本体至1号主变压器总路901之间的引线处。B点为2号主变压器本体至2号主变压器总路902之间的引线处。定相方案包括三个步骤，同一电源一次定相，调整电网运行方式，不同电源一次定相。

第一步，同一电源一次定相。工毕后，2号主变压器供电10kV母线，先将1号主变压器总路901转运行，此时两个定相点A与B均带电，在定相点A与定相点B处进行一次定相。第二步，调整运行方式。将1号主变压器总路901转热备用，将1号主变压器由110kVⅠ母送电，此时两个定相点A与B同样带电。第三步，不同电源一次定相。在定相点A与定相点B处进行一次定相。定相正确后，将1号主变压器总路901转运行，检查合环正常。

定相方案二：二次定相方式。是利用10kV母线TV二次进行定相，同样包括三个步骤：同一电源定相，运行方式调整，不同电源定相。

第一步，同一电源二次定相。工毕后，2号主变压器供电10kV母线，先在10kVⅠ母TV与10kVⅡ母TV二次定相。第二步，调整运行方式。将10kV分段920转热备用，将1号主变压器送电供电10kVⅠ母。第三步，不同电源二次定相。在10kVⅠ母TV与10kVⅡ母TV二次定相。定相正确后，将10kV分段920转运行，检查合环正常。

通过上述一次定相方案与二次定相方案的比较，我们可以发现在使用二次定相方案时，会对10kVⅠ母短时停电。一般来说10kVⅠ母上会有若干10kV出线负荷，在定相中停电换电方式，会导致10kVⅠ母上所有出线负荷短时停电。因此调度会优先考虑使用一次定相方案，不会导致10kVⅠ母短时停电。

我们分析完毕110kV线路和主变压器设备异动后的定相方案后，涉及到变电站110kV母线TV、35kV母线TV、10kV母线TV设备异动后，仍然需要进行定相，这里只需要对母线TV进行二次定相即可。母线TV二次定相的步骤与线路和主变压器二次定相的步骤相同，这里就不再赘述了。

因此，对于输变电设备的异动，采取的定相方案包括有电网设备一次定相和母线TV二次定相。调度部门会从电网运行风险管控，对外停电负荷的减少，倒闸操作简化三个方面考虑，优先选择一次定相方式。

◎ 日前检修停电申请票审核的六大重点

杜小小在地调班组每天见到最多的就是日前检修停电申请票了，每天的检修工作都是以这些申请票为依据，与各个运行单位协调沟通。下令停电、许可工作、回收工作、下令送电，每个环节都需要值班调度员仔细认真，不容出现差错。

现在杜小小跟着老王学习办理日前检修停电申请票的审核工作，发现每一张推送给值班调度员的日前检修停电申请票，都是在前期由各个专业认真审核并通过的申请票，一切的努力，都是为了让值班调度员能够得到一张内容正确、安排合理的检修停电申请票。

表 15-2 为一张日前检修停电申请票的格式，需要审核的内容非常多，一不小心就会遗漏些什么。杜小小在学习中，总结了审核日前检修停电申请票的六大重点审核的要点。

表 15-2　　日前检修停电申请票

申请内容	运行单位		申请人	
	施工单位		工程单位	
	电压等级		风险等级	
	调度管辖		检修性质	
	关联月计划		关联周计划	
	新设备投运关联		设备异动关联	
	检修工作内容			
	停电范围			
	停电设备			
	停电断开点			
	设备定相			
	申请停电开始时间		申请工作开始时间	
	申请工作完毕时间		申请恢复送电时间	
	一次接线图附录			
	备注			
会审意见	批准停电开始时间		批准工作开始时间	
	批准工作完毕时间		批准恢复送电时间	
	计划检修专业意见			
	继电保护专业意见			
	通信专业意见			
	自动化专业意见			
	调控专业意见			
	运行方式专业意见			
	调控中心领导审核			
调度许可	实际停电开始时间		实际工作开始时间	
	实际工作完毕时间		实际恢复送电时间	
	执行情况			

审核点一：检修工作内容与停电范围一致

一张检修停电申请票最重要的应该就是检修工作内容和停电范围，这是申请票的核心部分。调度部门本质上是批准电网设备停电和送电的“大脑指挥中心”，一切由调度管辖范围内的电网设备，都必须经过调度部门下达调度指令，才能够改变电网设备的运行状态。因此值班调度员最看重的便是停电范围，看看这一份检修工作需要将哪些电网设备转检修状态。

在日前检修停电申请票中，除了停电范围，还有两栏内容“停电设备”和“停电断开点”也跟停电范围有密切的关系。“停电设备”是根据停电范围在电网设备数据基础库中选择对应的“停电设备”，通过数据库的选择，可以轻松判断设备在任一时间段内停电的次数，是一个智能的、可以统计重复停电的选项。“停电断开点”是需要写明在停电范围各侧的明显断开点。

如图 15-12 所示，检修工作内容是 10kV 花陈线 2 号～18 号杆线路搬迁，停电范围 10kV 花陈线 1 号杆后段，对应的“停电断开点”包括有 10kV 花陈线 1 号杆隔离开关、10kV 花陈线 20 号杆隔离开关和 10kV 花陈支陈三支线 14 号杆隔离开关。

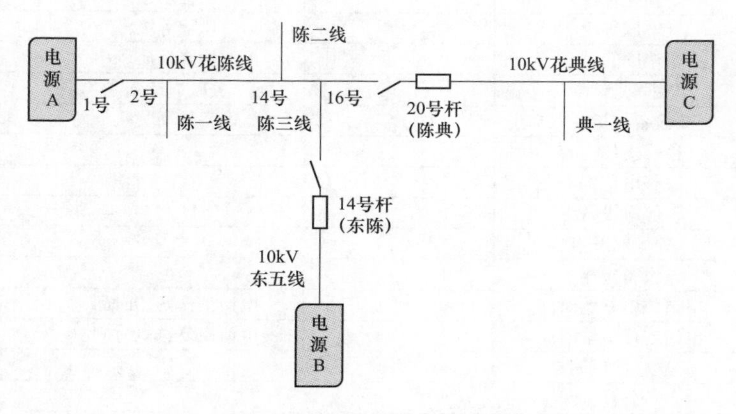

图 15-12　停电设备和停电断开点的确定

在一张“日前检修停电申请票”上，需要填写三项涉及到设备停电的选项，“停电范围”、“停电设备”和“停电断开点”。证明了调度部门最重视的就是设备停电的情况，必须明确、正确、清楚，反复确认，不怕麻烦，关键是要准确，不允许有丝毫的差错。

另外，针对 10kV 线路检修工作，需要在“一次接线图附录”中附上一次接线图纸，包括工作前一次接线图和工毕后一次接线图。对于某些 10kV 线路检修工作，比较复杂，需要结合“检修工作内容、停电范围和一次接线图的变化图”三者，才能够对“停电范围”的正确性进行审核。

可能这里你有疑问了，日前检修停电申请票中不是有附“设备异动手续”或者“新设备投运手续”吗？这些手续中都附录有检修工作内容前后的一次接线图，为什么还需要在日前检修停电申请票上附上工作前后的一次接线图呢？

这是因为“日前检修停电申请票”和“新设备投运手续”“设备异动手续”中的检修工作可能会不一致。比如“设备异动手续”中检修工作内容是10kV花陈线1号～20号杆导线更换，而“日前检修停电申请票”中的检修工作内容是10kV花陈线1号～10号杆导线更换，因此，在“日前检修停电申请票”中必须附录上本次工作前后的一次接线图。

审核点二：电网风险预警通知单已发布

对于日前检修停电申请票来说，如果是输变电设备的检修工作，极有可能导致变电站单线、单母线、单变运行，构成电网风险等级事件。地区电网涉及到的有五级、六级、七级和八级电网风险事件，在审核申请票时，需要“风险等级”中填写正确的电网风险事件的等级。除此之外，还需要检查“电网风险预警通知单”的发布情况，需要特巡和测温的输变电设备的运行状况，对应的事故预案的编制情况。

审核点三：停电信息已录入

日前检修停电申请票涉及到大量10kV配网工作，其中不少检修工作都需要对外停电。在审核日前检修停电申请票时，核实停电信息已录入，对于调度的直调用户需要在工作前进行告知停电事宜。

特别需要注意的一点，在倒闸操作过程中，会有电网设备发生短时停电，需要将停电设备与停电时间告知用户。

审核点四：新设备投运和设备异动手续已完成

检修工作不少会涉及到新设备投运和设备异动，尤其是10kV线路上的设备。在办理日前检修停电申请票之前，相关的新设备投运和设备异动手续都必须完成，并在申请票中做好关联，方便值班调度员查看。

审核点五：设备定相方案完整正确

涉及到两个电源点之间线路发生异动后，需要对设备进行定相。在日前检修停电申请票中，需要对定相方案的完整性和正确性进行审核。调度部门会优先选择一次定相的方式，如果一次定相方式在检修工作现场实施不了，再考虑使用二次定相的方式。

审核点六：停电时间和送电时间准确无误

涉及到有对外停电的检修工作，在日前检修停电申请票上的“停电时间”和“送电时间”必须准确，需要与95598对外公示的停送电时间保持一致。原则上，有对外停电的检修工作不允许有延期。

针对多天连续的检修工作，需要特别注意设备是否在每晚工毕后恢复送电。特别是一些10kV线路工作，每晚工毕后是具备恢复送电的条件。

◎ 对于日前检修停电申请票来说，运行单位什么时间提交合适

对于日前检修停电申请票的时间节点，我们可以按照时间倒序来推导。值班调度员需要在检修工作停电前一天，根据“日前检修停电申请票”填写调度指令票。因此调控中心主任审批的时间应该是检修工作的前一个工作日完成。主任审批的前一个步骤是各个专业会审，需要一个工作日的时间。再前一个步骤是计划专业审核，需要一个工作日的时间。因此运行单位填报申请票的时间必须提前三个工作日（见图15-13）。

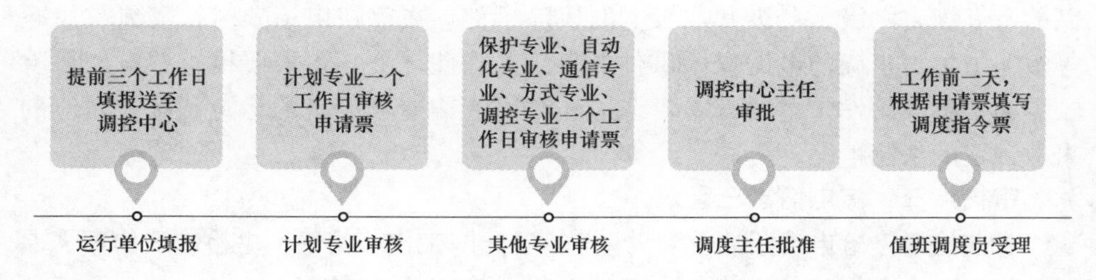

图15-13　日前检修停电申请票办理时间节点

涉及到省调的日前检修停电申请票，地调计划专业需要提前三个工作日发送至省调。因此涉及到省调的检修工作，各个运行单位需要提前四个工作日发送至地调，时间要求更加严格了。不过涉及到省调的检修工作电压等级都是220kV及以上，均需要纳入月度检修停电计划中，因此运行单位提前四个工作日上报，还是具备可操作性的。

真正的困难点是在10kV检修工作，由于10kV检修工作可以纳入周度检修停电计划管控，每周四发布下周的10kV检修停电工作。因此最极端的情况是，每周五会办理下周一的10kV检修停电工作，留给计划专业和其他各个专业的时间只有周五一天的时间。

因此，办理日前检修票的计划专业人员，每天的工作都跟打仗一样，争分夺秒，而且还不能有丝毫错误，真的是一项伟大的工作。

第十六章

计划变动："取消、改期、临停、延时"的检修停电工作

前面两章分别介绍了年度检修停电计划、月度检修停电计划、周度检修停电计划和日前检修停电申请票的相关知识和技能要点，这一章要介绍的是针对计划工作的变动事项。计划安排好后，调度部门希望所有的检修工作都能够按照计划执行，否则将要打乱整个电网检修的节奏，破坏电网安排好的运行方式，会造成电网可能的不稳定运行。本章将重点讲解针对检修停电工作的非刚性执行的四种类型，取消、改期、临停和延时送电。

检修停电计划本应该刚性执行

◎ 检修停电计划的随意变动该怎么刚性管理

调度部门的日常工作中，其中最为关键的一项便是检修停电工作的安排。检修停电工作会使得电网暂时处于特殊运行状态，会降低电网设备的冗余度，减少电网设备的运行容量，增加电网运行期间的风险。因此，调度部门特别重视年度检修停电计划、月度检修停电计划和周度检修停电计划的统筹协调。目的就是预先将当前检修停电工作进行统筹安排，达到"一停多用"，并避免应急求援通道同时停电。

在检修停电计划安排妥当后，调度部门将按照计划好的检修停电工作依次进行安排。一旦停电计划涉及到调整变化，就可能破坏当前检修停电工作的整体节奏。比如，一座 110kV 变电站两回进线电源线路轮停，进行线路小修工作。1 日至 3 日安排的 110kVⅠ回线路停电，4 日至 6 日安排的 110kVⅡ回线路停电。若 110kVⅠ回线路停电工作由于某种原因导致延期，那么原计划的 4 日至 6 日的 110kVⅡ回线路工作也将导致延期执行。否则，会导致变电站双回进线电源线路同时停电，变电站全停。

停电计划的改变，不仅仅影响电网运行方式的安排，也会影响到运行单位的操作量。原本安排好的检修停电计划，运行单位的操作量是合理分配在每一

天。若是停电计划进行调整，则有可能导致在某些天，运行单位的操作量增大。如果碰巧遇到电网的故障处理，运行单位的承载压力会很大。

停电计划的变化，也会影响到施工单位的正常工作安排。由于施工单位需要合理调配施工人员、施工设备、物资到货等情况。按照原来计划实施，施工单位可以更好地提前统筹安排各个事项的细节流程。

最后，调度部门从自身角度来看，是希望所有的检修停电工作都按照原计划执行，不要有变化。但是由于各种不可抗力，比如天气原因或者保电事项，导致某项检修停电工作不能按照原计划执行，调度部门也不能，硬逼着施工单位仍然按照原计划执行。

在遇到各种各样的原因，导致检修停电计划不能按照原计划执行，调度部门应该如何应对呢？如何在平时的工作中，通过管理方法，减少人为原因导致的计划变化，减少不可抗力原因导致的计划变化对电网造成的影响，这些是每一位计划专业人员都需要思考的问题。

◎ 杜小小"10kV线路有保电，那220kV线路工作也被迫取消了！"

杜小小跟着老王学习计划专业的工作也快一年的时间了，杜小小总结了计划专业工作的特点"又多又杂"。"多"是指每天涉及到的检修停电工作项目很多，"杂"是指每项检修停电工作都是一个独立的个体，需要针对每一项检修工作进行分析和梳理。

杜小小最近碰到了一项"又多又杂"棘手的检修工作。一条10kV线路，原计划是安排在周末进行停电，不过由于这条10kV线路涉及到一所学校的停电，周末，学校安排有国家级别考试，需要保电，不能停电。

接到保电通知后，杜小小查看了10kV线路的一次接线图，判断了10kV线路的停电工作必须取消。本以为就"到此结束"了，老王叫杜小小查看月度检修停电计划，看看有没有相关的工作会受到影响。

杜小小不看不知道，看了才发现，10kV线路需要停电，是因为一条220kV线路工作，会下跨这条10kV线路。如果10kV线路因为保电不能停电，那么220kV线路工作也将要被迫取消。

杜小小知道220kV线路属于省调管辖范围，便询问老王："这条10kV线路不能停电了。是不是就直接跟省调说，220kV线路工作取消呢?"

老王回应道："正常的工作流程是这样的。不过我们作为计划专业，原则上还是希望所有的检修停电工作仍然按照原计划执行。所以，需要我们尽量发挥能量，看能不能协调相关单位，仍然按照原计划执行。"

“小小，首先，你可以询问一下，10kV 线路上的那所学校，是否可以安排应急电源进行供电。然后再询问一下，220kV 线路下跨 10kV 线路，施工单位有没有办法搭设跨越架，避免 10kV 线路停电。”

杜小小快速地记录着老王的建议，心里默念着，“我们计划专业人员，还是有很多作用可以发挥的啊，不要再按照死板的工作流程做事啦”。

◎ 检修停电计划变化包括“取消、改期、临停和延时送电”四种类型

检修停电计划的变化包括有以下四种类型：取消、改期、临时停电和延时送电。针对年度检修停电计划，并没有严格按照计划刚性执行。地调主要关注的是月度检修停电计划和周度检修停电计划两个板块的刚性执行。

针对月度检修停电计划，“取消”是指本来纳入月度检修停电计划中，但是由于各种原因，在本月无法实施该项计划工作。“改期”是指纳入月度检修停电计划中的工作，由于各种原因，无法在计划日期执行，需要改期至本月其他的日期执行。因此“取消”与“改期”的区别是，“取消”将不会在本月执行，“改期”仍然会在本月内执行。“临停”是指在月度检修停电计划发布之后，需要在本月临时增加的检修停电工作。

针对周度检修停电计划，“取消”是指本来纳入周度检修停电计划中，但是由于各种原因，在本周无法实施该项计划工作。“改期”是指纳入周度检修停电计划中的工作，由于各种原因，无法在计划日期执行，需要改期至本周其他的日期执行。因此“取消”与“改期”的区别是，“取消”将不会在本周执行，“改期”仍然会在本周内执行。但是我们可以发现，在一周七天的时间里，进行改期，其实是很困难的。如果有对外停电信息需要提前至少 7 天进行公示，在本周内“改期”将不可能实现。“临停”是指在周度检修停电计划发布之后，需要在本周临时增加的检修停电工作。

“延时送电”这个类型是针对日前检修停电申请票来说的，当此项检修停电工作开工后，若施工单位无法在规定时间内完工并恢复送电，则需要在工期过半之前，提出延时请求。不过，对于有停电信息的检修工作，“延时送电”将造成电力用户无法在规定时间内恢复送电，影响较大。

如何更好地管理检修停电计划刚性执行

◎ 为什么要划分“月度检修停电计划”和“周度检修停电计划”

月度检修停电计划是针对 35kV 及以上电压等级检修工作，周度检修停电计

划是针对10kV电压等级检修工作。

35kV及以上电压等级设备属于输变电设备，涉及到的有35kV及以上电压等级的变电站设备，35kV及以上电压等级的输电线路设备。一旦停电计划变化，将涉及到整个电网的运行方式变化。因此对于月度检修停电计划的刚性执行是指在月度计划发布之后，一个月之内不允许计划有调整。

10kV电压等级设备属于配网设备，涉及到各个变电站的10kV母线和10kV出线回路的变电设备，以及10kV线路的配电线路设备。停电计划变化，大多数只是涉及到10kV线路的检修工作调整。对于整个电网来说，没有太大的影响。因此周度检修停电计划的刚性执行是指在周度计划发布之后，7天之内不允许计划有调整。

按照电压等级，来划分月度检修停电计划和周度检修停电计划，是比较合理的设置（见图16-1）。对于35kV及以上的电网设备，检修工作在月度计划发布后，一个月内不允许调整。有利于电网的运行方式安排，电网的风险更容易掌控，对于电网运行安全是有利的。

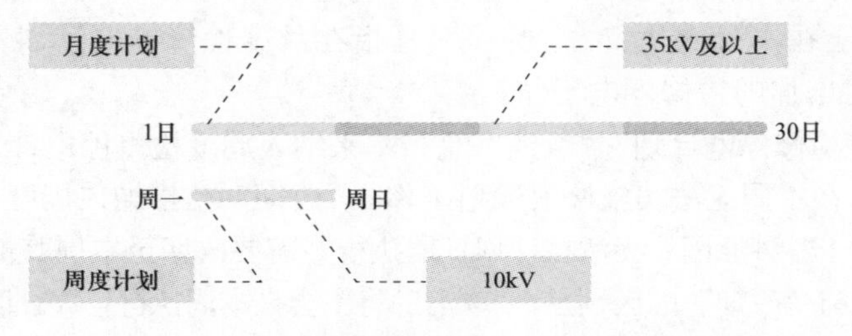

图16-1　月度和周度检修停电计划的划分

对于10kV的配网设备，检修工作只设置在周度计划发布后，7天内不允许调整。其灵活性已经大大地增加了，更加有利于配网设备上的业扩或者单台配电变压器作业的灵活实施。

◎ 影响检修停电计划变化的原因多种多样

影响检修停电计划的变化包括四种类型。我们首先来看“取消”和“改期”，这两种类型都是不能在原定计划时间实施。原因有很多种，我们可以将它们划分为主观原因和客观原因（见图16-2）。主观原因主要包括有以下六点。

第一，由于设计变更，导致检修工作需要“从头来过”，在原定计划时间无法实施。

第二，由于物资未到货，导致检修工作无法在原定计划时间实施。

第三，由于施工设备基础未完工，导致检修工作无法在原定计划时间实施。

第四，由于新设备投运或者设备异动手续未办理完毕，导致检修工作被迫取消。

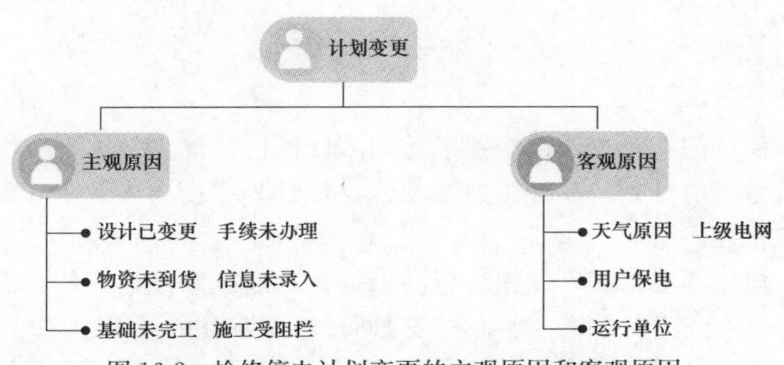

图 16-2 检修停电计划变更的主观原因和客观原因

第五，由于停电信息未录入完整，导致检修工作被迫取消。

第六，由于施工阻挡，导致检修工作无法实施，被迫中断。

以上原因主要是人为因素可以控制的，是有机会可以避免的情况。

客观原因主要包括有以下四点。

第一，由于天气原因，导致检修工作无法实施，比如带电作业需要在合适的天气状况下才能够进行。

第二，由于用户保电，导致检修工作无法在原定计划时间实施。

第三，由于运行单位处理故障，人员力量不足，计划工作不能按照原定时间实施。

第四，由于上级电网原因，导致下级电网检修工作取消。

以上原因多是无法掌控的，也预估不到会突发的情况。

再来看看“临时停电”事项，针对月度检修停电计划来说，临时停电事项大多是电网设备有缺陷，需要在本月停电进行检修。针对周度检修停电计划来说，临时停电事项大多是 10kV 线路上有新增配电变压器工程，或者 10kV 线路搬迁工作。

最后是“延时送电”事项，针对月度检修停电计划来说，35kV 及以上电网设备具有 $N-1$ 的冗余度，因此一般来说，不会涉及到对外停电。延时送电一般不会造成对外停电的影响。而 10kV 配网设备一般会涉及到对外停电，延时送电会造成用户不能在规定的时间内恢复送电。

一般造成延时送电的原因有以下几点。

第一，施工单位人员力量不足，在规定的时间内无法完工。

第二，施工单位质量不高，导致线路相位相序接反，需要继续停电进行处理。

第三，运行单位操作时间过长，没有在规定的时间内停电或者送电。

第四，电网设备临时故障，导致电网设备需要临时处理，方可恢复送电。

◎ 如何更好地管理检修停电计划刚性执行问题

作为调度部门，要想让检修停电计划刚性执行，首先必须有一份统筹协调好的月度检修停电计划。从加强月度检修停电计划平衡力度入手，可以从以下四个方面来把控。

第一，电压等级越高，优先级越高。每个月的检修停电工作，需要优先保障高电压等级的检修工作，然后再安排低电压等级的检修工作。省调负责220kV及以上电压等级设备检修工作的平衡。因此，在省调平衡月度检修停电计划确定后，各个地调需要首先确定有没有与之相互冲突的检修停电工作。确认没有冲突之后，再安排地调负责的110kV及以下电压等级设备检修工作的平衡。

第二，在安排月度检修停电计划时，需要详细考虑到本月内节假日的安排，大型保电事项。在报送月度检修停电计划时，提前告知各个运行单位，在这些保电的时间窗口期间，不安排相关保电设备的检修工作，并在检修停电平衡会上，再次确认。尤其是在全国两会召开期间，迎峰度夏期间，各个法定节假日期间，尽量不安排有重大电网风险事件的检修工作，也不安排有大面积对外停电的检修工作。

第三，在月度检修停电平衡会上，调度部门、运行单位、施工单位共同协商平衡，合理安排各自每日的工作量，并给每天的工作量留有冗余度。这样的安排，可以在电网遇到故障时或者其他突发事件时，各单位仍然有余力去处理，以免将原先计划安排好的检修停电工作取消或者改期。

第四，坚持月度检修停电计划和周度检修停电计划相互配合、相互补充的计划管理模式。在月度检修停电计划时，对35kV及以上电网设备的检修停电工作进行统筹协调，并确定所有计划的时间安排。同时，对10kV配网设备的检修停电工作也会进行通统筹协调。然后在周度检修停电计划时，再做细节上的调整，最终确定10kV配网设备的检修停电计划。

作为工程管理单位，为了让检修停电工作按照原计划执行，需要进行检修工作的全过程管控。

首先，在前期阶段，需要对检修工作的设计方案和施工方案进行反复确认。

涉及到各个部门和专业，需要各方提前介入。若发现有需要修改和调整的地方，需要在方案确定前，进行修改，而不要等到申请停电后，才发现方案本身都有问题。

其次，工程管理单位需要提前梳理清楚整体工程的所有检修停电事项，包括一次设备和二次设备的检修工作事项。总体停电计划确定完毕后，再按照分月进行停电计划的报送，而不要“看一步走一步”。先确定下个月需要停电的计划，对于下个月之后检修停电工作，不进行梳理，或者只进行初略的梳理，结果到后来发现，整体的检修停电计划需要重新调整。导致计划工作有变动。

然后，工程管理单位需要对检修停电工作的相关物资、手续、现场实施的条件进行确认。检修停电工作所需要的物资物料，必须在检修停电计划时间前确认到货。新设备投入运行手续或者设备异动手续，必须在检修停电计划时间前完成。现场的施工准备工作，必须具备充足的条件。

最后，工程管理单位需要加强对于施工单位的管理。施工单位是检修工作的具体实施者，工作前期，需要准备充分，按照规定在运行单位处办理检修停电工作票。工作当天，需要实施得力，要文明施工，不要野蛮施工，以防止造成再破坏。工作后，不能遗留任何的隐患和缺陷，按时保质完成施工作业。在整个作业过程的前中后，工程管理单位需要协助施工单位更好地推进工程进程。

作为运行单位，为了让检修停电工作按照原计划执行，需要合理安排运维操作量，合理安排运维人员的到场时间。尤其现在大部分变电站均为无人值班变电站，涉及到设备的操作，都需要考虑运维人员的路上时间。另外，设备的运行状态要保持良好，以防在操作的过程中，遇到“拉不开”或者“合不上”的状况，影响到检修停电工作的正常进度。最后，运行单位在办理日前检修停电申请票时，需要按时上报，保障检修停电工作按照原计划正常执行。

检修停电计划刚性执行的相关要求如图 16-3 所示。

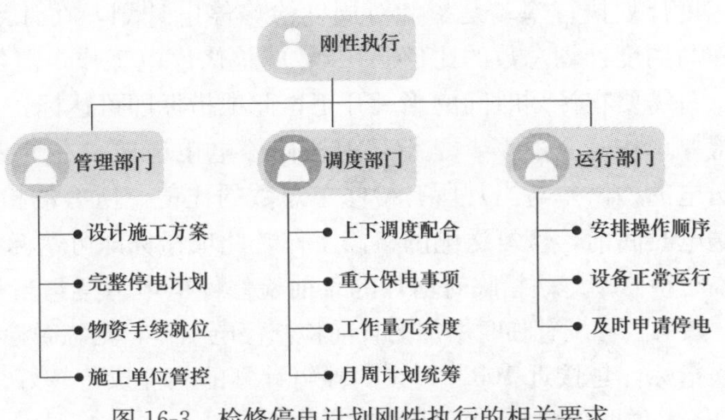

图 16-3　检修停电计划刚性执行的相关要求

◎ 调度部门加强考核力度管控“计划刚性执行”

通过上述分析，检修停电工作按照计划执行，并不是调度部门一家可以管控的，需要各个工程管理单位、施工单位和运行单位共同维护。

停电计划的刚性执行要求指标，是调度部门计划专业最为关键的指标，这个指标是检验各个单位检修停电工作计划安排的合理性。因此，对于检修停电工作计划的变动，调度部门还需要通过加强考核力度来管控。

考核必须依据事实，事实是通过数据来体现。针对检修停电计划的变动，有以下五个指标可以作为数据进行统计，（见图 16-4）。

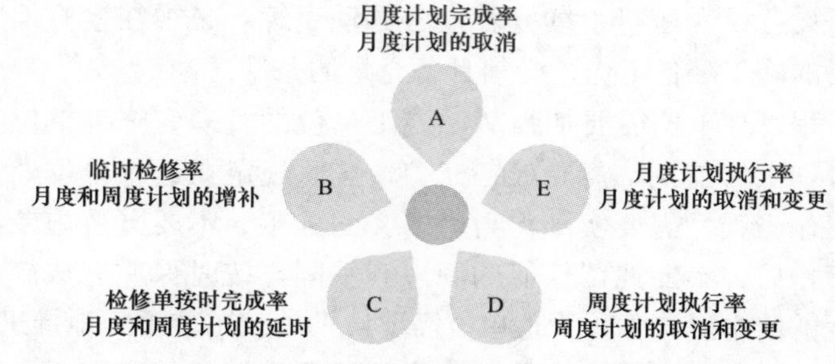

图 16-4　检修停电计划刚性执行的五个考核指标

第一，月度计划完成率。是指针对月度检修停电计划，在本月实际完成的检修工作与月度计划总数的比值。35kV 及以上的检修停电工作，需要在本月内完成，有可能并不是在计划时间内完成，不过只要在本月时间内完成，此项指标即可达标。

第二，月度计划执行率。是指针对月度检修停电计划，在计划时间当天开工的检修工作与月度计划总数的比值。35kV 及以上的检修停电工作，需要在计划停电的当天开工，只需要在计划时间的当天开工，此项指标即可达标。

第三，周度计划执行率。是指针对周度检修停电计划，在计划时间当天开工的检修工作与周度计划总数的比值。10kV 的检修停电工作，需要在计划停电的当天开工，只需要在计划时间的当天开工，此项指标即可达标。

第四，检修单按时完成率。是指日前检修停电申请票，在计划恢复送电时间前，恢复送电的检修单与当月所有检修单总数的比值。所有的检修停电工作，在计划恢复送电时间前，恢复送电的检修工作，此项指标即可达标。

第五，临时检修率。是指临时增加的日前检修停电申请票与当月所有检修票总数的比值。如果当月没有临时增加的日前检修停电工作，则临时检修率为零。

前面四项指标，越接近 100%，说明停电计划的刚性执行越好。最后一项指标，越接近 0%，说明停电计划的刚性执行越好。

影响计划停电刚性执行的事项主要包括：计划工作取消、计划工作改期、临时检修工作增补和检修工作的延时送电，下面就来逐一看看这四类计划变动事项分别会影响上述五个考核指标中的哪些指标。

首先是计划工作取消。针对 35kV 及以上电压等级检修停电工作的取消，会影响到两个指标，分别是月度计划完成率和月度计划执行率。针对 10kV 电压等级检修停电工作的取消，会影响到一个指标，是周度计划执行率。

其次是计划工作改期。针对 35kV 及以上电压等级检修停电工作的改期，会影响到一个指标，是月度计划执行率，而月度计划完成率并不会影响到。针对 10kV 电压等级检修停电工作的改期，会影响到一个指标，是周度计划执行率。这里我们发现，并没有周度计划完成率。因为针对周度计划，时间窗口是 7 天，很难在这 7 天里进行改期，因此只是设置了周度计划执行率。

然后是临时检修工作增补。针对所有电压等级的临时检修停电工作增补，都会影响到一个指标，是临时检修率。

最后是检修工作的延时送电。针对所有电压等级的检修停电工作延时送电，都会影响到一个指标，是检修单按时完成率。

综合来看，计划工作取消将要影响的指标是最多的。因此，在实际工作中，应该尽量避免计划工作的取消。如果月度计划工作在计划安排的当日不能正常执行，也应该将此项月度计划工作安排在本月内执行完成，保障月度计划完成率的指标。针对周度计划工作在周度计划发布之后，原则上，必须执行，否则将会影响到周度计划执行率指标。

因为客观原因导致计划工作不能按计划执行，是可以申请免考核的，主要是针对以下四种情况。

第一，由于天气原因，导致检修工作无法实施。

第二，由于用户保电事项，导致检修工作无法在原定计划时间实施。

第三，由于运行单位处理故障，人员力量不足，计划工作不能按照原定时间实施。

第四，由于上级电网原因，导致下级电网检修工作取消或者改期。

检修停电计划的变更流程

◎ 计划停电工作的变更和临停工作的增补流程

杜小小在跟着老王学习计划专业的这一年来，发现计划专业是调度部门中最难度的一个专业。而在计划专业中，计划的刚性执行又是最难的一个环节。如何在计划的刚性执行和计划的柔性管理之间找到一个平衡点，真的是一件特别考验人的事情。

针对计划停电工作的变更和临时停电工作的增补，是需要由若干部门进行发起、审核、批准。

首先，由申请单位发起计划工作的变更，或者临时检修停电工作申请，申请单位一般为工程管理单位。

然后由运行单位进行初步审核，主要是平衡运维人员的操作量。

接着由安监部门、运检部门和营销部门进行会审。安监部门主要是从施工单位的资质进行审核。运检部门主要是从可否带电作业，是否引起频繁停电，是否有必要实施检修工作的角度来进行会审。营销部门主要是从电力用户的角度来进行会审。

之后由调度部门各个专业，包括计划专业、方式专业、保护专业、通信专业、自动化专业进行会审。计划专业主要是从“一停多用”和避免应急救援通道同时停电的角度进行审核。方式专业主要是从检修工作是否造成电网的薄弱环节来进行会审。保护专业、通信专业和自动化专业分别从各自的二次角度进行会审。最后由调度部门主任进行会审。

最后的一步，由分管领导进行审核批准。只有经过分管领导审批的计划变更和临时停电，才会被认可和同意。

这么复杂的审批流程（见图16-5），从本质上，也是增加了计划停电工作变更和临时停电工作申请的成本。从流程本身，限制了各工程管理单位随意变更计划的念头。

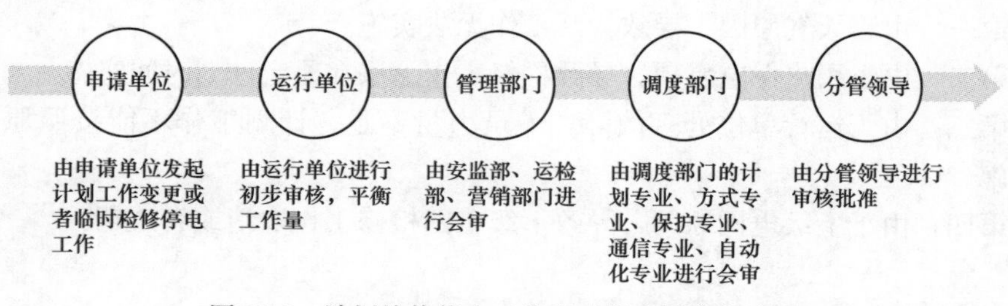

图16-5 计划检修停电工作变动的申请审批流程

◎ 计划变动中两张重要的申请表格

在计划管理中，针对计划的变动，需要掌握好两张表。第一张表是检修停电计划变更表，另一张表是临时检修停电申请表。前一张表是针对计划工作的取消和改期，后一张表是针对临时检修工作。

表 16-1 为检修停电计划变更申请单的格式。一般来说，检修停电计划的变更包括两种情况，一种是计划工作取消，另一种是计划工作改期，都是对于检修停电工作时间的变更。

表 16-1　　检修停电计划变更申请单

工程项目					
申请单位		申请人		联系电话	
施工单位		申请人		联系电话	
工程管理单位		申请人		联系电话	
检修停电计划变更原因					
检修内容					
停电范围				停电时户数	
停电信息					
时间		停电开始	工作开始	工作完毕	恢复供电
原计划检修时间					
变更后检修时间					
运行单位	管理专责				
	主任				
营销部门	管理专责				
	主任				
安监部门	管理专责				
	主任				
运检部门	管理专责				
	主任				
调控中心	管理专责				
	主任				
分管领导	副总意见				

为了增加计划工作变更的成本，杜小小采取的是纸质会签的流程，每一个环节都需要各个部门的领导和专业管理人员手签，最后由分管领导批准。整个流程会签完毕，至少也需要 2～3 天的时间。其目的就是为了减少检修停电工作由于主观原因造成的变更，而对于客观原因，工程管理单位是可以提出免考核的。

表 16-2 为周度检修停电计划增补申请单的格式。周度检修停电计划的增补只针对 10kV 电压等级设备的检修工作，各个申请单位需要在规定时间内进行增补。比如每周三前完成增补，周四在生产早会上通过，周五前对周度计划进行发布。

表 16-2　　周度检修停电计划增补申请单

工程项目						
申请单位		申请人		联系电话		
施工单位		申请人		联系电话		
工程管理单位		申请人		联系电话		
申报周度检修停电计划的原因						
检修内容						
停电范围				停电时户数		
停电信息						
是否对外停电						
检修时间		停电开始	工作开始	工作完毕	恢复供电	
申请时间						
运行单位	管理专责					
	主任					
营销部门	管理专责					
	主任					
安监部门	管理专责					
	主任					
运检部门	管理专责					
	主任					
调控中心	管理专责					
	主任					
分管领导	副总意见					

在周度计划发布之后，再进行的增补，原则上是不同意的，属于临时停电的检修工作，会影响到考核指标。

◎ 检修停电计划的变动有哪些会被考核，哪些不被考核

在月度检修停电计划发布之前，所有检修停电工作的调整都是允许的，包括新增、取消和改期。一旦月度检修停电计划发布之后，所有的35kV及以上电压等级设备的检修工作均已确定，原则上不允许变动。

月度检修停电计划的考核范围如图16-6所示。例如，在本月30日前发布了下个月的月度检修停电计划，在本月30日之后，如果有新增、取消和改期，都会被纳入到考核中。如果是客观原因，比如天气情况、保电事项和上级电网调整等，可以申请免考核。

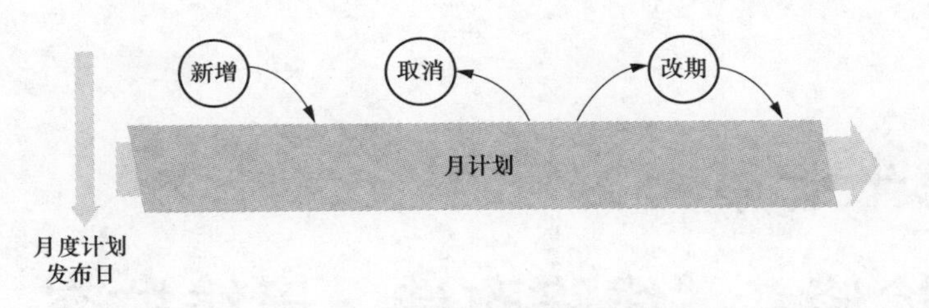

图 16-6　月度检修停电计划的考核范围

对于周度检修停电计划，在周度检修停电计划发布之前，月度检修停电计划也会将 10kV 电压等级的设备检修工作做统一的统筹平衡。在周度检修停电计划发布之前，所有 10kV 检修工作，可以在月度检修停电计划的基础上，进行新增、取消和改期，这些新增、取消和改期都不会被纳入考核。

而当周度检修停电计划发布之后，周度内的 10kV 检修工作，新增、取消和改期都会被纳入考核中。如果是客观原因，比如天气情况、保电事项和上级电网调整等，可以申请免考核。周度检修停电计划的考核范围如图 16-7 所示。

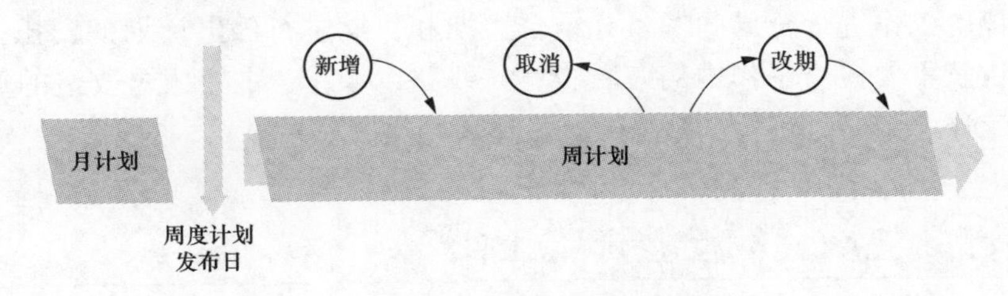

图 16-7　周度检修停电计划的考核范围

第十七章

重大检修："线路改造、母线扩容、主变压器增容"的重大检修停电工作

前面三章按照时间顺序，依次讲解了年度检修停电计划、月度检修停电计划、日前检修停电申请，以及停电计划的变更。最后一章将要讲解的是在这些停电计划中，有一类是调度人员，特别需要关注的重大检修停电工作，它们在所有的检修停电工作中是难点，也是重点。在时间的维度上，有可能会横跨几个月的时间，甚至是跨年进行。因此，调度人员需要站在更高的维度上，对重大检修停电工作进行全局的考量，结合短期和长期进行停电计划的安排。本章将重点讲解重大检修工作中的三种类型，线路、母线、主变压器改造的重大检修停电工作。

重点关注重大的检修停电工作

◎ 为什么要重点关注重大检修停电工作

对于调度计划管理人员，在掌握了电网接线结构、电网调度机构、电网运行方式、电网检修计划这些基础知识后，就需要融会贯通了。在所有检修停电工作中，重大检修停电工作是调度计划管理人员面临的最大的一个挑战。它不仅仅需要调度计划管理人员，对于所辖电网有熟悉的掌握，还需要对电网运行方式的安排有全面的把控。不仅需要对检修停电计划流程有清楚的认识，还需要对重大检修停电工作有全方位的布控。

可以说，重大检修停电工作的安排，便是调度计划管理人员的终极考核大关。在这一关卡，调度计划管理人员需要综合使用所有的技能点，才能科学合理的对重大检修停电工作进行合理的停电和全方面的排期。

在初期，调度计划管理人员最大的问题便是被动接受，只要有检修停电工作，就一股脑地安排在每个月份，很少跳出月度检修停电计划，去看看整体的

检修停电工作应该如何安排更加合理。调度计划管理人员，更应该做的事情，是在全局上对重大检修停电工作有全面的认识。然后根据工作内容、停电范围，来安排检修停电工作的排期。进一步在月度停电计划中，继续细致的统筹安排。所以，流程上，一定是先总后分，先全局后局部，而不要本末倒置。

更为深层次的原因是，调度计划管理人员一般都为一个团队，2～3 人成为一个专业管理小组。工作流程上，会轮流交替工作，想要把重大检修停电工作管理好，就必须首先解决好调度计划管理团队的分工协作问题。在面对重大检修停电工作时，大多数情况都会横跨多个月份才能完工，那么在跨越多个月份时，需要有牵头的人员进行统筹管理，还需要有工作交接的制度。

◎ 杜小小"这条 110kV 线路怎么停电了 3 个月时间？"

杜小小已经正式成为了调度计划管理人员，安排所辖电网的检修停电工作，对于工作流程也是越来越熟练。老王现在已经很放心，让杜小小独立完成许多检修停电工作的安排。

一天，主任问老王"为什么 110kV 金南东西线路停电了 3 个月，还没有恢复送电呢?"

老王看了看检修停电计划，发现这项工作在 3 个月前安排停电，线路需要停电，开断并接入一座新的 110kV 变电站。但是由于新投变电站工程受阻，工期一再拖延，导致停电线路没有办法恢复送电，预计可能还需要 1 至 2 个月才能恢复送电。

每次发现问题后，老王和杜小小都会坐下来一起分析，一方面是可以让杜小小更加快速地成长起来。另一方面，老王也可以从中发现一些问题，进而再完善。

这一次，杜小小首先承认了自己的问题。"这两条 110kV 线路的停电检修计划是我安排的。当时我觉得负荷端变电站有四条进线，停了其中的两条线路，还有两条线路为其供电。没有太大的电网风险，就审批通过了。自己确实没有仔细思考后续送电的问题，以及送电的时间。"

老王说道："对于基建项目，一般来说，工期都会比较长，而且受到外界因素的干扰会比较多，因此在安排检修停电计划时，需要特别留心注意。"

"比如这个停电计划，线路开断并接入一座新投的 110kV 变电站，可以考虑先完成不停电的工作，最后再安排线路停电工作，这样可以缩短已投运设备的停电时间。虽然说，这座变电站有 4 条进线电源线路，但是它也是两座 220kV 变电站的 110kV 联络应急通道，停电时间过长，还是会对电网的安全有一定影响。”

杜小小默默地在本子上记录着老王说的话，也进一步认识到了检修停电计划安排处处都是坑。学无止境，不断打磨自己的技能，希望早日能够独立完成自己的工作任务，也希望自己真的能够成为电网安全的守护者。

◎ 重大检修停电工作包括“线路、母线、主变压器”三种类型工作

电网中的主设备元件主要有三种，分别是线路、母线、主变压器。重大检修停电工作涉及到的也是这三类工作，输电线路改造工作，变电站母线改造工作，以及变电站主变压器改造工作（见图 17-1）。

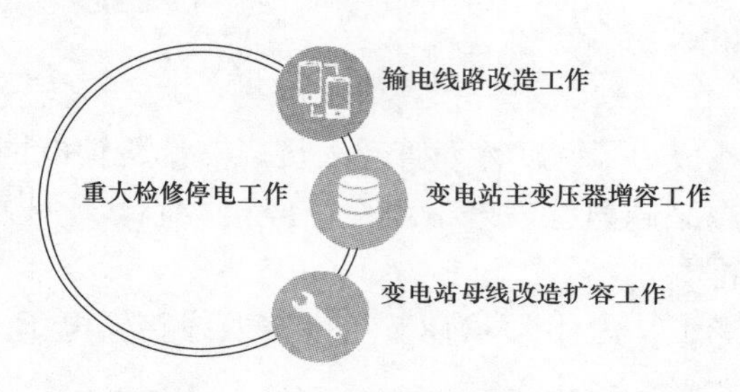

图 17-1　重大检修停电工作的三种类型

输电线路改造工作是指 35kV 及以上输电线路的改造工程。一般来说，35kV 线路和 110kV 线路均满足双元件配置。比如一座 35kV 变电站有两回 35kV 进线电源线路，一座 110kV 变电站有两回 110kV 进线电源线路。当输电线路进行改造时，会造成变电站的进线电源线路单线运行，产生电网风险事件，或者双回线路全停，引起负荷端变电站全停。如果再加上时间的维度，输电线路改造工作工期在一周以上，或者更长的时间，则需要对输电线路改造工作的停电计划，做好统筹安排。

变电站母线改造工作，一般是母线升级改造，由常规式改造为 GIS 设备，或者是母线的扩容工程，在运行母线上再增加一段母线。变电站高压侧母线接线结构大多数为双元件结构，当一段母线停电时，只有另一段母线运行，会造成电网风险事件。如果母线的接线结构是单母分段或者是内桥式接线结构，则当母线检修停电时，会导致对应的进线电源线路和主变压器停电。

对于母线扩容工作，大多数为 10kV 母线的扩容工作。由于 10kV 出线间隔不够用，在现有运行母线上再增加一段母线设备，则会造成现有运行母线停电，需要考虑 10kV 出线负荷的转移，以及负荷临时改接方案。

变电站的主变压器改造工作主要是指变电站的增容工程。当变电站的负荷

不断增加时，主变压器容量不能满足负荷的增长需要，则需要对变电站的主变压器进行增容工程，或者新上另一台主变压器。当主变压器进行增容工程时，变电站会存在单变运行的一段时间窗口，则需要对负荷进行转移，同时主变压器单变运行，也会造成电网风险事件。

因此针对电网的主元件设备有检修停电工作，且工期比较长时，都会造成电网风险事件存在的时间长，它们就被纳入为重大的检修停电工作。

重大检修工作有：输电、主变压器、母线改造工程

◎ 输电线路改造工程需要全停怎么办

输电线路改造工程最怕的是会造成供电的负荷变电站全停。不少的 110kV 变电站进线电源线路为双回线路，且双回线路是同塔架设。在线路改造工程中，为了保证施工安全，需要将临近的运行线路停电。同塔架设的双回线路，有可能在某些施工作业面上，需要将双回线路一起停电，就会造成负荷变电站全停。

作为调度部门，对外停电范围大，是一件特别需要关注的事情。前面有提到减供负荷达到 40MW，定级为六级电网风险事件。减供负荷达到 100MW，定级为五级电网风险事件。因此，一座 110kV 变电站需要全停，是一件需要仔细斟酌的事情。

首先，需要注意的是那些为负荷密度大的区域供电的变电站全停。比如，为市中心商圈区域供电的变电站，如果要涉及全停，则需要权衡利弊。其次，需要注意的是那些为负荷重要等级高的区域供电的变电站全停。比如，为医院、学校、高危工业、精密仪器用户供电的变电站，如果要涉及全停，则需要与用户进行充分沟通。作为调度部门，停电范围越少越好，最好的选择就是没有对外停电事件发生。

这里就有一个博弈点。作为施工单位，停电范围越大越好，停电工期越长越好。这样可以保障施工的安全进行，施工的进度更加灵活。但是作为调度部门，考虑得更多是电网的风险，对外停电范围的大小。因此希望停电范围尽量合理，最好能够进行带电作业，停电工期合理设置。

如何进行协调，找到第三种解决方案呢？作为工程管理单位，需要发挥关键作用。各方意见需要综合进行考量。不能因为有涉及到对外停电，则不考虑施工单位的作业安全，也不能一味将就施工作业的便利，而不顾电网的风险和对外停电负荷。

此时最应该考量的就是临时过渡方案，找到输电线路的临时供电路径。通过临时搭接线路更改变电站的供电电源路径，从而可以既满足施工单位全停的要求，又满足调度部门减少停电的需求。

如图 17-2 所示，110kV 星柏Ⅱ线在 A 点处有改造工作，110kV 星柏Ⅰ线临近作业面，同时不满足实施带电作业的要求。需要将 110kV 星柏Ⅰ线和星柏Ⅱ线同时停电，才能在 110kV 星柏Ⅱ线 A 点处的作业任务。此时负荷端变电站 110kV 柏子洞变电站将要全停。

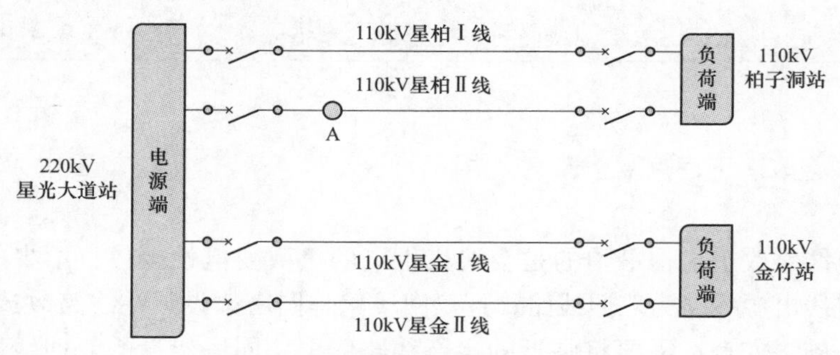

图 17-2　输电线路改造工程需要全停变电站

现在假设 110kV 柏子洞变电站供电的区域有商圈和重要用户，且在 110kV 柏子洞变电站全停时，无法通过 10kV 互联线路进行负荷转移。因此，只能在 110kV 输电线路上，考虑有没有可能采取临时过渡措施，避免对 110kV 柏子洞变电站造成全停。

现在，是时候开动大脑发挥想象力了。如图 17-3 所示，为一种可行性临时过渡方案。首先在 110kV 星柏Ⅱ线的 B 点进行引流线拆头，然后将 110kV 星柏Ⅱ线与临近的 110kV 星金Ⅰ线进行临时线路搭接。此时就形成了一条临时供电通道，从 220kV 星光大道站的 110kV 母线，供电 110kV 星金Ⅰ线，再通过临时搭接线供电 110kV 星柏Ⅱ线 B 点后段，为 110kV 柏子洞变电站供电。

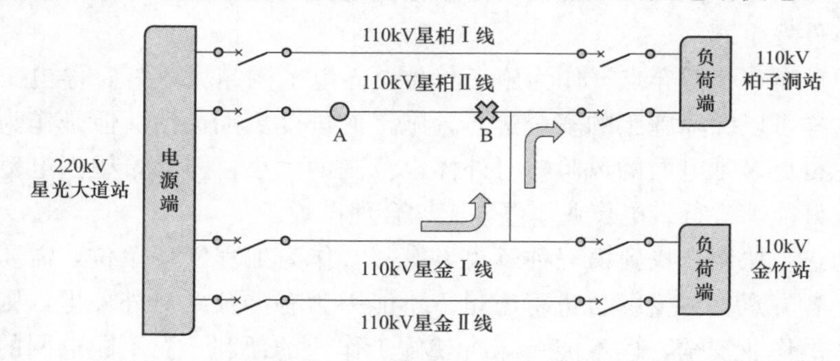

图 17-3　输电线路改造工程前期的临时过渡方案

临时过渡方案实施步骤如下：

首先，在 110kV 星柏Ⅱ线的 B 点进行引流线拆头，将 110kV 星柏Ⅱ线与临近的 110kV 星金Ⅰ线进行临时线路搭接。停电范围是 110kV 星柏Ⅱ线和 110kV 星金Ⅰ线。此时，110kV 柏子洞变电站由 110kV 星柏Ⅰ线供电，110kV 金竹变电站由 110kV 星金Ⅱ线供电。

然后，在 110kV 星柏Ⅱ线 A 点处进行改造工程，并临近 110kV 星柏Ⅰ线。此时对应的停电范围是 110kV 星柏Ⅰ线和 110kV 星柏Ⅱ线 B 点前段线路。110kV 柏子洞变电站由临时搭接线路供电，110kV 金竹变电站由 110kV 星金Ⅱ线供电。

最后，110kV 星柏Ⅱ线 A 点处改造工程结束后，需要恢复线路正常接线结构。恢复 110kV 星柏Ⅱ线的 B 点引流线搭头，拆除 110kV 星柏Ⅱ线与临近的 110kV 星金Ⅰ线进行临时搭接线路。对应的停电范围是 110kV 星柏Ⅱ线和 110kV 星金Ⅰ线。此时，110kV 柏子洞变电站由 110kV 星柏Ⅰ线供电，110kV 金竹变电站由 110kV 星金Ⅱ线供电。

以上三个步骤中，110kV 柏子洞和金竹变电站均不会发生全站停电，保障了 110kV 柏子洞变电站的正常供电。

需要注意的是，临时过渡方案是基于 110kV 星柏Ⅱ线与 110kV 星金Ⅰ线可以进行临时搭接线路。一般来说，都是在物理空间上临近的两回线路，大多数都是从一座高电压等级变电站出线的临近线路。

上述临时过渡方案，保障了施工单位的安全作业，同时也保障了负荷变电站不发生全停风险。但是与此同时，临时过渡方案也增加了工程的复杂程度，调度部门也会增加许多临时的事项需要处理。比如，线路参数测试、保护调整、自动化参数修改、线路定相、光纤通道、倒闸操作、一次接线图调整。

由于临时供电通道，从 220kV 星光大道站的 110kV 母线，供电 110kV 星金Ⅰ线，再通过临时搭接线供电 110kV 星柏Ⅱ线 B 点后段，为 110kV 柏子洞变电站供电。这是一条全新的 110kV 线路，需要对这条新线路重新进行参数测试工作。临时形成的线路实测参数交由保护专业，重新对新线路的保护定值进行核算。核算后需要对电源侧开关回路的保护定值重新录入。如果线路的负荷越限值有变动，需要对其自动化参数值进行修改。

除了增加了线路参数测试和保护定值重新录入工作之外，新形成线路还需要进行定相。由于 110kV 星柏Ⅱ线与星金Ⅰ线进行了临时搭接，为了保障线路的相位相序正确，需要对新形成线路进行定相。110kV 星柏Ⅰ线没有发生设备异动，可以作为定相的基准线路。将新形成线路与 110kV 星柏Ⅰ线进行定相，可以采取一次定相方式或者二次定相方式。

如果新形成线路上有光纤通道，则光纤通道需要重新进行搭接，涉及通信专业和自动化专业的业务变动。

线路发生了异动，在调度监控一次接线图系统中，需要对一次接线图进行修改。最后新形成线路的调度命名需要重新下达，可以命名为“110kV 星金Ⅰ线-星柏Ⅱ线”，通过这样的命名方式，调度员可以直接、清晰地认识到新形成的线路路径，以免发生错误。

线路改造工作的临时过渡方案，会涉及调度部门的各个专业。计划专业把控临时过渡方案的检修停电计划；保护专业把控保护定值的调整；通信专业把控光纤通道的业务；自动化专业把控远动信号的联调以及调度监控系统图纸的调整；方式专业把控调度命名编号的重新下达，以及设备异动后一次接线图的变动。各个专业各司其职，通力配合，共同为电网的风险管控做出自己的努力。

◎ 变电站主变压器增容工程，难度集中在负荷转移方案上

变电站主变压器增容工程属于重大检修范畴。变电站主变压器增容，主要是因为变电站所供电负荷不断在增长，而变电站主变压器的容量已经不再满足于负荷的需求了。而变电站主变压器增容工程中，增容的主变压器是需要停电，进行更换。一旦需要增容的主变压器停电，变电站的主变压器容量会急剧下降，若变电站只有两台主变压器，则容量只剩下一半。

一方面，变电站主变压器增容工程是为了将变电站的主变压器容量进行扩充，以满足日益增长的负荷需求。另一方面，在主变压器增容工程期间，变电站的主变压器容量反而还减少了一半，更加不满足于负荷需求。如果来解决这个矛盾呢？

首先，需要将主变压器增容工程安排在负荷低谷时期进行，一般来说全年的负荷低谷期集中在春季和秋季期间。春季一般是指春节后三月份开始，一直持续到迎峰度夏之前的六月份。秋季一般是指国庆节结束后的十月份到春节前的一月份。当然具体工期时间窗口安排，仍然要根据每座变电站的负荷特性进行个性化设置。

其次，需要对增容变电站的 10kV 出线负荷或者 35kV 出线负荷进行转移。如果主变压器是三圈变压器，优先考虑转移 35kV 出线。如果主变压器是两圈变压器，只能考虑转移 10kV 出线。虽然每一条 10kV 出线的负荷有限，但是积少成多，还是能够转移不少负荷量。

在转移 10kV 出线负荷时，需要梳理各个 10kV 出线的互联线路情况（见图 17-4）。看看哪些 10kV 线路是单电源线路，哪些 10kV 线路是具有互联线路，哪些 10kV 线路的互联线路是与本站的 10kV 出线形成联络的，哪些 10kV 线路

的互联线路是与其他变电站的 10kV 出线形成联络的。只有最后一种情况的互联线路，进行负荷转移才有意义，才能将主变压器增容所在的变电站的负荷降低，其他的线路都不能降低本站负荷。

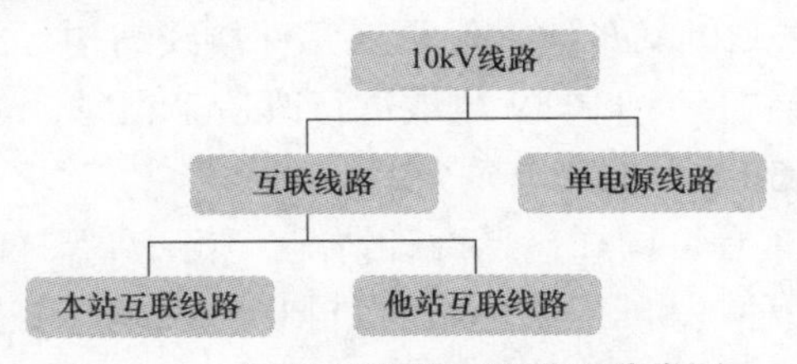

图 17-4　10kV 线路的互联情况分类图

在转移 10kV 出线负荷后，变电站容量仍然不能满足负荷的供给，则需要考虑临时过渡方案。将单电源线路改造成为互联线路，将本站互联线路改造成为其他站互联线路，这样就可以再进一步转移一些负荷。

在考虑负荷转移后，还需要考虑的一个问题是电网风险。在不少主变压器增容工程中，10kV 母线会一起停电进行改造。那么需要考虑的便是，10kV 母线上所有 10kV 出线负荷的临时转移措施。一般的解决思路是增加临时铜牌箱，将停电的 10kV 母线上所有 10kV 出线负荷，通过临时铜牌箱并接在另一端运行的 10kV 母线上。

此时，运行母线上的开关回路，可能需要一个开关回路带两条 10kV 出线负荷，也可能将电容器开关回路临时作为 10kV 出线供电。这时 10kV 的电网结构是十分脆弱的，需要提前充分考虑，在故障情况下，如何进行负荷转移，以及线路救援通道安排。

◎ 110kV 和 35kV 母线改造工程，引起电网风险事件

110kV 母线改造工程，包括两种情况。第一种是 220kV 变电站的 110kV 母线改造工程，另一种是 110kV 变电站的 110kV 母线改造工程（见图 17-5）。

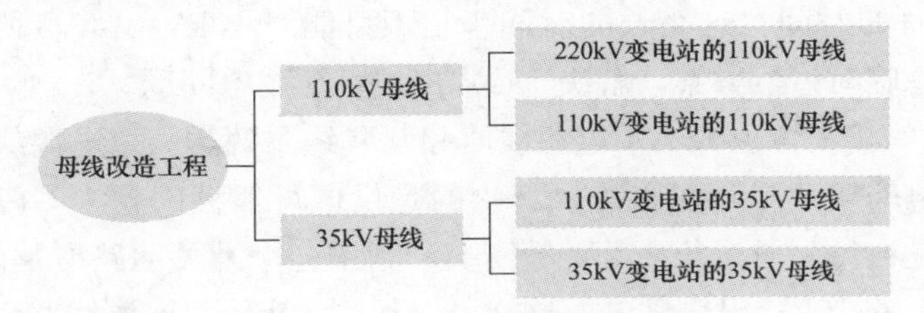

图 17-5　110kV 和 35kV 母线改造的分类情况图

首先来看 220kV 变电站的 110kV 母线改造工程。如果其 110kV 母线上供电的所有 110kV 变电站均为链式结构，可以转移至其他 220kV 变电站或者 110kV

变电站供电，则220kV变电站的110kV母线可以全停，进行改造工程。

如果有110kV变电站无法进行转移，则220kV变电站的110kV母线改造期间，不能全停，需要对110kV母线进行轮流停电检修。

110kV变电站的110kV母线一般是双元件接线结构，或者是内桥式、单母分段、双母线接线结构。当110kV母线进行改造工程时，必须安排110kV母线轮流停电检修，以免造成负荷变电站全停。

35kV母线改造工程，同样包括两种情况。第一种是110kV变电站的35kV母线改造工程，另一种是35kV变电站的35kV母线改造工程。

首先来看110kV变电站的35kV母线改造工程。如果其35kV母线上供电的所有35kV变电站均为链式结构，可以转移至其他110kV变电站或者35kV变电站供电，则110kV变电站的35kV母线可以全停，进行改造工程。

如果有35kV变电站无法进行转移，则110kV变电站的35kV母线改造期间，不能全停，需要对35kV母线进行轮流停电检修。

35kV变电站的35kV母线一般是双元件接线结构，或者是内桥式、单母分段接线结构。当35kV母线进行改造工程时，必须安排35kV母线轮流停电检修，以免造成负荷变电站全停。

110kV和35kV母线改造时，均会引起变电站单母线运行，属于电网风险事件，需要对工程改造的工期进行严格把控，并对变电站在失电情况下的事故预案和应急通道进行提前安排。

◎ 10kV母线改造工程，需要关注更多细节

10kV母线改造工程一般分为两种情况，第一种是10kV母线开关柜整体更换，另一种是在运行的10kV母线上再并接一段新的10kV母线。

第一种改造工程是比较大型的检修停电工作，一般来说工期较长，需要花费1至2个月的时间。这么长的时间，是不可能对10kV出线负荷进行直接停电，需要考虑临时过渡方案，解决10kV出线负荷用电问题。

10kV出线负荷可以分为单电源线路和互联线路两类。单电源线路需要解决的是用户供电问题，互联线路需要解决的是供电可靠性问题。一般采取的临时过渡方案，是在另一段运行10kV母线上，利用各个开关回路增加临时铜牌箱，为停电母线上的10kV出线供电，这样可以保障10kV单电源线路供电需求，也可以保障10kV互联线路的可靠性需求。

如图17-6所示，110kV金竹变电站的10kVⅠ段母线需要改造，停电检修2个月时间。需要将10kVⅠ母上的3条10kV出线负荷进行转移，可以使用临时

铜牌箱，将负荷转接至 10kVⅡ母上供电，10kVⅡ母上每个开关回路将带两条 10kV 出线负荷，如图 17-7 所示。

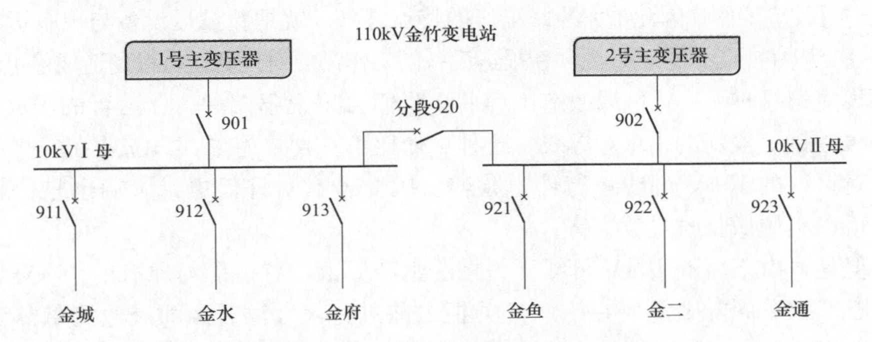

图 17-6　10kV 母线改造前的接线图

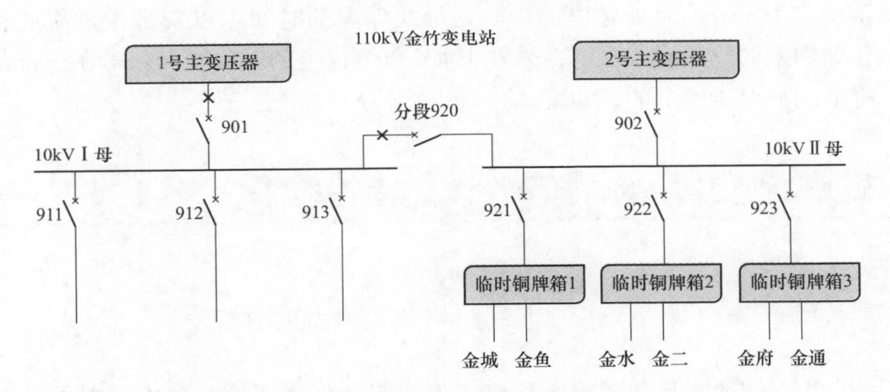

图 17-7　10kV 母线改造工程的临时过渡方案

因此需要对各条 10kV 负荷水平进行预测评估。首先，保障各个开关回路的最大负荷值不越限，需要平衡每两条 10kV 出线的负荷量，不能将两条负荷较重的 10kV 出线并接在一起。例如，10kV 金城线和金鱼线并接在一起，其负荷量不能超过 10kV 开关回路 921 的重载值。

其次，需要考虑将与其他变电站有互联线路的 10kV 出线负荷进行转移，减轻本站主变压器的负荷压力。例如，10kV 进金二线与其他变电站的 10kV 线路有联络，则考虑将 10kV 金二线负荷转移至其他变电站供电。

最后，110kV 金竹变电站 10kVⅠ母线进行改造时，1 号主变压器无法供电，只能由 2 号主变压器供电 10kV 母线负荷。因此在改造中，通常将主变压器改造和 10 母线改造工作搭配一起进行。

上述的临时过渡方案有一个前提条件，10kV 开关柜的改造工作在原址上进行。因此，无法先新建 10kV 母线，然后再将 10kV 出线改接至新的 10kV 母线上，最后拆除旧的10kV母线。

这也是对运行设备进行改造的一个难点，无法做到电网设备全停，然后安安心心地进行改造工作。因此重大检修工作的特点之一，就是新投运设备与现有运行设备相互交织在一起，也就是说，新投运设备的工作需要对现有运行设备造成停电。

说完第一种10kV母线改造工程后，我们再来说第二种，在运行的10kV母线上再并接一段新的10kV母线。这种工作比第一种要简单，只需要在并接的当天，对运行的10kV母线进行停电检修。因此若有对外停电，影响也是比较小的，可以不用做临时过渡方案。

但是，由于新上10kV母线开关柜的生产厂家，有可能与原有的10kV母线开关柜厂家不同，则需要在生产开关柜之前进行尺寸测量，而尺寸测量需要对10kV母线停电。因此，并接一段新的10kV母线工作，前后需要对10kV母线停电两次。为了减少对外停电的影响，母线停电的时间可以安排在负荷低谷时段，比如周末的凌晨时段进行。另外10kV母线停电的时间间隔保障在三个月以上，降低用户对于停电的感知度。

规划、施工、停电、风控全过程管控

◎ 检修停电工作在规划、施工、停电、风控时的全过程管控

杜小小深切地感受到了重大检修工作对于计划专业的高要求，在平时工作中，特别注意积累素材，总结经验，时不时地就与老王探讨相关技术问题和管理问题，老王也将自己二十多年工作的经验传授给了杜小小。

检修停电计划的管理必须将触角往前伸，需要在电网设备的前期规划阶段和施工准备阶段做到全过程的管控。重大的检修停电工作，特点一是电网风险大，特点二是工期较长，特点三是检修工作事项复杂。所有这些特点都决定了，重大检修停电工作需要从长计议，不能直接纳入每月的检修停电计划中。

在全过程管控中，计划专业人员有四个阶段是必须要关注的（见图17-8、表17-1）。

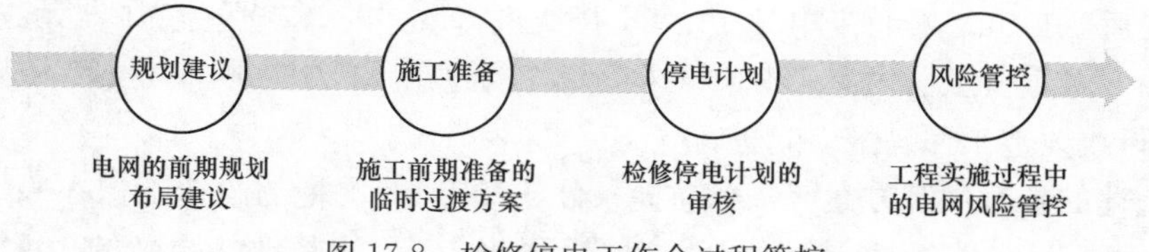

图17-8 检修停电工作全过程管控

表 17-1　　检修停电工作全过程管控的关注重点明细表

阶段	关注重点
前期规划	电网设备重过载
	电网设备 $N-1$ 要求
	电网接线结构优化
	电网薄弱环节权衡
施工准备	临时过渡方案
	大面积停电事件
	长时间停电事件
	重大电网风险事件
	长时间电网风险事件
停电计划	临时过渡方案停电计划
	重大检修工作停电计划
	临时过渡方案停电计划
	涉及各个专业停电计划
风险管控	电网设备的巡视
	事故预案的编制与演练
	风险预警通知单的发布

首先，调度部门需要关注的第一个阶段，是在电网规划阶段，需要站在全网整体视角上，提出有利于电网良性发展的建议。调度部门最关注的两个点，第一是电网设备的重过载问题解决，第二是电网结构的再优化加强。所以在规划建议上，主要是这个两个方面需要与规划人员进行详细的讨论。

电网设备重过载问题的应对措施，主要有输变电工程新投运，以及对现有运行设备进行增容工程。当然调度部门希望有更多的新设备投运，这样可以保障电网设备不发生重过载情况，同时还可以更进一步满足设备 $N-1$ 要求。

只是在新的电网设备投运过程中，可能会造成电网接线结构的恶化。例如220kV 变电站的 110kV 出线开关回路不够，就会将新建变电站串接入已有的运行变电站中，形成串接式接线结构；或者开断其中一回线路，形成假双回接线结构。

新建变电站是为了解决电网设备重过载问题，但是与此同时，又破坏了电网的接线结构。在这种情况下如何取舍呢？其实这是一个优先级排序问题，电网优先需要保障的是对于电力用户供电的需求，其次再来解决电网在结构上的薄弱环节。因此需要首先建立变电站，然后再来考虑解决电网接线结构优化的问题，一步步地将电网建设得更加强大。

调度部门需要关注的第二个阶段，是在施工前期准备阶段，需要考虑的临时过渡方案。临时过渡方案需要重点关注的有以下两点。

第一点，是否有大面积对外停电事件，或者是否有长时间对外停电事件。如果有则需要想办法采取临时过渡方案，将大面积对外停电事件化解为小面积对外停电事件，将长时间对外停电事件化解为短时间对外停电事件。

第二点，是否有重大电网风险事件，是否存在长时间电网风险事件。如果有则需要想办法采取临时过渡方案，将五级电网风险事件降维成六级电网风险事件，将六级电网风险事件降维成七级电网风险事件，长时间电网风险事件降维成短时间电网风险事件。

调度部门需要关注的第三个阶段，是在检修停电计划审核时，检查重大检修工作全阶段所有的检修停电计划事项，包括临时过渡方案的实施，重大检修工作的实施，以及临时过渡方案的恢复。此外，对于各个专业的检修停电计划事项也应做到全收集。例如，线路参数测试工作、保护定值录入、保护极性测试、设备异动后定相、通信自动化通道调试等事项。

调度部门需要关注的最后阶段，是在重大检修停电工作实施过程中，对于电网风险的管控措施落实，包括电网设备的巡视、事故预案的编制与演练、风险预警通知单的发布等事项的重点关注。

调度部门从头到尾的全过程管理，可以在细节上做到更好，并且对于发展策划部门、建设部门和运检部门，在重大检修工作上起到专业支撑作用。在最终的实施阶段，也可以更好的保障重大检修工作顺利实施，电网安全稳定运行。

◎ 计划专业人员对于重大检修工作应该如何沟通协调

计划专业人员并不是一个人在战斗，作为一项长期需要维护的工作，一个人肯定是忙不过来的，就需要有团队作战的布局。电网规模小，则计划专业人员配置两名足矣，电网规模大，则计划专业人员需要配置3至4名。

计划专业人员的工作划分，可以采取不同的形式来进行。比如一人负责检修停电计划工作，另一人负责日前检修票审核工作。又或者一人负责输电网的检修停电计划和日前检修票审核工作，另一人负责配电网的检修停电计划和日前检修票审核工作。还可以按照时间维度来分配，一人负责单月的检修停电计划工作，另一人负责双月的检修停电计划工作。这些都是分配的方式不同，根据各个公司的具体情况，可以选择不同的分配方式。

对于重大检修工作来说，其工期跨度是比较长的，通常都在2～4个月期间。所以，需要计划专业人员相互之间的配合和沟通，否则在实际工作中，对于某些细节就会容易忽视。

首先，可以建立重大检修停电工作的档案库。对于前期规划、施工准备阶段的所有资料和信息进行归档收集，计划专业人员可以在共享的档案库中找到对应工程的所有资料。

其次，不定期召开重大检修停电工作的专业会。对于重大检修停电工作，调度部门的各个专业可以在工程的各个重大节点上，召开专业会议，沟通彼此的想法和建议，有利于计划专业、保护专业、通信专业、自动化转移、方式专业、调控专业之间信息的传达和统一。在此过程中，计划专业人员也能够达到沟通交流的目的。

最后，在计划专业人员轮换工作时，对重大检修工作的实施进度进行交接。轮换工作制是规律性的，因此交接的流程也应该是定期进行。比如每周五下午、每个月末进行工作交接，并对交接的工作内容模板进行固化，以免发生遗漏。

后　　记

很早以前，听到一个故事，印象特别深刻。一位还没有毕业的大学生，到一家外企实习。由于自身能力不足，经验欠缺，只能在公司做一些杂事，比如说帮忙打印、复印文件之类的事情。不过，这位大学生，并没有觉得这些工作没有意义，没有价值，反而是认真地对待每一件自己经手的任务。他发现公司的打印机功能复杂，而且不太好用，很多功能也不够人性化。于是就在他短短的实习期间，他梳理了一份50页的打印机使用手册，并将这份手稿转交给了下一任的实习生。

我听完这个故事后，特别感动。每一个平凡的岗位都能够体现出个人的价值，只要把我们的热情和专注投入进去，认真对待每一件事情，产出的作品都会是最为珍贵和有价值的。不要抱怨自己的工作，有多么的枯燥乏味，一切都是因为自己还不够投入，不够专注。

于是，我也开始关注自己手头上的工作流程和规范。最开始，我担心自己没有很专业，没有很清楚工作流程，这样梳理出来的经验总结会不会漏洞百出，要不等一段时间，等待时机成熟后，再来做这件事。

其实这就是一个借口，后来我想清楚了，只有开始做一件事情，才知道它会怎样发展，才会知道它能不能带给我价值。

于是，我的第一版工作流程手册诞生了。当时，我的主要工作内容是新设备投运和设备异动手续的审批，涉及到的部门和人员众多，流程环节也比较复杂。我一点点地开始梳理，从人员、框架、流程、制度、要求、备注各个角度进行梳理，只要是我正在做的事情，都统统地记录下来，然后进行归纳和整理。当完成了第一版20页的word手稿时，自己有非常大的成就感。之后，每隔一段时间，我都会重新梳理和更新自己的工作流程规范。当我的word文档页数达到50页的时候，已经是我修改的第六个版本了。

之后，我每做一项工作，都会把相关的经验总结梳理出一份攻略，同时也会分享给同事们。看着他们可以快速入门，自己觉得做这件事情，不仅仅可以完善自己，也可以有利于他人。也正是因为有了这些经历，才让我知道了这些工作上的经验总结，是有很大的价值和意义的。

为什么不能把它们分享给更多的人呢？于是就有了写这本书的想法。

不过，自己心中的那个负面情绪的影子，又开始和我对话了。你才工作多少年啊，写的东西有价值吗，不要误人子弟啊。的确，我写的都是自己在工作中的经验和感想，它们都是我最深切的感触，它们不是真理，可能还会有不完善的地方。但是，它们却是我成长的轨迹，我还是想要将它们分享出去，或许对遥远的你来说，有一点点的帮助，有一点点的价值。那就足够了。

最后，我要感谢的是，国网南岸供电公司调控中心的全体员工，是他们让我在一个有爱、有上进心的组织中不断地生长。感谢地调班的潘永红班长，我永远的班长和师父。感谢地调班我的战友们，喻勤、朱彬莲、郑茂、李靖、徐梅娟，正是有这些大哥哥大姐姐的帮助，我才有可能这么快速地成长。还要感谢方式计划组的前辈们，刘明娟、周艳、程彤、刘小琴，他们让我快速掌握了计划方式专业的诸多工作和知识。最后要感谢的是，调控中心历年来助我成长的主任们，聂静、陈学举、王华、郑明伟、朱俊永、吴文勤，他们身上散发着的光辉，是我一辈子都要学习的榜样。